研究生教学用书

Numerical Analysis Methods on Engineering Structure

工程结构数值分析方法

夏永旭　主编

人民交通出版社

内 容 提 要

本书是一本关于工程结构中近似分析方法的专著。全书共分为十章，分别介绍了应用于工程结构分析计算中的变分法、差分法、积分变换法、加权残值法、杂交方法、边界单元法、摄动方法、半解析半数值法等。书中不仅详细地介绍了各种数值方法的基本原理和技巧，而且提供了每一方法的应用实例，并有一些最新的研究成果。

本书可用于道路、桥梁、隧道、岩土、工民建及其他相关专业的研究生的“工程结构数值分析”课程的教材，也可用作相关专业工程技术人员和高年级本科生的参考书。

图书在版编目（CIP）数据

工程结构数值分析方法／夏永旭主编．—北京：人民交通出版社，2008.9

21世纪交通版研究生教学用书

ISBN 978-7-114-07283-3

Ⅰ.工… Ⅱ.夏… Ⅲ.工程结构—数值计算—研究生—教学参考资料 Ⅳ.TU311.4

中国版本图书馆CIP数据核字(2008)第104967号

研究生教学用书

书　　名：工程结构数值分析方法
著 作 者：夏永旭
责任编辑：曲　乐　王文华
出版发行：人民交通出版社
地　　址：(100011)北京市朝阳区安定门外外馆斜街3号
网　　址：http://www.ccpress.com.cn
销售电话：(010)59757969,59757973
总 经 销：北京中交盛世书刊有限公司
经　　销：各地新华书店
印　　刷：北京凯通印刷厂
开　　本：787×960　1/16
印　　张：14.75
字　　数：248千
版　　次：2008年10月　第1版
印　　次：2008年10月　第1次印刷
书　　号：ISBN 978-7-114-07283-3
印　　数：0001—3000册
定　　价：27.00元

21世纪交通版
高等学校教材(公路与交通工程)编审委员会

总 序

当今世界,科学技术突飞猛进,全球经济一体化趋势进一步加强,科技对于经济增长的作用日益显著,教育在国家经济与社会发展中所处的地位日益重要。进入新世纪,面对国际国内经济与社会发展所出现的新特点,我国的高等教育迎来了良好的发展机遇,同时也面临着巨大的挑战,高等教育的发展处在一个前所未有的重要时期。其一,加入WTO,中国经济已融入到世界经济发展的进程之中,国家间的竞争更趋激烈,竞争的焦点已更多地体现在高素质人才的竞争上,因此,高等教育所面临的是全球化条件下的综合竞争。其二,我国正处在由计划经济向社会主义市场经济过渡的重要历史时期,这一时期,我国经济结构调整将进一步深化,对外开放将进一步扩大,改革与实践必将提出许多过去不曾遇到的新问题,高等教育面临加速改革以适应国民经济进一步发展的需要。面对这样的形势与要求,党中央国务院提出扩大高等教育规模,着力提高高等教育的水平与质量。这是为中华民族自立于世界民族之林而采取的极其重大的战略步骤,同时,也是为国家未来的发展提供基础性的保证。

为适应高等教育改革与发展的需要,早在**1998**年**7**月,教育部就对高等学校本科专业目录进行了第四次全面修订。在新的专业目录中,土木工程专业扩大了涵盖面,原先的公路与城市道路工程、桥梁工程、隧道与地下工程等专业均纳入土木工程专业。本科专业目录的调整是为满足培养"宽口径"复合型人才的要求,对原有相关专业本科教学产生了积极的影响。这一调整是着眼于培养**21**世纪社会主义现代化建设人才的需要而进行的,面对新的变化,要求我们对人才的培养规格、培养模式、课程体系和内容都应作出适时调整,以适应要求。

根据形势的变化与高等教育所提出的新的要求,同时,也考虑到近些年来公路交通大发展所引发的需求,人民交通出版社通过对"八五"、"九五"期间的路桥及交通工程专业高校教材体系的分析,提出了组织编写一套面向**21**世纪的具有鲜明交通特色的高等学校教材的设想。这一设想,得到了原路桥教学指导委员会几乎所有成员学校的广泛响应与支持。**2000**年**6**月,由人民交通出版社发起组织全国面向交通办学的**12**所高校的专家学者组成面向**21**世纪交通版高等学校教材(公路类）编审委员会，并召开第一次会议，会议决定着手组织编写土木工程专业具有交通特色的**道路专业方向、桥梁专业方向以及交通工程专业**教材。会议经过充分研讨，确定了包括**基本知识技能培养层次、知识技能拓宽与提高层次**以及**教学辅助层次**在内的约130种教材，范围涵盖**本科**与**研究生**用教材。会后，人民交通出版社开始了细致的教材编写组织工作，经过自由申报及专家推荐的方式，近20所高校的百余名教授承担约130种教材的主编工作。2001年6月，教材编委会召开第二次会议，全面审定了各门教材主编院校提交的教学大纲，之后，编写工作全面展开。

面向21世纪交通版高等学校教材编写工作是在本科专业目录调整及交通大发展的背景下展开的。教材编写的基本思路是：（1）顺应高等教育改革的形势，专业基础课教学内容实现与土木工程专业打通，同时保留原专业的主干课程，既顺应向土木工程专业过渡的需要，又保持服务公路交通的特色，适应宽口径复合型人才培养的需要。（2）注重学生基本素质、基本能力的培养，将教材区分为二个主层次与一个辅助层次，即基本知识技能培养层次与知识技能拓宽与提高层次，辅助层次为教学参考用书。工作的着力点放在基本知识技能培养层次教材的编写上。（3）目前，中国的经济发展存在地区间的不平衡，各高校之间的发展也不平衡，因此，教材的编写要充分考虑各校人才培养规格及教学需求多样性的要求，尽可能为各校教学的开展提供一个多层次、系统而全面的教材供给平台。（4）教材的编写在总结"八五"、"九五"工作经验的基础上，注意体现原创性内容，把握好技术发展与教学需要的关系，努力体现教育面向现代化、面向世界、面向未来的要求，着力提高学生的创新思维能力，使所编教材达到先进性与实用性兼备。（5）配合现代化教学手段的发展，积极配套相应的教学辅件，便利教学。

教材建设是教学改革的重要环节之一，全面做好教材建设工作，是提高教学质量的重要保证。本套教材是由人民交通出版社组织，由原全国高等学校路桥与交通工程教学指导委员会成员学校相互协作编写的一套具有交通出版社品牌的教材，教材力求反映交通科技发展的先进水平，力求符合高等教育的基本规律。各门教材的主编均通过自由申报与专家推荐相结合的方式确定，他们都是各校相关学科的骨干，在长期的教学与科研实践中积累了丰富的经验。由他们担纲主编，能够充分体现教材的先进性与实用性。本套教材预计在二年内完全出齐，随后，将根据情况的变化而适时更新。相信这批教材的出版，对于土木工程框架下道路工程、桥梁工程专业方向与交通工程专业教材的建设将起到有力的促进作用，同时，也使各校在教材选用方面具有更大的空间。需要指出的是，该批教材中研究生教材占有较大比例，研究生教材多具有较高的理论水平，因此，该套教材不仅对在校学生，同时对于在职学习人员及工程技术人员也具有很好的参考价值。

21世纪初叶,是我国社会经济发展的重要时期,同时也是我国公路交通从紧张和制约状况实现全面改善的关键时期,公路基础设施的建设仍是今后一项重要而艰巨的任务,希望通过各相关院校及所有参编人员的共同努力,尽快使全套面向**21**世纪交通版高等学校教材(公路类)尽早面世,为我国交通事业的发展做出贡献。

21世纪交通版
高等学校教材(公路类)编审委员会
人民交通出版社
2001年**12**月

在自然科学和工程应用研究中，理论研究、实验模拟和数值分析是三种不同的方法。这三种方法互相依赖、相辅相成，既可以完全独立用于某一问题的研究，又可以同时求解共同的问题。但就每一方法而言，实验模拟展示了问题的物理本质，理论研究是对其物理本质的诠释和抽象，数值分析则是对问题发展过程及最终结果的数量描述。然而，由于问题的多样性和复杂性，能够用实验方法和理论分析完全求解的问题很少。所以，大量的自然科学和工程技术问题不得不采用数值方法去近似求解。

本书是根据作者二十多年来，对土木工程中的道路、桥梁、隧道、岩土、工民建，以及力学和汽车专业研究生的结构计算课程的教学实践，并结合作者的一些科研工作编写而成，目的在于使学习者能够开阔视野，扩展思路，增长知识，提高技能。

关于数值近似分析方法中的有限单元法，因为已有不少的专著和教材，所以本书不予介绍。本书共分为十章，重点介绍了应用于工程结构分析计算中的变分法、差分法、积分变换法、加权残值法、杂交方法、边界单元法、摄动方法、半解析半数值法等。书中不仅详细地介绍了各种数值方法的基本原理和技巧，而且提供了每一方法的应用实例，并有一些最新的研究成果。虽然也有些方法比较传统，但在解决某些特殊的问题时仍然很方便。

本书除第五章由周宗宪编写外，其余均由夏永旭编写。书中的插图由杨涛绘制。

本书可用于道路、桥梁、隧道、岩土、工民建及其他相关专业研究生的“工程结构数值分析”课程的教材，也可用作相关专业的工程技术人员和高年级本科生的参考书。

夏永旭

2008 年 3 月 31 日

第 1 章　绪论 ………………………………………………………… 1
1.1　数值方法的概念 ………………………………………………… 1
1.2　数值方法的发展及应用 ………………………………………… 4
1.3　工程结构中的数值方法 ………………………………………… 9
本章参考文献 ……………………………………………………………… 11
第 2 章　工程结构问题的求解理论及方法 ……………………………… 12
2.1　工程结构问题的建立 ………………………………………… 12
2.2　工程结构问题计算理论及基本方程 ……………………………… 13
2.3　工程结构问题的求解方法 ………………………………………… 21
本章参考文献 ……………………………………………………………… 27
第 3 章　变分法 ………………………………………………………… 28
3.1　变分问题的建立 ………………………………………………… 28
3.2　弹性力学问题的最小势能原理 …………………………………… 29
3.3　位移变分法 ………………………………………………………… 33
3.4　位移变分法的应用 ……………………………………………… 35
3.5　弹性力学问题的最小余能原理 …………………………………… 43
3.6　应力变分法 ………………………………………………………… 45
3.7　应力变分法的应用 ……………………………………………… 46
3.8　康托洛维奇变分法 ……………………………………………… 50
本章参考文献 ……………………………………………………………… 53
第 4 章　有限差方法 …………………………………………………… 54
4.1　有限差方法的基本概念和公式 …………………………………… 54
4.2　插值公式 ………………………………………………………… 58

4.3　温度场问题 …… 60
4.4　应力函数的差分解 …… 62
本章参考文献 …… 65
第5章　积分变换法 …… 66
5.1　傅立叶积分变换法 …… 66
5.2　弦、梁问题的傅立叶积分变换解 …… 72
5.3　薄膜、薄板问题的傅立叶积分变换解 …… 76
5.4　汉克尔变换的原理及应用 …… 82
5.5　无限大厚板的轴对称变形问题 …… 92
5.6　梅林变换及其应用 …… 97
本章参考文献 …… 104
第6章　边界单元法 …… 105
6.1　基本概念 …… 105
6.2　基本解 …… 107
6.3　边界积分方程与边界元方法 …… 113
6.4　平面问题 …… 117
6.5　轴对称问题 …… 126
6.6　弹性薄板问题 …… 131
本章参考文献 …… 137
第7章　摄动方法 …… 139
7.1　小参数摄动法的概念 …… 139
7.2　小参数法的应用 …… 140
7.3　载荷小参数摄动法 …… 144
本章参考文献 …… 146
第8章　加权残值法 …… 147
8.1　基本原理及方法 …… 147
8.2　试函数和权函数的选择 …… 152
8.3　离散型加权残值法 …… 155
8.4　矩形薄板弯曲的最小二乘法 …… 162
8.5　矩形薄板弯曲的伽辽金法 …… 166
本章参考文献 …… 168
第9章　杂交加权残值法 …… 169
9.1　配线法 …… 169

9.2 分区加权残值法 …… 171
9.3 康托洛维奇加权残值法 …… 172
9.4 格林加权残值法 …… 173
9.5 分步迭代加权残值法 …… 175
9.6 变率配点法 …… 177
9.7 矩形薄板大挠度弯曲的摄动加权残值法 …… 180
9.8 数学规划加权残值法 …… 184
本章参考文献 …… 188
第10章 半解析半数值法 …… 190
10.1 基本概念及方法分类 …… 190
10.2 有限棱柱、有限层及有限条法 …… 191
10.3 无限元法及半无限元法 …… 202
10.4 半无限边界单元法 …… 207
10.5 有限元和边界元的耦合方法 …… 215
本章参考文献 …… 218

第1章 绪论

1.1 数值方法的概念

1.1.1 数值方法的概念

在自然科学和工程应用研究中，理论研究、实验模拟和数值分析是三种不同的方法。这三种方法紧密相关、互相依赖、相辅相成，既可以完全独立应用于某一问题的研究，又可以完全同时求解共同的问题。就每一方法而言，实验模拟展示了问题的物理本质，而理论研究是对问题物理本质的抽象和诠释，数值分析则是对问题发展过程及最终结果的数量描述。然而，由于物质世界的千变万化和实际问题的复杂性，能用实验方法完全模拟或采用理论方法解析求解的问题实在太少，因而不得不依赖于数值分析方法。例如由于人力、物力和时间、环境的限制，人们不可能对所有的工程材料在不同的环境下进行全部应力—应变测试，而是借助 CAT 技术进行数值仿真研究。又如自然科学和工程技术中的问题常常归结为定解问题，即在一定的空间边值条件或时间边值条件(初始条件)下求解一系列的微分或积分方程组。但目前关于微分方程精确解的研究，仅仅局限于少量的常微分方程，对于偏微分方程组、多元积分方程组和非线性微分方程，不得不借助于数值分析方法近似求解。

数值分析方法是以某种计算技术或计算方法为基础，借助于适当的计算工具，将实验模拟所提供的物理模型或者理论研究所提供的数学模型转化为对其变化过程的数量描述和最终结果的数值表示。数值分析方法既可以按照不同的计算方法和技术分为矩阵分析法、线性代数法、数学规划法、有限差分法、变分法、直线法、谱方法、特征线法、质点网络法、有限基本解法、加权残值法、有限单元法和边界单元法等，又可以按照数值运算的程度分为半解析半数值法和纯数值方法。上面所提到的变分法和加权残值法就是典型的半解析半数值方法，而有限差方法、有限单元法是典型的纯数值方法。

1.1.2　数值方法的意义

数值方法的发展，不仅弥补了实验模拟、理论研究这两种方法的不足，形成了实验、理论、数值三者并存、互相依赖、互相补充的研究模式，而且更为重要的是，使得过去用实验模拟、理论研究这两种方法无法求解的问题得以实现。特别是现代大型电子计算机的快速发展，使得人们进行复杂的环境模拟和数学计算，不再是不可逾越的障碍。其中最显著的例子就是天气预报计算机模拟技术、CAT 仿真技术、大型海洋平台和空间站的结构力学计算等。另外，伴随着电子计算机应用技术，原有的一些数值方法，如矩阵运算、线性代数、数学规划、微分方法差分格式、微分方程稳定性理论等，也得到了进一步的发展和完善。特别值得称道的是，20 世纪 60 年代出现的有限单元法及后来的边界单元法，使过去不可能实现的一些大型复杂结构的动静力分析变成了常规的计算。

数值方法的功用，不单表现为对实验方法和理论方法的补充和所求问题解答的数学描述，而且还可以帮助人们选择实验方案，甚至提示设计新的实验，也可以启发我们寻求新的解析解或者改进对已有理论分析结果的认识。例如在研究新型桥梁或新型汽车的空气动力特性时，可以借助数值分析的方法在计算机上试算若干种设计方案，然后从中选取几种较好的做风洞试验，从而得到一个最佳的设计。又如运动的等离子体会产生 T 层现象，就是在用数值方法研究磁场中稠密等离子体的运动时发现的，后来以此设计了实验得到证实。数值方法对解析解研究的帮助有两个例子较为显著。一是对于非线性波动方程[1]

$$\frac{\partial u}{\partial t}+u\frac{\partial u}{\partial x}+\frac{\partial^3 u}{\partial x^3}=0 \tag{1-1}$$

的求解。在用解析分析时，只能求出反映单个孤立波的解。后来在用数值方法求解此问题时，发现方程中还有反映多个不同速度的孤立波的相互碰撞、追赶和分散现象，由此进而找到了与之对应的解析解。二是在研究中心集中荷载作用下弹性薄圆板的大挠度弯曲时，对于 Von Karman 方程

$$\left.\begin{aligned}&D\left(\frac{\mathrm{d}^3w}{\mathrm{d}r^3}+\frac{1}{r}\frac{\mathrm{d}^2w}{\mathrm{d}r^2}-\frac{1}{r^2}\frac{\mathrm{d}w}{\mathrm{d}r}\right)-N_r\frac{\mathrm{d}w}{\mathrm{d}r}-\frac{p}{2\pi r}=0\\&r^2\frac{\mathrm{d}^2N_r}{\mathrm{d}r^2}+3r\frac{\mathrm{d}N_r}{\mathrm{d}r}+\frac{Eh}{2}\left(\frac{\mathrm{d}w}{\mathrm{d}r}\right)^2=0\end{aligned}\right\}\tag{1-2}$$

应用修正迭代法计算机逐次求解的过程中，发现当迭代至第 27 次时，亦即当板的最大挠度 $w_{max}\geqslant 3.6h$（h 为板厚）时，其解答出现了明显的分叉[2]。这一数值结果明确地给出了方程(1-2)的适应范围，而这个结论在以往的解析分析中没有也无法得到。

1.1.3 数值方法中的误差、假象及错误

和世界上任何事物一样，数值方法也有其自己的先天不足和致命的缺点。先天不足主要表现在不能像解析方法那样有明晰的数学表达形式和很方便地进行演绎，并且对计算工具和计算语言有很强的依赖性。缺点除了要进行大量的程序编写和数据处理外，令人头疼的是计算过程中误差的消除和对计算结果中所出现的假象及错误的识别和修正。

数值计算的误差分为舍入误差和截断误差。计算机中的数字是有限位的，如FORTRAN77所提供的双精度数可达 16 位有限数（一般的计算只保留6～8位有效数字），但对一些位数较多的数或对于像$\sqrt{2}$、π 这样一些无理数，只好舍去尾数才能送进机器。在计算机的运算过程中，每一次的运算都存在舍入问题，因此会出现舍入误差。在整个运算过程中，运算的舍入误差有时会因相互抵消而无损于计算结果，但有时也会因大量的积累造成严重误差。例如用不稳定的差分格式进行计算就会导致舍入误差的大量积累。截断误差是由于采取不同的计算方法和计算技术时所产生的。例如以差分代替微分，以直线代替曲线，以等刚度代替变刚度，以线性方程组代替非线性方程组，以离散边界值代替连续边界条件，以及用不准确的物理参数计算等。对于这两种误差进行详细的分析并选择适当的计算方法和技术予以控制，是数值方法的一项主要任务。

数值计算结果中所产生的假象和错误，其表现行为是计算的部分结果或全部结果与客观真实不尽相符，甚至完全相反。分析其原因可能是由于物理问题的数学模型不合理，也可能是由于所采用的数值方法或计算机的硬件或软件有问题。对于一般工程问题，只要所建立的数学模型合理，则其解存在、

唯一且稳定。如果数学模型不合理,就不能得到符合实际的计算结果。但是,数学模型的合理,并不能说明对原问题的模拟就很好。因为,在建立某工程实际问题的数学模型时,通常会对原问题进行抽象和忽略掉一些次要因素,以使问题简化。如果太抽象或忽略的因素太多,使模型过分简单,虽然此时数学提法恰当,但所得到的解却和原问题相差太远甚至相反。有时也会由于在建模过程中忽略或忽视了一些表面看来微不足道而实际起关键作用的一些因素,导致最终的计算结果完全失败。1995 年我国长城公司为美国休斯公司发射的"亚太 2 号"卫星在与火箭分离后发生爆炸,其原因就是因为美方结构工程师忽视了卫星整流器罩在高速高温下会发生大变形这一事实,用线性模型进行变形和强度计算,导致最后卫星爆炸。另外,电子计算机的硬件和软件都不能保证绝对无误,如机器受到各种干扰而发生元件损坏,软件程序功能不周,程序编制误差等,这些都会造成计算结果的错误和假象。一些明显的计算错误和假象是很容易识别的。但是,对于一些不明显的计算错误和假象,只能用若干个有分析解或有可靠数据的典型题目,以及用典型的实验数据来检验数值方法的可靠与否及精确程度,并由此识别数值计算中所可能出现的假象和错误。

对于计算结果所出现的假象和错误,可以设法从三个方面去避免。首先,在建立问题的数学物理模型时,对构成问题的各种因素应逐一详细分析,区别主次,恰当抽象,简化时既要顾及到容易求解,又要考虑到模型不失真。对于物性参数、边界条件及一些看起来次要的因素要特别小心。如有条件,可将所建立的数学物理模型和已有相近或类似的模型进行对照分析,避免有大的失误。已有的经验告诉人们,恰当合理的建模要比计算过程和最终结果的分析重要得多。其次,要选择一个适当的数值计算方法。恰当的数值方法,不仅会使得一些原来不可解的问题得以求解,而且可以节约大量的人力、物力和时间。最后,还要保证有一个性能可靠的计算工具和准确无误的运算程序。

1.2 数值方法的发展及应用

1.2.1 数值方法的发展

数值分析方法最初源于对数学解析方程的求解。如求解一阶微分方程初值问题的欧拉方法、龙格库塔方法;求解偏微分方程组的差分法、变分法、直线法、特征线法、加权残值法;求解积分方程的线性代数方程组逼近法、待定系数逼近法、积分核逼近法;求解代数方程的秦九韶法、二分法、迭代法、牛顿法、弦截法、穆勒法、林士谔-赵访熊法、下降法,以及求解函数积分的梯形法、辛卜森法、龙贝法、高斯法、勒贝陶法、拉盖尔法和埃尔米特法等。这些数值方法的共同特点是采用不同的数学技巧,对原来已有的解析方程近似求解。在应用的过程中,仅考虑方法本身的简便性、收敛速度、收敛域的大小等特性,无需再去考虑待解方程解的存在性、唯一性和稳定性,因为这些事先已经解决。上述这些最早的数值方法,不仅完成了对部分原解析方程的近似求解,而且更重要的是形成了以后数值方法发展的基础。

数值方法发展的直接动力是物理及工程实际问题的需要。17 世纪欧拉、拉格朗日和伯努利等针对当时所提出的最速降线问题、等周问题和短程线问题这三大著名难题建立了变分方法。所谓变分方法就是以变分形式所表述的物理定律。即在所有满足一定约束条件的可能物质运动中,真实的运动状态应使某物理量取极值或驻值[1]。根据此方法后来相继建立了光学中的费马原理、理论力学中的哈密顿原理、弹性力学中的最小势能原理和最小余能原理。特别是证明了由于泛函变分的欧拉方程完全等价于原物理问题的微分方程,从而启示人们可以方便地从求泛函的极值或驻值出发去得到物理问题的近似值,而无需再去求解微分方程。19 世纪上半叶所导出的流体力学纳维-斯托克斯方程描述了黏性流体随时间而变化的非定常运动。由于方程中包含时间变量和高阶导数,因而求解十分困难。除了在无旋条件下,低速流动的速度势满足拉普拉斯方程或泊松方程,可以用复变函数或保角映射求得解析解外,更多的复杂问题只能依靠数值方法近似求解,如有限差分法、迭代法、时间相关法、有限基本法,以及 20 世纪 50 年代发展起来的逐次超松弛法、交替方向隐式法、人工黏性法等。

固体线弹性静力学的基本方程包括平衡方程、几何方程和物理方程,是一组包含 15 个方程的非齐次三元二阶偏微分方程组。近 200 多年来,不少数学家和力学家为求解各种不同的定解,作出了不懈的努力,取得了一些不朽的成果。较为著名的有拉梅压力圆筒(环)问题;齐尔西孔口问题;符拉芒半无限平面受集中力问题;密切尔半无限平面受分布荷载问题;开尔文无限空间(平面)受集中力问题;布希涅斯克半无限空间表面受垂直集中力问题;赛如提半无限空间表面受水平集中力问题;明德林半无限空间内任一点承受集中荷载问题;圣维南固体扭转问题;赫芝接触问题;拉甫空间轴对称问题;伽辽金空间任意问题等。然而,这些解答仅仅描述了弹性力学问题少量的一些特定边值问题的解答,对于更一般解,还是无法获得。1908 年瑞士科学家里兹根据英国科学家瑞利 1877 年在《声学原理》一书中所提出的瑞利原理，建立了求解弹性力学空间问题的近似方法瑞利-里兹变分法。该方法假定弹性体的位移 u、v、w 由一组包含三组特定系数 A_i、B_i、$C_i(i=1,2,\cdots,n)$ 的已知函数组成，即

$$\left.\begin{aligned} u(x,y,z) &= \sum_{i=1}^{n} A_i u_i(x,y,z) \\ v(x,y,z) &= \sum_{i=1}^{n} B_i v_i(x,y,z) \\ w(x,y,z) &= \sum_{i=1}^{n} C_i w_i(x,y,z) \end{aligned}\right\} \tag{1-3}$$

式中，$u_i(x,y,z)$、$v_i(x,y,z)$、$w_i(x,y,z)$ 是满足问题位移边界条件的某一组已知函数序列。

将式(1-3)中的 u、v、w 代入弹性体的总势能泛函 π 中，然后利用最小势能原理的驻值条件

$$\left.\begin{aligned} \frac{\partial \pi}{\partial A_i} &= 0 \\ \frac{\partial \pi}{\partial B_i} &= 0 \\ \frac{\partial \pi}{\partial C_i} &= 0 \end{aligned}\right\} \quad (i=1,2,\cdots,n) \tag{1-4}$$

可得关于待定系数 A_i、B_i、$C_i(i=1,2,\cdots,n)$ 的 $3n$ 个线性代数方程。有了位移，利用几何方程便可求得应变分量，利用物理方程可求得应力分量。由于瑞利-里兹法仅要求位移函数满足位移边界条件，无需满足力的边界条件，因而求解比较容易。当然，对于应力计算误差较大，特别当包含自由边时。瑞利-里兹法是求解弹性力学空间问题最早也最为著名的近似数值方法，至今仍得到广泛应用。求解弹性静力学问题近似解的另一方法是 1947 年美国人普拉格和辛格提出的超圆法。超圆法实质上是一种函数空间状态法，其特点是将泛函分析的解析概念形象化，用它能具体地给出问题精确解的上下界。此外，用于天体力学中计算星球进动的摄动法也是为满足物理实际问题的一个产物。此类例子举不胜举。

各种数值方法的相互影响以及计算技术和计算工具的不断进步，是推动现代数值方法发展的主要原因。关于前者较为突出的例子是在古典数学变分法的基础上先后建立了费马原理和最小势能原理，并由意大利学者贝蒂和卡斯提安诺在 1872～1879 年间建立的功的互等定理和弹性力学最小余能原理；

里兹 1908 年建立的瑞利-里兹直接解法;俄国工程师布勃诺夫和伽辽金 1915 年提出的布勃诺夫-伽辽金法,他们所导出的变分方程为

$$
\left.\begin{aligned}
&\iiint\left[\frac{E}{2(1+\mu)}\left(\frac{1}{1-2\mu}\frac{\partial e}{\partial x}+\Delta^2 u\right)+X\right]u_{\mathrm{m}}\mathrm{d}x\mathrm{d}y\mathrm{d}z=0\\
&\iiint\left[\frac{E}{2(1+\mu)}\left(\frac{1}{1-2\mu}\frac{\partial e}{\partial y}+\Delta^2 v\right)+Y\right]v_{\mathrm{m}}\mathrm{d}x\mathrm{d}y\mathrm{d}z=0\\
&\iiint\left[\frac{E}{2(1+\mu)}\left(\frac{1}{1-2\mu}\frac{\partial e}{\partial z}+\Delta^2 w\right)+Z\right]w_{\mathrm{m}}\mathrm{d}x\mathrm{d}y\mathrm{d}z=0
\end{aligned}\right\} \tag{1-5}
$$

位移函数的形式与瑞利-里兹法相同,但除了要求其满足位移边界条件外,还必须满足应力边界条件,因而求解效果更好。另外,还有前苏联康托洛维奇于 1933 年提出的康托洛维奇变分法;英国科学家赫林格(1914)、瑞斯纳(1950)分别独立提出的二类变量广义变分原理以及由我国学者胡海昌(1954)和日本人鹫津久一郎(1955)提出的胡-鹫三变量广义变分原理等。直线法最初是用于求解偏微分方程,其要点是:先将求解区域用一族直线分割为若干条带,然后保留偏微分方程中沿直线方向的连续偏导数,其他方向的偏导数则用差商或内插公式代替,从而将偏微分方程求解问题转化为沿一族直线的常微分方程组的边值问题。1963 年前苏联捷列宁就用此方法求解了钝头体的绕流问题。1951 年前苏联的多罗德尼琴在原来直线法的基础上提出了积分关系法,用于求解空气动力学问题。1960 年他又将积分关系法改进为广义积分关系法,成功地求解了绕流的边界层问题。直线法在固体弹性力学中应用的结果产生了大家所熟知的有限条法[3],并由此后来发展成了有限层法、有限棱柱法等。固体力学中的加权残值法,是 20 世纪 80 年代在我国发展起来的一种半解析半数值求解方法。最初它仅用于求解纯数学的微分方程,到 20 世纪 70 年代才用于求解流体力学和热传导问题。我国学者徐次达于 1978 年将此方法用于固体力学计算中[4]。至今,这一方法除了原来的 5 种基本方法以及它们相互配套产生的混合法外,已经发展到和其他数值方法的联合应用,派生出了一批杂交加权残值法[5],如能量配点法、康托洛维奇配点法、半解析法、格林加权残值法、变率加权残值法、数学规划加权残值法、随机加权残值法等。摄动方法原来用于计算星体间的进动问题,1947 年我国力学家钱伟长将这一方法用于求解圆板的几何非线性问题。他用板的中心挠度和厚度之比作为摄动参数,成功地求解了圆板的大挠度问题,被国际上称为“钱氏摄动法”。1953 年我国另一位力学家郭永怀在研究激波与边界层的相互作用时,又把摄动法用于求超声速流动的远场解和近场解的对接中,形成 PLK 奇异摄动法。20

世纪 80 年代后叶开沅所创立的修正迭代法和解析-电算法，也不同程度地受到了摄动法的影响。

电子计算机的出现，对数值方法的发展产生了翻天覆地的影响。早期的数值计算，虽然已经有了较为完整的计算理论基础，但是由于受到计算工具的影响，所能计算的未知数非常有限。20 世纪 50 年代，特纳和托普等人把求解杆件结构的方法推广到连续体力学问题中，形成了矩阵分析法，当时所能求解的未知数不到 50 个。随着 60 年代配有从代码语言到现代程序设计语言的电子计算机的出现，使得所能计算的未知数从原来的几十个提高到数以万计个。特别是 80 年代后高达每秒数十亿次计算速度的大型电子计算机的研制成功，可以计算的未知数目已达到上亿个。正是由于电子计算机这一新型计算工具的出现，极大地刺激和推动了数值方法的发展，源于矩阵分析方法的有限单元法就是 20 世纪数值计算方法最为成功的范例。

从数学角度看，有限单元的思想可以追溯到我国东汉刘徽的割圆术，他把圆周分割成有限个单元求圆周率。这种用有限逼近无限的思想，就是有限单元法的灵魂。1943 年库朗曾用三角形单元组成分区近似函数，并用最小势能原理，讨论了柱体的扭转问题，这是有限单元法用于力学计算的最早例子。但由于当时设有相应的计算工具，这种方法在很长时间内被冷落。1960 年克劳斯首次使用了有限元这一名词，随后在各国力学工作者和工程师的共同努力下[6]，利用电子计算机这一前所未有的计算工具，开发研制了一大批的计算软件，使这一方法成为处理物理、力学和工程问题最有效的方法之一。电子计算机的出现不仅产生了像有限单元法这样一类新的计算方法，而且使原来的解析方法和数值方法也有很大的发展。如解析-电算法、边界单元法、有限条法、有限层法、有限棱柱法、有限差分法、半解析有限元法等，可以说，今天的一切数值方法离开了电子计算机将寸步难行。

今后数值方法发展的方向，一是利用现有的数值方法，编制性能可靠的计算机软件以解决各种工程实际问题，为科研生产服务。另外是根据不同的物理、数学、力学模型，研究适合于这些问题的新的数值方法及它们的误差、收敛性，并研究这些新方法在计算机上的优化技术。

1.2.2 数值分析方法的应用

数值分析方法本身就是一种应用技术，它是解决科学研究和工程问题的手段和工具。到目前为止，数值方法的应用已经贯穿到不同学科的各个领域中。以自然科学为例，天文学、地学、生物学、物理学、化学、数学、力学等无不与数值方法紧密相关。就力学学科而言,它的每一次飞跃都离不开数值方法的支持。弹性力学的基本理论和方程,早在19世纪20年代由纳维和柯西已经建立,由于数学上的困难,近200多年来所能求解的弹性力学问题屈指可数。正是由于20世纪60年代发明的电子计算机和随后发展起来的有限元数值方法,才使得弹性力学这一古老的学科焕发了新的生机,各类问题迎刃而解。结构力学也是一门形成于19世纪中叶的古老学科,在计算机和有限单元法出现以前,可以求解的未知数不足50个。但在今天,对于像宇宙空间站和大型海洋平台这类复杂的结构分析计算,已不为难事。到目前为止,在力学领域内,已经形成了基于有限元技术和其他数值方法的计算理论力学、计算固体力学和计算流体力学,并派生出了像计算结构力学、计算塑性力学、计算断裂力学和计算动力学等一些新的计算力学分支。可以说,数值分析方法和计算机应用技术是现代力学发展的基础。

数值方法在工程领域中的应用到处可见。从航空航天工业中的导弹、火箭、飞机、空间站,到土木工程中的桥梁、隧道、道路、大坝、高层建筑;从能源交通工程中的核电站、水电枢纽、汽车、电力机车,到海洋工程中的远洋轮船、海底建筑、海洋平台等,无不依赖于数值分析方法。数值方法和计算技术的发展,为这些工程的设计和建设提供了坚实的理论保证。可以毫不夸张地说,只要世界上有物质运动,只要人们想去探求物质运动的规律,那么就必须用到数值分析方法。

1.3 工程结构中的数值方法

工程结构问题从数学上讲就是一个定解问题,它通常由基本方程和定解条件组成。基本方程既有微分方程,也有积分方程,甚至微分积分方程;既有单一的方程,也有方程组;既有线性方程,也有非线性方程;既有单相方程,也有耦合方程。求解条件既有空间边界条件,也有时间边界(初始)条件。问题的类别有平衡问题、弯曲问题、稳定问题、冲击问题、振动问题、热传导问题等。所涉及的工程领域有航天(空)工程、航海工程、土木工程、机械工程、水电工程、电器工程、生物工程、智能工程等。

由于工程结构所表现的问题各式各样,因而真正能解析求解的问题非常之少。所以不得不依靠数值方法近似求解。目前较为流行而且应用最为广泛的数值分析方法首推有限单元法。

有限单元法是一种纯数值求解方法,其基本思路是将连续体模型离散成为有限个单元，单元之间通过节点连接，并要求每个单元满足一定的物理条件，最后将所有的单元再集成，组成求解问题的数值计算方程。有限单元法的离散化，可以从物理和数学两个角度来理解。从物理角度看，一个连续体可以近似地用有限个在节点处相连接的单元所组成的集合体来代表，因而可以把连续体的分析问题转变成单个单元的分析和所有单元的集合问题。从数学角度来看，一个连续体可以分割为有限个子域，每个子域的场函数可以用包含有限个参数的简单函数来描述，集合这些子域的场函数，就可近似地代表整个连续域的场函数。于是，求解连续场函数的微分方程或积分方程，就转化为求解有限个待定参数的代数方程组。由此可以看到，离散化就是化无限为有限，从而达到化难为易最终求解问题的目的。

有限单元法中用有限代替无限的思想可上溯于我国东汉时刘徽的割圆术，他把圆周分割成有限个单元，由此求得了圆周率 π 的数值。用“有限单元”的思想求解力学问题最早见于海尔尼柯夫的工作，他用框架法求解了弹性力学平面应力问题[7]。其后数学家库朗于 1943 年用三角形单元组成分区近似函数，通过最小势能原理，求解了柱体的扭转问题[8]，这是用有限单元法求解力学问题最早最完整的例子。但由于当时缺乏相应的计算工具，这种方法并没有得到很好的推广。20 世纪 50 年代杆系结构矩阵分析方法的发展，对于有限单元法的产生起到了很好的铺垫和引导作用。特纳[9]、艾格瑞斯[10]和克劳斯[11]等人的著作，可以认为是有限单元法的原始文献。而有限单元法（Finite Element Method）这一术语正是由克劳斯在文献[11]中首次提出。在后来的 20 多年中，随着电子计算机应用技术的发展，国内外一大批力学、计算数学和工程应用领域的学者积极投入到这一方法的研究中，使有限单元方法得到不断地完善和发展。到 20 世纪 80 年代初，已形成一门完全独立的数值计算方法，并产生了一批著名的计算机应用软件。近 20 多年来，有限元的技术和应用都有了更为深入的发展，并行计算、网格自动划分、自适应调节、非线性方程求解及完善的前后处理技术、友好的用户界面等，这些均表明有限单元法发展到了一个前所未有的水平。有限单元法的应用也远远超出了早期的结构静力分析。今天，有限单元法所能求解的问题包括静力问题、动力问题、稳定问题、波动问题、平面问题、空间问题、板壳问题、组合结构问题等。所涉及的材料也从线弹性扩展到弹塑性、黏弹性、弹黏塑性、黏塑性、复合材料和智能材料。并且对于一些非结构问题，如流体力学、空气动力学、传热学、电磁耦合、流固耦合等问题都可以方便求解。有限单元法在工程领域中的应用，已从早期航空领域推广到土木、机械、水利、交通、船舶、生物、医学、电子等行业，其功用也从早期的分析和校核发展到前期模拟分析、优化设计、工程预测等。毋庸置疑,随着计算技术和计算机的发展,有限单元法作为一种具有广泛应用功能的数值分析方法,必将在人类的经济建设和社会发展中发挥更大的作用。但是,有限单元法也存在许多致命的缺点和不足。例如有限元分析软件的一个小错误可能会导致计算过程完全失败,大型工程问题的计算必须依赖高速运算的巨型计算机。另外,有限单元法对于诸如空间飞行器的全过程分析、核反应堆在事故工况下的响应模拟,以及多场耦合问题的分析都面临许多困难。

对于一些较为简单,或者工程特点突出的问题,采用有限单元法之外的一些数值方法将会收到事半功倍的效果。例如,在求解杆、梁、板、柱之类简单构件的响应问题时,变分法尤为快捷;求解隧道围岩的变形和应力时,边界单元法工作量最少;求解复杂形状板的问题时,加权残值法最具优势;求解流体和热传导问题时,差分方法更为可靠。对于一些更为复杂的工程结构问题,半解析半数值方法,不仅计算量较之有限单元法少,而且精度也高。

本章参考文献

[1] 中国大百科全书力学编辑委员会.中国大百科全书·力学.北京:中国大百科全书出版社,1985

[2] 郑晓静.圆板大挠度理论及应用.长春:吉林科学技术出版社,1990

[3] Y. K. Cheung. 结构分析的有限条法.北京:人民交通出版社,1980

[4] 徐次达.固体力学中的加权残值法.力学与实践,1978(4)

[5] 夏永旭.加权残值法在我国的最新进展.力学进展,2006(3)

[6] O. C. Zienkiewiez. The finite element method. Mc Graw Hill, London, 1997

[7] A. Hrenikoff. Solution of problems of elasticity by the framework method. Journal of Applied Mechanics (Trans, A. S. M. E.), 1941, 8(4): 169-175

[8] R. Courant. Variational method for the solution of problems of equilibrium and vibration. Bulletin of the American Mathematical Society, 1943, 49: 1-23

[9] M. J. Tumer, R. W. Clough, H. C. Martin, L. J. Topp. Stiffness and deflection analysis of complex structures. Journal of the Aeronautical Sciences, 1956, 23: 805-823

[10] J. H. Arlgyris, S. Kelsey. Energy theorems and structural analysis. Butterworths London, 1960

[11] R. W. Clough. The finite element method in plane stress analysis. Proceedings of 2nd ASCE Conference on Electronic Computations, Pittsburgh, Pa., 1960

第2章 工程结构问题的求解理论及方法

2.1 工程结构问题的建立

2.1.1 工程结构问题的建立

工程结构问题源于人们对自然科学的研究和工程结构特性的抽象,它包含两个要素:结构的数学力学模型和求解条件。其中结构的数学力学模型,反映了工程结构的本质所在,它既是先天固有的,又随着模型基础理论的确定而形式唯一;而求解条件,是对工程结构各种可能变化过程的特定约束,它的形式并不统一。结构的数学力学模型,不仅要在数学上保证其解答存在、唯一且稳定,而且要保证模型本身合理。如果数学力学模型不合理,就不能很好地反映工程结构的实际状态。但是,数学力学模型合理,并不能说明对原工程结构问题的模拟就很好。因为,在建立某工程结构问题的实际数学力学模型时,通常会对原问题进行抽象和忽略掉一些次要因素,使问题简化。如果太抽象或者忽略次要因素太多,使模型过分简单,虽然此时数学力学提法恰当,但所得到的解却和原问题相差甚远甚至相反。有时也会由于在建模过程中忽略或忽视一些表面看来微不足道而实际起关键作用的一些因素,导致最终分析结果完全失败。1995 年我国长城公司为美国休斯公司发射的“亚太 2 号”卫星在与火箭分离后发生爆炸,其原因就是因为美方结构工程师忽视了卫星整流器罩在高速高温下会发生大变形这一事实,用线性模型进行变形和强度计算,导致卫星最后爆炸。

另外，一个典型例子是在进行隧道地下工程计算时，由于无法事先准确知道围岩的本构关系，而用经典线弹性理论或者弹塑性理论，用岩块的物性参数代替岩体参数，致使计算结果和现场量测相差甚远。

求解条件是构成工程结构问题的必要条件，它的提出通常与工程结构问题的模型关系不是很密切，仅与工程结构模型在结构空间中所受到的边界约束、特定时刻的结构特性有关。由于求解条件的多样性，对于同一结构模型不同的求解条件会得出不同的响应，虽然问题的本质仍然保持不变。

所以，工程结构问题的数学力学模型，必须能反映工程结构的本质，在建立具体问题时，要明确给定求解条件，使其在数学上构成一个完备的定解问题。

2.1.2 工程结构的类型

工程结构的分类，既可以按照其应用的领域分为航天工程结构、航空工程结构、海洋工程结构、土木工程结构、机械工程结构、水利工程结构、电器工程结构以及生物工程结构，又可以按照其力学问题的属性分为固体结构和耦合结构，而耦合结构又可以分为流固耦合、磁固耦合、热固耦合以及结构与介质耦合。然而，无论如何划分，无论结构如何复杂，组成工程结构的基本构件只有杆、梁、柱、板、壳、实体等，当然这些基本构件既可以是单一材料，又可以是复合材料，甚至于是智能材料或者是生物材料。

按照以上的分类，则工程结构问题依据其所在的领域和工程目标，又可以分为空间站、航天(空)器、海洋平台、船舶、机场、桥梁、工民建、隧道、水库、核电站、管道等。这些工程结构问题的建立，是根据其工作的环境和要达到的目的形成，目的决定了该工程结构的数学力学模型，环境构成了问题的求解条件。

2.2 工程结构问题计算理论及基本方程

前已述及，工程结构问题实际上是一个定解问题，基本方程和求解条件是构成定解问题的两大要素。仅就基本方程而言，因其所描述的问题性质和依据的理论基础不同，又可以分为线性问题、非线性问题、静力学问题、动力学问题，以及平衡问题、稳定问题、振动问题、扭转问题、冲击问题等。然而，无论如何划分，这些问题依然是建立在特定力学的框架之下，结构的平衡条件，变形的几何约束，材料的本构关系，是构成工程结构问题基本方程的基础。

2.2.1 几个基本假定

(1)连续性假定。假定所研究的整个物体的体积都被组成这个物体的介质所填满,不留下任何空隙。这样,在研究物体的力学行为时,就可以用连续函数来描述它们的变化规律。

(2)均匀性假定。假定整个物体是由同一种材料组成。这样,就可以方便我们在研究过程中随意地选择坐标系。

(3)完全弹性假定。假定物体完全服从虎克定律,即物体在变形过程中应力和应变之间呈一一对应关系。这个假定包含了应力应变的线弹性和非线性弹性,而没有延伸到塑性阶段。

(4)各向同性假定。假定物体内任一点的力学性质在各个方向都相同。有了这个假定就无需考虑坐标轴的取向,因为在物体内的任何方向,其物理常数是相同的。但是,对于复合材料和土木工程材料,这个假定完全不恰当。

(5)小变形及有限变形假定。假定物体在外力或者变位、变温的影响下,它的变形是微小的或者是有限的。这里小变形,对应着物体基本方程的线性,而有限变形即意味着几何方程的非线性。

(6)体积不可压缩假定。假定在物体的塑性变形过程中,其体积的大小不变。这个假定是基于部分金属材料的压缩试验得到,显然不适应所有的材料。但遗憾的是,在应用经典的弹塑性理论时,仍然不得不用到它。类似地还有静水压力对材料强度极限无影响的假设。

2.2.2 工程结构问题的数学描述

(1)线弹性问题

平衡方程:

$$\left.\begin{aligned}\frac{\partial \sigma_x}{\partial x}+\frac{\partial \tau_{xy}}{\partial y}+\frac{\partial \tau_{xz}}{\partial z}+X=m\frac{\partial^2 u}{\partial t^2}\\ \frac{\partial \tau_{xy}}{\partial x}+\frac{\partial \sigma_y}{\partial y}+\frac{\partial \tau_{zy}}{\partial z}+Y=m\frac{\partial^2 v}{\partial t^2}\\ \frac{\partial \tau_{xz}}{\partial x}+\frac{\partial \tau_{yz}}{\partial y}+\frac{\partial \sigma_z}{\partial z}+Z=m\frac{\partial^2 w}{\partial t^2}\end{aligned}\right\}\tag{2-1}$$

式中,σ_x、σ_y、σ_z、τ_{xy}、τ_{zy}、τ_{zx} 分别为应力分量;X、Y、Z 为沿三个坐标方向的体积分量;u、v、w 为沿三个方向的位移分量;m 为弹性体的质量密度;t 为时间变量。

几何方程：

$$\left.\begin{aligned}\varepsilon_x &= \frac{\partial u}{\partial x} \\ \varepsilon_y &= \frac{\partial v}{\partial y} \\ \varepsilon_z &= \frac{\partial w}{\partial z} \\ \gamma_{xy} &= \frac{\partial u}{\partial y}+\frac{\partial v}{\partial x} \\ \gamma_{yz} &= \frac{\partial w}{\partial y}+\frac{\partial v}{\partial z} \\ \gamma_{zx} &= \frac{\partial u}{\partial z}+\frac{\partial w}{\partial x}\end{aligned}\right\} \tag{2-2}$$

式中，ε_x、ε_y、ε_z、γ_{xy}、γ_{yz}、γ_{zx}为应变分量。

物理方程：

$$\left.\begin{aligned}\varepsilon_x &= \frac{1}{E}[\sigma_x-\mu(\sigma_y+\sigma_z)] \\ \varepsilon_y &= \frac{1}{E}[\sigma_y-\mu(\sigma_z+\sigma_x)] \\ \varepsilon_z &= \frac{1}{E}[\sigma_z-\mu(\sigma_x+\sigma_y)] \\ \gamma_{xy} &= \frac{2(1+\mu)}{E}\tau_{xy} \\ \gamma_{yz} &= \frac{2(1+\mu)}{E}\tau_{yz} \\ \gamma_{zx} &= \frac{2(1+\mu)}{E}\tau_{zx}\end{aligned}\right\} \tag{2-3}$$

式中，E为弹性体的弹性模量；μ为泊松比。

上述方程(2-1)～方程(2-3)共计15个方程，包含6个应力分量、6个应变分量、3个位移分量，共15个未知数，构成了线弹性问题的基本方程。已有文献证明[1]，线弹性问题的解不仅存在，而且稳定、唯一。

线弹性问题的求解条件分为位移条件、应力条件和初始条件，分别表述为：

位移边界条件：

$$
\left.\begin{aligned}
u(x,y,z,t)\big|_S &= \bar{u} \\
v(x,y,z,t)\big|_S &= \bar{v} \\
w(x,y,z,t)\big|_S &= \bar{w}
\end{aligned}\right\} \tag{2-4}
$$

式中,S 代表弹性体的边界;$\bar{u}$、$\bar{v}$、$\bar{w}$ 为所考察边界的位移值。

应力边界条件:

$$
\left.\begin{aligned}
l\sigma_x + m\tau_{xy} + n\tau_{xz}\big|_S &= \bar{X} \\
l\tau_{xy} + m\sigma_y + n\tau_{yz}\big|_S &= \bar{Y} \\
l\tau_{xz} + m\tau_{yz} + n\sigma_z\big|_S &= \bar{Z}
\end{aligned}\right\} \tag{2-5}
$$

式中,$\bar{X}$、$\bar{Y}$、$\bar{Z}$ 代表考察边界上沿三个坐标方向的面力分量;l、m、n 为弹性体边界外法线 N 的方向余弦,即

$$
\left.\begin{aligned}
l &= \cos(N \cdot x) \\
m &= \cos(N \cdot y) \\
n &= \cos(N \cdot z)
\end{aligned}\right\} \tag{2-6}
$$

初始条件:

$$
\left.\begin{aligned}
u\big|_{t=0} &= u_0 \\
v\big|_{t=0} &= v_0 \\
w\big|_{t=0} &= w_0 \\
\frac{\partial u}{\partial t}\bigg|_{t=0} &= \dot{u}_0 \\
\frac{\partial v}{\partial t}\bigg|_{t=0} &= \dot{v}_0 \\
\frac{\partial w}{\partial t}\bigg|_{t=0} &= \dot{w}_0
\end{aligned}\right\} \tag{2-7}
$$

式中,u_0、v_0、w_0 为弹性体的初始位移;$\dot{u}_0$、$\dot{v}_0$、$\dot{w}_0$ 为初始速度分量。

方程(2-1)～方程(2-3)构成了线弹性所有问题的基本方程,方程(2-4)、方程(2-5)、方程(2-7)包含了问题的所有求解条件,当然还应该有混合边界条件。对于具体工程结构问题,可以随着问题性质和环境的不同予以简化。

例如,对线弹性静力学问题,则方程(2-1)蜕化为

$$
\left.\begin{aligned}
\frac{\partial \sigma_x}{\partial x} + \frac{\partial \tau_{xy}}{\partial y} + \frac{\partial \tau_{xz}}{\partial z} + X &= 0 \\
\frac{\partial \tau_{xy}}{\partial x} + \frac{\partial \sigma_y}{\partial y} + \frac{\partial \tau_{yz}}{\partial z} + Y &= 0 \\
\frac{\partial \tau_{xz}}{\partial x} + \frac{\partial \tau_{yz}}{\partial y} + \frac{\partial \sigma_z}{\partial z} + Z &= 0
\end{aligned}\right\} \tag{2-8}
$$

边界条件仍如方程(2-4)、方程(2-5),初始条件(2-7)不存在。

对于轴对称静力学问题,则

$$\left.\begin{aligned}&\frac{\partial\sigma_r}{\partial r}+\frac{\partial\tau_{rz}}{\partial z}+\frac{1}{r}(\sigma_r-\sigma_\theta)+K_r=0\\&\frac{\partial\sigma_z}{\partial z}+\frac{\partial\tau_{rz}}{\partial r}+\frac{1}{r}\tau_{rz}+K_z=0\end{aligned}\right\}\tag{2-9}$$

$$\left.\begin{aligned}\varepsilon_r&=\frac{\partial u_r}{\partial r}\\\varepsilon_\theta&=\frac{u_r}{r}\\\varepsilon_z&=\frac{\partial w}{\partial z}\\\gamma_{rz}&=\frac{\partial u_r}{\partial z}+\frac{\partial w}{\partial r}\end{aligned}\right\}\tag{2-10}$$

$$\left.\begin{aligned}\varepsilon_r&=\frac{1}{E}[\sigma_r-\mu(\sigma_\theta+\sigma_z)]\\\varepsilon_\theta&=\frac{1}{E}[\sigma_\theta-\mu(\sigma_z+\sigma_r)]\\\varepsilon_z&=\frac{1}{E}[\sigma_z-\mu(\sigma_r+\sigma_\theta)]\\\gamma_{zr}&=\frac{2(1+\mu)}{E}\tau_{zr}\end{aligned}\right\}\tag{2-11}$$

此时未知函数为σ_r、σ_θ、σ_z、τ_{rz}、ε_r、ε_θ、ε_z、γ_{rz}、u_r、w共10个,方程数目也恰好为10个,问题可解。当然,此时的边界条件(2-4)、边界条件(2-5)也转换为对应的柱坐标形式。

对于平面应力问题,则方程(2-1)～方程(2-3)蜕化为

$$\left.\begin{aligned}&\frac{\partial\sigma_x}{\partial x}+\frac{\partial\tau_{xy}}{\partial y}+X=0\\&\frac{\partial\tau_{xy}}{\partial x}+\frac{\partial\sigma_y}{\partial y}+Y=0\end{aligned}\right\}\tag{2-12}$$

$$\left.\begin{aligned}\varepsilon_x&=\frac{\partial u}{\partial x}\\\varepsilon_y&=\frac{\partial v}{\partial y}\\\gamma_{xy}&=\frac{\partial u}{\partial y}+\frac{\partial v}{\partial x}\end{aligned}\right\}\tag{2-13}$$

$$\left.\begin{aligned}\varepsilon_x&=\frac{1}{E}(\sigma_x-\mu\sigma_y)\\\varepsilon_y&=\frac{1}{E}(\sigma_y-\mu\sigma_x)\\\gamma_{xy}&=\frac{2(1+\mu)}{E}\tau_{xy}\end{aligned}\right\}\tag{2-14}$$

此时未知函数仅为 8 个，而方程数目也为 8 个。对于平面应变问题，只需将方程(2-14)中的 E 换为$\frac{E}{1-\mu^2}$，μ 换为$\frac{\mu}{1-\mu}$即可。

(2)几何非线性问题

几何非线性问题的未知数仍为 15 个，方程也是 15 个，其中平衡方程、物理方程仍为方程(2-1)、方程(2-3)不变，而几何方程(2-2)改写为

$$\left.\begin{aligned}\varepsilon_x &= \frac{\partial u}{\partial x}-\frac{1}{2}\left[\left(\frac{\partial u}{\partial x}\right)^2+\left(\frac{\partial v}{\partial x}\right)^2+\left(\frac{\partial w}{\partial x}\right)^2\right]\\ \varepsilon_y &= \frac{\partial v}{\partial y}-\frac{1}{2}\left[\left(\frac{\partial u}{\partial y}\right)^2+\left(\frac{\partial v}{\partial y}\right)^2+\left(\frac{\partial w}{\partial y}\right)^2\right]\\ \varepsilon_z &= \frac{\partial w}{\partial z}-\frac{1}{2}\left[\left(\frac{\partial u}{\partial z}\right)^2+\left(\frac{\partial v}{\partial z}\right)^2+\left(\frac{\partial w}{\partial z}\right)^2\right]\\ \gamma_{xy} &= \frac{\partial u}{\partial y}+\frac{\partial v}{\partial x}-\left(\frac{\partial u}{\partial x}\frac{\partial u}{\partial y}+\frac{\partial v}{\partial x}\frac{\partial v}{\partial y}+\frac{\partial w}{\partial x}\frac{\partial w}{\partial y}\right)\\ \gamma_{yz} &= \frac{\partial w}{\partial y}+\frac{\partial v}{\partial z}-\left(\frac{\partial u}{\partial y}\frac{\partial u}{\partial z}+\frac{\partial v}{\partial y}\frac{\partial v}{\partial z}+\frac{\partial w}{\partial y}\frac{\partial w}{\partial z}\right)\\ \gamma_{zx} &= \frac{\partial w}{\partial x}+\frac{\partial u}{\partial z}-\left(\frac{\partial u}{\partial x}\frac{\partial u}{\partial z}+\frac{\partial v}{\partial x}\frac{\partial v}{\partial z}+\frac{\partial w}{\partial x}\frac{\partial w}{\partial z}\right)\end{aligned}\right\}\tag{2-15}$$

显然，这里的应变和位移之间的关系，仅仅表述到二次非线性。

(3)材料非线性问题

材料非线性问题的平衡方程和几何方程仍如方程(2-1)、方程(2-2)，而物理方程，按照全量理论可表述为

$$\left.\begin{aligned}\varepsilon_x^{\mathrm{P}} &= \frac{\varepsilon_i}{\sigma_i}\left[\sigma_x-\frac{1}{2}(\sigma_y+\sigma_z)\right]\\ \varepsilon_y^{\mathrm{P}} &= \frac{\varepsilon_i}{\sigma_i}\left[\sigma_y-\frac{1}{2}(\sigma_z+\sigma_x)\right]\\ \varepsilon_z^{\mathrm{P}} &= \frac{\varepsilon_i}{\sigma_i}\left[\sigma_z-\frac{1}{2}(\sigma_x+\sigma_y)\right]\\ \gamma_{xy}^{\mathrm{P}} &= \frac{3\varepsilon_i}{\sigma_i}\tau_{xy}\\ \gamma_{yz}^{\mathrm{P}} &= \frac{3\varepsilon_i}{\sigma_i}\tau_{yz}\\ \gamma_{zx}^{\mathrm{P}} &= \frac{3\varepsilon_i}{\sigma_i}\tau_{zx}\end{aligned}\right\}\tag{2-16}$$

式中，$\varepsilon_x^{\mathrm{P}}$、$\varepsilon_y^{\mathrm{P}}$、$\varepsilon_z^{\mathrm{P}}$、$\gamma_{xy}^{\mathrm{P}}$、$\gamma_{yz}^{\mathrm{P}}$、$\gamma_{zx}^{\mathrm{P}}$ 分别为塑性变形；ε_i、σ_i 分别定义为应变强度和应力强度，即

$$\varepsilon_i = \frac{\sqrt{2}}{3}\left[(\varepsilon_x^{\mathrm{P}} - \varepsilon_y^{\mathrm{P}})^2 + (\varepsilon_y^{\mathrm{P}} - \varepsilon_z^{\mathrm{P}})^2 + (\varepsilon_z^{\mathrm{P}} - \varepsilon_x^{\mathrm{P}})^2 + \frac{3}{2}(\gamma_{xy}^{\mathrm{P}^2} + \gamma_{yz}^{\mathrm{P}^2} + \gamma_{zx}^{\mathrm{P}^2})\right]^{\frac{1}{2}} \tag{2-17}$$

$$\sigma_i = \frac{\sqrt{2}}{2}[(\sigma_x - \sigma_y)^2 + (\sigma_y - \sigma_z)^2 + (\sigma_z - \sigma_x)^2 + 6(\tau_{xy}^2 + \tau_{yz}^2 + \tau_{zx}^2)]^{\frac{1}{2}} \tag{2-18}$$

且有

$$G' = \frac{\sigma_i}{3\varepsilon_i} \tag{2-19}$$

对应的增量方程为

$$\left.\begin{aligned}
\mathrm{d}\varepsilon_x^{\mathrm{P}} &= \frac{\mathrm{d}\varepsilon_i}{\sigma_i}\left[\sigma_x - \frac{1}{2}(\sigma_y + \sigma_z)\right] \\
\mathrm{d}\varepsilon_y^{\mathrm{P}} &= \frac{\mathrm{d}\varepsilon_i}{\sigma_i}\left[\sigma_y - \frac{1}{2}(\sigma_z + \sigma_x)\right] \\
\mathrm{d}\varepsilon_z^{\mathrm{P}} &= \frac{\mathrm{d}\varepsilon_i}{\sigma_i}\left[\sigma_z - \frac{1}{2}(\sigma_x + \sigma_y)\right] \\
\mathrm{d}\varepsilon_{xy}^{\mathrm{P}} &= \frac{3}{2}\frac{\mathrm{d}\varepsilon_i}{\sigma_i}\tau_{xy} \\
\mathrm{d}\varepsilon_{yz}^{\mathrm{P}} &= \frac{3}{2}\frac{\mathrm{d}\varepsilon_i}{\sigma_i}\tau_{yz} \\
\mathrm{d}\varepsilon_{zx}^{\mathrm{P}} &= \frac{3}{2}\frac{\mathrm{d}\varepsilon_i}{\sigma_i}\tau_{zx}
\end{aligned}\right\} \tag{2-20}$$

在材料非线性理论中，将涉及弹塑性材料的屈服准则，常用屈服准则有以下几种。

太斯伽(Tresca)准则：

$$\left.\begin{aligned}
\sigma_1 - \sigma_2 &= \pm 2k \\
\sigma_2 - \sigma_3 &= \pm 2k \\
\sigma_3 - \sigma_1 &= \pm 2k
\end{aligned}\right\} \tag{2-21}$$

式中，σ_1、σ_2、σ_3 为主应力分量；k 为材料的极限剪切应力。

米赛斯(Mises)准则：

$$(\sigma_x - \sigma_y)^2 + (\sigma_y - \sigma_z)^2 + (\sigma_z - \sigma_x)^2 + 6(\tau_{xy}^2 + \tau_{yz}^2 + \tau_{zx}^2) = 2\sigma_s^2 \tag{2-22}$$

式中，σ_s 为材料单向拉伸时的屈服应力。

摩尔-库仑(Mohr-Coulomb)准则：

$$\frac{1}{2}(\sigma_1-\sigma_3)-\frac{1}{2}(\sigma_1+\sigma_3)\sin\varphi-c\cos\varphi=0 \tag{2-23}$$

式中，φ 为材料的内摩擦角；c 为黏聚力。

德鲁克-普拉格(Drucke-Prager)准则：

$$\alpha J'_1+(J'_2)^{\frac{1}{2}}=K \tag{2-24}$$

式中，

$$\left.\begin{aligned}J'_1&=\sigma_1+\sigma_2+\sigma_3\\J'_2&=-(S_xS_y+S_yS_z+S_zS_x)+\tau_{xy}^2+\tau_{yz}^2+\tau_{zx}^2\end{aligned}\right\} \tag{2-25}$$

而

$$\left.\begin{aligned}S_x&=\sigma_x-\frac{1}{3}(\sigma_x+\sigma_y+\sigma_z)\\S_y&=\sigma_y-\frac{1}{3}(\sigma_x+\sigma_y+\sigma_z)\\S_z&=\sigma_z-\frac{1}{3}(\sigma_x+\sigma_y+\sigma_z)\end{aligned}\right\} \tag{2-26}$$

双剪应力准则[2]：

当 $\sigma_t=\sigma_c$，且 $\sigma_2\leqslant\frac{1}{2}(\sigma_1+\sigma_3)$ 时

$$\sigma_1-\frac{1}{2}(\sigma_2+\sigma_3)=\sigma_s \tag{2-27a}$$

当 $\sigma_t=\sigma_c$，且 $\sigma_2\geqslant\frac{1}{2}(\sigma_1+\sigma_3)$ 时

$$\frac{1}{2}(\sigma_1+\sigma_2)-\sigma_3=\sigma_s \tag{2-27b}$$

当 $\sigma_t\neq\sigma_c$，且 $\sigma_2\leqslant\frac{\sigma_1+\alpha\sigma_3}{1+\alpha}$ 时

$$\sigma_1-\frac{\alpha}{2}(\sigma_2+\sigma_3)=\sigma_t \tag{2-27c}$$

当 $\sigma_t\neq\sigma_c$，且 $\sigma_2\leqslant\frac{\sigma_1+\alpha\sigma_3}{1+\alpha}$ 时

$$\frac{1}{2}(\sigma_1+\sigma_2)-\alpha\sigma_3=\sigma_t \tag{2-27d}$$

式中，σ_t 为材料的拉伸极限；σ_c 为材料的压缩极限；$\alpha=\sigma_t/\sigma_c$。

物理非线性问题远比线性问题复杂，为了使问题简单可解，借助应力强度 σ_i 和应变强度 ε_i 之间的关系，即单一曲线假设，即

$$\sigma_i = \varphi(\varepsilon_i) \tag{2-28}$$

可将三维空间问题简化为虚拟的一维问题。

这样物理非线性问题的未知函数除了 6 个应力分量、6 个应变分量和 3 个位移分量外，还包括 σ_i、ε_i 以及 G' 共计 18 个，而方程数目除了 3 个平衡方程、6 个几何方程、6 个物理方程外，还有方程(2-17)、方程(2-18)和方程(2-28)，也是 18 个，理论上问题完全可解。

(4)黏、弹、塑性问题

黏、弹、塑性问题与前述三种问题的区别，仍然是材料的物理方程。对于黏、弹性问题而言，常见模型有麦克斯威尔模型、开尔文模型、开尔文-伏尔特模型、伯格斯模型等。其中麦克斯威尔模型的本构关系为

$$\dot{\varepsilon} = \frac{\dot{\sigma}}{E} + \frac{\sigma}{\eta} \tag{2-29}$$

式中，$\dot{\varepsilon}$ 为材料的应变率；$\dot{\sigma}$ 为材料的应力速率；E 为材料的弹性模量；η 为黏性系数。

开尔文模型：

$$\sigma = \eta\dot{\varepsilon} + \varepsilon E \tag{2-30}$$

这是一个黏弹性固体模型，而麦克斯威尔模型是一个黏弹性流体模型。

对黏、弹、塑模型，宾汉姆公式为

$$\left.\begin{aligned} \sigma &= E\varepsilon & (\sigma \leqslant \sigma_s) \\ \dot{\varepsilon} &= \frac{\dot{\sigma}}{E} + \frac{1}{\eta}(\sigma - \sigma_s) & (\sigma > \sigma_s) \end{aligned}\right\} \tag{2-31}$$

西原模型：

$$\left.\begin{aligned} \varepsilon(t) &= \left[\frac{1}{E_1} + \frac{1}{E_2}\left(1 - e^{-\frac{E_1}{\eta_1}t}\right)\right]\sigma_0 & (\sigma_0 \leqslant \sigma_s) \\ \varepsilon(t) &= \left[\frac{1}{E_1} + \frac{1}{E_2}\left(1 - e^{-\frac{E_2}{\eta_2}t}\right)\right]\sigma_0 + \frac{\sigma_0 - \sigma_s}{\eta_2}t & (\sigma_0 > \sigma_s) \end{aligned}\right\} \tag{2-32}$$

上述两式中，E_1、E_2、E 为材料的弹性模量；η_1、η_2、η 为材料的黏性系数；σ_0 为常应力；σ_s 为材料单向拉伸时的屈服应力。

2.3 工程结构问题的求解方法

在上一节中我们看到，工程结构问题的基本方程是由平衡方程、几何方程和物理方程这三类方程构成，未知的函数也包含了应力分量、应变分量和位移分量三种。因此，可以说上述方程组是包含了不同函数类别的混合方程组。

为了方便求解，我们可以通过应力、应变和位移之间的相互关系，将上述混合方程组转换为仅包含一类未知函数的新的等价方程组，这样就分别构成了位移法、力法和应变法方程，对应的求解方法也就叫做位移法、力法和应变法。

2.3.1 位移法求解

以线弹性静力学问题为例。将几何方程(2-2)代入到物理方程(2-3)，即得用位移表示的应力分量

$$\left.\begin{aligned}\sigma_x&=\frac{E}{1+\mu}\left(\frac{\mu}{1-2\mu}e+\frac{\partial u}{\partial x}\right)\\\sigma_y&=\frac{E}{1+\mu}\left(\frac{\mu}{1-2\mu}e+\frac{\partial v}{\partial y}\right)\\\sigma_z&=\frac{E}{1+\mu}\left(\frac{\mu}{1-2\mu}e+\frac{\partial w}{\partial z}\right)\\\tau_{xz}&=\frac{E}{2(1+\mu)}\left(\frac{\partial w}{\partial x}+\frac{\partial u}{\partial z}\right)\\\tau_{yx}&=\frac{E}{2(1+\mu)}\left(\frac{\partial v}{\partial x}+\frac{\partial u}{\partial y}\right)\\\tau_{zy}&=\frac{E}{2(1+\mu)}\left(\frac{\partial v}{\partial z}+\frac{\partial w}{\partial y}\right)\end{aligned}\right\}\tag{2-33}$$

将这些应力分别代入到静力平衡方程(2-8)，即得到线弹性问题的位移方程组

$$\left.\begin{aligned}\frac{E}{2(1+\mu)}\left(\frac{1}{1-2\mu}\frac{\partial e}{\partial x}+\nabla^2 u\right)+X=0\\\frac{E}{2(1+\mu)}\left(\frac{1}{1-2\mu}\frac{\partial e}{\partial y}+\nabla^2 v\right)+Y=0\\\frac{E}{2(1+\mu)}\left(\frac{1}{1-2\mu}\frac{\partial e}{\partial z}+\nabla^2 w\right)+Z=0\end{aligned}\right\}\tag{2-34}$$

式中，

$$e=\frac{\partial u}{\partial x}+\frac{\partial v}{\partial y}+\frac{\partial w}{\partial z}\tag{2-35}$$

边界条件仍如式(2-4)。

相应地，对于轴对称问题，有位移方程组

$$\left.\begin{aligned}\frac{E}{2(1+\mu)}\left(\frac{1}{1-2\mu}\frac{\partial e}{\partial r}+\nabla^2 u_r-\frac{u_r}{r^2}\right)+K_r=0\\\frac{E}{2(1+\mu)}\left(\frac{1}{1-2\mu}\frac{\partial e}{\partial z}+\nabla^2 w\right)+Z=0\end{aligned}\right\}\tag{2-36}$$

球对称问题：

$$\frac{(1-\mu)E}{(1+\mu)(1-2\mu)}\left(\frac{\mathrm{d}^2 u_R}{\mathrm{d}R^2}+\frac{2}{R}\frac{\mathrm{d}u_R}{\mathrm{d}R}-\frac{2}{R^2}u_R\right)+K_R=0 \tag{2-37}$$

式中，R 为球坐标变量。

对于弹性薄板的弯曲问题，其用板的横向位移（挠度）$w(x,y)$表示的基本方程为

$$D\nabla^4 w(x,y)=q(x,y) \tag{2-38}$$

式中，D 为板的抗弯刚度；$q(x,y)$是作用板上表面的垂直分布荷载；∇^4 为双调和算子，分别为

$$\nabla^4=\nabla^2\nabla^2=\left(\frac{\partial^2}{\partial x^2}+\frac{\partial^2}{\partial y^2}\right)\left(\frac{\partial^2}{\partial x^2}+\frac{\partial^2}{\partial y^2}\right) \tag{2-39}$$

$$D=\frac{Eh^3}{12(1-\mu^2)} \tag{2-40}$$

式中，h 为板的厚度。

板的内力表达式：

$$\left.\begin{aligned} M_x(x,y)&=-D\left(\frac{\partial^2 w}{\partial x^2}+\mu\frac{\partial^2 w}{\partial y^2}\right)\\ M_y(x,y)&=-D\left(\frac{\partial^2 w}{\partial y^2}+\mu\frac{\partial^2 w}{\partial x^2}\right)\\ M_{xy}(x,y)&=-D(1-\mu)\frac{\partial^2 w}{\partial x\partial y}\end{aligned}\right\} \tag{2-41}$$

$$\left.\begin{aligned} Q_x(x,y)&=-D\frac{\partial}{\partial x}\nabla^2 w(x,y)\\ Q_y(x,y)&=-D\frac{\partial}{\partial y}\nabla^2 w(x,y)\end{aligned}\right\} \tag{2-42}$$

式中，M_x、M_y、M_{xy} 分别是应力分量 σ_x、σ_y、τ_{xy} 沿板厚度方向合成的单位长度弯矩和扭矩；Q_x、Q_y 是由剪应力分量 τ_{xz}、τ_{yz} 沿板厚度方向合成的单位长度的横向剪力。

板的应变分量：

$$\left.\begin{aligned} \varepsilon_x&=-z\frac{\partial^2 w(x,y)}{\partial x^2}\\ \varepsilon_y&=-z\frac{\partial^2 w(x,y)}{\partial y^2}\\ \gamma_{xy}&=-2z\frac{\partial^2(x,y)}{\partial x\partial y}\end{aligned}\right\} \tag{2-43}$$

应力分量：

$$\left.\begin{aligned}\sigma_x &= -z\frac{E}{1-\mu^2}\left(\frac{\partial^2 w}{\partial x^2}+\mu\frac{\partial^2 w}{\partial y^2}\right)\\ \sigma_y &= -z\frac{E}{1-\mu^2}\left(\frac{\partial^2 w}{\partial y^2}+\mu\frac{\partial^2 w}{\partial x^2}\right)\\ \tau_{xy} &= -z\frac{E}{1+\mu}\frac{\partial^2 w}{\partial x\partial y}\end{aligned}\right\} \tag{2-44}$$

$$\left.\begin{aligned}\sigma_z &= -2z\left(\frac{1}{2}-\frac{z}{h}\right)^2\left(1+\frac{z}{h}\right)\\ \tau_{zx} &= \frac{6Q_x}{h^3}\left(\frac{h^2}{4}-z^2\right)\\ \tau_{zy} &= \frac{6Q_y}{h^3}\left(\frac{h^2}{4}-z^2\right)\end{aligned}\right\} \tag{2-45}$$

板的边界条件可分为四大类：

固定板：

$$w(x,y)\Big|_S = 0, K\frac{\partial w}{\partial x}+(1-K)\frac{\partial w}{\partial y}\Big|_S = 0 \tag{2-46}$$

简支板：

$$w(x,y)\Big|_S = 0, K\frac{\partial^2 w}{\partial x^2}+(1-K)\frac{\partial^2 w}{\partial y^2}\Big|_S = 0 \tag{2-47}$$

自由边：

$$\left.\begin{aligned}&K\left(\frac{\partial^2 w}{\partial x^2}+\mu\frac{\partial^2 w}{\partial y^2}\right)+(1-K)\left(\frac{\partial^2 w}{\partial y^2}+\mu\frac{\partial^2 w}{\partial x^2}\right)\Big|_S = 0\\ &K\left[\frac{\partial^3 w}{\partial x^3}+(2+\mu)\frac{\partial^3 w}{\partial x\partial y^2}\right]+(1-K)\left[\frac{\partial^3 w}{\partial y^3}+(2-\mu)\frac{\partial^3 w}{\partial y\partial x^2}\right]\Big|_S = 0\end{aligned}\right\} \tag{2-48}$$

上述诸式中，K 为边界条件系数，对于 x 为常量的板取 $K=1$，y 为常量的板取 $K=0$。

另外对于两自由边交点处，还有角点条件：

$$R_C = 2M_{xy}\Big|_{\substack{x=a\\y=b}} = -2D(1-\mu)\frac{\partial^2 w}{\partial x\partial y}\Big|_{\substack{x=a\\y=b}} = 0 \tag{2-49}$$

2.3.2 力法求解

类似于上一节的做法，消去应变分量和位移分量，可得到用应力分量表述的三维线弹性静力学问题的方程组，即

$$
\left.\begin{aligned}
&(1+\mu)\nabla^2\sigma_x+\frac{\partial^2 H}{\partial x^2}=-\frac{1+\mu}{1-\mu}\left[(2-\mu)\frac{\partial X}{\partial x}+\mu\frac{\partial Y}{\partial y}+\mu\frac{\partial Z}{\partial z}\right]\\
&(1+\mu)\nabla^2\sigma_y+\frac{\partial^2 H}{\partial y^2}=-\frac{1+\mu}{1-\mu}\left[(2-\mu)\frac{\partial Y}{\partial y}+\mu\frac{\partial Z}{\partial z}+\mu\frac{\partial X}{\partial x}\right]\\
&(1+\mu)\nabla^2\sigma_z+\frac{\partial^2 H}{\partial z^2}=-\frac{1+\mu}{1-\mu}\left[(2-\mu)\frac{\partial Z}{\partial z}+\mu\frac{\partial X}{\partial x}+\mu\frac{\partial Y}{\partial y}\right]\\
&(1+\mu)\nabla^2\tau_{yz}+\frac{\partial^2 H}{\partial y\partial z}=-(1+\mu)\left(\frac{\partial Z}{\partial y}+\frac{\partial Y}{\partial z}\right)\\
&(1+\mu)\nabla^2\tau_{zx}+\frac{\partial^2 H}{\partial z\partial x}=-(1+\mu)\left(\frac{\partial X}{\partial z}+\frac{\partial Z}{\partial x}\right)\\
&(1+\mu)\nabla^2\tau_{xy}+\frac{\partial^2 H}{\partial x\partial y}=-(1+\mu)\left(\frac{\partial Y}{\partial x}+\frac{\partial X}{\partial y}\right)
\end{aligned}\right\}\tag{2-50}
$$

式中，

$$
H=\sigma_x+\sigma_y+\sigma_z \tag{2-51}
$$

对于轴对称问题，方程蜕化为

$$
\left(\frac{\partial^2}{\partial r^2}+\frac{1}{r}\frac{\partial}{\partial r}+\frac{\partial^2}{\partial z^2}\right)\left(\frac{\partial^2}{\partial r^2}+\frac{1}{r}\frac{\partial}{\partial r}+\frac{\partial^2}{\partial z^2}\right)\varphi(r,z)=0 \tag{2-52}
$$

式中，$\varphi(r,z)$为轴对称问题的应力函数，对应的应力分量为

$$
\left.\begin{aligned}
\sigma_r&=\frac{\partial}{\partial z}\left(\mu\nabla^2\varphi-\frac{\partial^2\varphi}{\partial r^2}\right)\\
\sigma_\varphi&=\frac{\partial}{\partial z}\left(\mu\nabla^2\varphi-\frac{1}{r}\frac{\partial\varphi}{\partial r}\right)\\
\sigma_z&=\frac{\partial}{\partial z}\left[(2-\mu)\nabla^2\varphi-\frac{\partial^2\varphi}{\partial z^2}\right]
\end{aligned}\right\}\tag{2-53}
$$

微分算子

$$
\nabla^2=\left(\frac{\partial^2}{\partial r^2}+\frac{1}{r}\frac{\partial}{\partial r}+\frac{\partial^2}{\partial z^2}\right) \tag{2-54}
$$

对于弹性柱体的扭转问题，基本方程为

$$
\nabla^2\varphi=-2GK \tag{2-55}
$$

式中，G为剪切模量；K为杆单位长度的扭角；φ为扭转应力函数，算子

$$
\nabla^2=\frac{\partial^2}{\partial x^2}+\frac{\partial^2}{\partial y^2} \tag{2-56}
$$

应力分量：

$$\left.\begin{aligned}\sigma_x &= 0\\ \sigma_y &= 0\\ \sigma_z &= 0\\ \tau_{xz} &= \frac{\partial\varphi}{\partial y}\\ \tau_{yz} &= -\frac{\partial\varphi}{\partial x}\end{aligned}\right\} \tag{2-57}$$

应变分量：

$$\left.\begin{aligned}\varepsilon_x &= 0\\ \varepsilon_y &= 0\\ \varepsilon_z &= 0\\ \gamma_{yz} &= -\frac{1}{G}\frac{\partial\varphi}{\partial x}\\ \gamma_{zx} &= \frac{1}{G}\frac{\partial\varphi}{\partial y}\\ \gamma_{xy} &= 0\end{aligned}\right\} \tag{2-58}$$

位移变量：

$$\left.\begin{aligned}u &= -Kyz\\ v &= Kxz\end{aligned}\right\} \tag{2-59}$$

对于弹性平面应力问题，则方程简化为

$$\nabla^4\varphi(x,y) = 0 \tag{2-60}$$

应力分量：

$$\left.\begin{aligned}\sigma_x &= \frac{\partial^2\varphi}{\partial y^2} - Xx\\ \sigma_y &= \frac{\partial^2\varphi}{\partial x^2} - Yy\\ \tau_{xy} &= -\frac{\partial^2\varphi}{\partial x\partial y}\end{aligned}\right\} \tag{2-61}$$

微分算子：

$$\nabla^4 = \nabla^2\nabla^2 = \left(\frac{\partial^2}{\partial x^2} + \frac{\partial^2}{\partial y^2}\right)\left(\frac{\partial^2}{\partial x^2} + \frac{\partial^2}{\partial y^2}\right) \tag{2-62}$$

除了上述两种解法外，如果基本方程的一部分用位移函数表述，另外部分用应力函数表示，则这种求解方法称作为混合法。

从理论上，将所有的方程转化为用应变分量表示的控制方程完全可行。

但是，由于工程结构的边界条件多是以位移或者应力的形式给出，如用应变分量作为未知目标函数，求解起来更为麻烦，所以一般均不用应变法求解。

本章参考文献

[1] 钱伟长，叶开沅．弹性力学．北京：科学出版社，1956

[2] 俞茂宏．强度理论新体系．西安：西安交通大学出版社，1991

[3] 徐芝伦．弹性力学．北京：高等教育出版社，1984

[4] 蒋咏秋，穆霞英．塑性力学基础．北京：机械工业出版社，1980

[5] 夏永旭，王秉纲．道路结构力学计算．北京：人民交通出版社，2000

[6] 夏永旭，王永东．隧道结构力学计算．北京：人民交通出版社，2004

第 3 章 变 分 法

3.1 变分问题的建立

变分法是数学的一个分支，它在数学物理中有着十分广泛的应用。光学中的费马原理、牛顿力学中的哈密顿原理、结构力学中的最小势(余)能原理，就是其中几个最为典型的例子。变分法是研究泛函(函数的函数)的驻值。以某质点系的静力平衡为例，变分法的表述为：假定某质点系统在所有作用力和给定的几何约束下处于平衡状态，那么，系统内的外力和内力在满足约束条件下的无限小虚位移上所作的全部虚功之和 δW 为零，即

$$\delta W = 0 \tag{3-1}$$

这就是大家所熟知的虚功原理。

当然，这个原理也可以改述如下：如果对于满足给定几何约束的无限小虚位移，力系所作的虚功之和 δW 为零，则此力系处于平衡状态。这显然意味着虚功原理完全等价于平衡方程。由此也提示人们，对于一个平衡问题，可以将求解一组复杂的微分方程问题，转化为寻求某一泛函的驻值。

类似地，按此思路，对于质点系的动力学问题，可以在哈密顿原理下，导出动力学问题的虚功方程

$$\delta\int_{t_1}^{t_2} T\mathrm{d}t + \int_{t_1}^{t_2} \delta W\mathrm{d}t = 0 \tag{3-2}$$

式中，t_1、t_2 为所研究过程的两个时刻；T 为系统的功能；δw 为系统的虚功。

通过对方程(3-2)的变分，即可得到质点系的拉格朗日运动方程。

对于弹塑性体的静力平衡问题，同样地有

$$\delta W = \delta(U + V) = 0 \tag{3-3}$$

式中，U 为弹塑性体的变形能；V 为体积力和面积力所作的功。

对应于方程(3-3)中变形能的宗量函数的不同表达方式——位移型或应力型，完成式(3-3)的变分后，即可得到相应的静力平衡方程或者相容方程。

3.2 弹性力学问题的最小势能原理

3.2.1 弹性体的变形能

从虚功原理已知，任何满足平衡条件弹性体的虚应变能，等于外力所作的功。

弹性体变形能的计算，涉及六个应力分量 σ_x、σ_y、σ_z、τ_{xy}、τ_{yz}、τ_{zx} 分别变化所引起的形变量的变化。但是，根据能量守恒定理，我们只考虑应力变化前后最终所引起的应变的变化，则得单位体积弹性体的变形能为

$$U_1 = \frac{1}{2}(\sigma_x \varepsilon_x + \sigma_y \varepsilon_y + \sigma_z \varepsilon_z + \tau_{xy}\gamma_{xy} + \tau_{yz}\gamma_{yz} + \tau_{zx}\gamma_{zx}) \tag{3-4}$$

则总变形能为

$$U = \frac{1}{2}\iiint(\sigma_x\varepsilon_x + \sigma_y\varepsilon_y + \sigma_z\varepsilon_z + \tau_{xy}\gamma_{xy} + \tau_{yz}\gamma_{yz} + \tau_{zx}\gamma_{zx})\mathrm{d}x\mathrm{d}y\mathrm{d}z \tag{3-5}$$

将物理方程(2-3)代入，即得用应力函数表示的弹性体变形能为

$$U = \frac{1}{2E}\iiint[(\sigma_x^2 + \sigma_y^2 + \sigma_z^2) - 2\mu(\sigma_x\sigma_y + \sigma_y\sigma_z + \sigma_z\sigma_x) + 2(1+\mu)(\tau_{yx}^2 + \tau_{zx}^2 + \tau_{xy}^2)]\mathrm{d}x\mathrm{d}y\mathrm{d}z \tag{3-6}$$

此时变形能密度函数为

$$U_1 = \frac{1}{2E}(\sigma_x^2 + \sigma_y^2 + \sigma_z^2) - 2\mu(\sigma_x\sigma_y + \sigma_y\sigma_z + \sigma_z\sigma_x) + 2(1+\mu)(\tau_{xy}^2 + \tau_{yz}^2 + \tau_{zx}^2) \tag{3-7}$$

反解物理方程(2-3)，即得用应变分量表示的应力函数，代入方程(3-5)即得用应变表示的弹性体变形能

$$U = \frac{E}{2(1+\mu)}\iiint\left[\frac{\mu}{1-2\mu}e^2 + (\varepsilon_x^2 + \varepsilon_y^2 + \varepsilon_z^2) + \frac{1}{2}(\gamma_{yx}^2 + \gamma_{zx}^2 + \gamma_{xy}^2)\right]\mathrm{d}x\mathrm{d}y\mathrm{d}z \tag{3-8}$$

变形能密度函数(3-4)又变为

$$U_1=\frac{\mu}{1-2\mu}e^2+(\varepsilon_x^2+\varepsilon_y^2+\varepsilon_z^2)+\frac{1}{2}(\gamma_{xy}^2+\gamma_{yz}^2+\gamma_{zx}^2) \tag{3-9}$$

如果将方程(2-2)代入上式,即得到用位移分量表示的弹性体变形能

$$U=\frac{E}{2(1+\mu)}\iiint\Big[\frac{\mu}{1-2\mu}\Big(\frac{\partial u}{\partial x}+\frac{\partial v}{\partial y}+\frac{\partial w}{\partial z}\Big)^2+\Big(\frac{\partial u}{\partial x}\Big)^2+\Big(\frac{\partial v}{\partial y}\Big)^2+\Big(\frac{\partial w}{\partial z}\Big)^2+\frac{1}{2}\Big(\frac{\partial w}{\partial y}+\frac{\partial v}{\partial z}\Big)^2+\frac{1}{2}\Big(\frac{\partial v}{\partial x}+\frac{\partial u}{\partial y}\Big)^2+\frac{1}{2}\Big(\frac{\partial u}{\partial z}+\frac{\partial w}{\partial x}\Big)^2\Big]\mathrm{d}x\mathrm{d}y\mathrm{d}z=0 \tag{3-10}$$

3.2.2 最小势能原理

设有任一弹性体,在一定的外力作用下处于平衡状态,记该弹性体的实际位移为 u、v、w,它们满足用位移表示的静力平衡方程和所有边界条件。现在,假设该弹性体发生了任何边界条件所容许的微小改变,即虚位移 δu、δv、δw,则此时弹性体的位移为

$$\left.\begin{aligned}u'&=u+\delta u\\v'&=v+\delta v\\w'&=w+\delta w\end{aligned}\right\}$$

按照能量守恒定理,弹体变形能的增加等于外力功,即

$$\delta U=\iiint(X\mathrm{d}x\mathrm{d}y\mathrm{d}z\delta u+Y\mathrm{d}x\mathrm{d}y\mathrm{d}z\delta v+Z\mathrm{d}x\mathrm{d}y\mathrm{d}z\delta w)+\iint(\overline{X}\mathrm{d}s\delta u+\overline{Y}\mathrm{d}s\delta v+\overline{Z}\mathrm{d}s\delta w)$$

整理后即得到位移变分方程

$$\delta U=\iiint(X\delta u+Y\delta v+Z\delta w)\mathrm{d}x\mathrm{d}y\mathrm{d}z+\iint(\overline{X}\delta u+\overline{Y}\delta v+\overline{Z}\delta w)\mathrm{d}s \tag{3-11}$$

由于 δu、δv、δw 是约束允许的任意小虚位移,则上式可以写成

$$\delta U=\delta\Big[\iiint(Xu+Yv+Zw)\mathrm{d}x\mathrm{d}y\mathrm{d}z+\iint(\overline{X}u+\overline{Y}v+\overline{Z}w)\mathrm{d}s\Big]$$

即

$$\delta\Big[U-\iiint(Xu+Yv+Zw)\mathrm{d}x\mathrm{d}y\mathrm{d}z-\iint(\overline{X}u+\overline{Y}v+\overline{Z}w)\mathrm{d}s\Big]=0 \tag{3-12}$$

显然上述括号中的第二、三项分别为体积力和面积力在实际位移上所作的功,记作

$$V=-\iiint(Xu+Yv+Zw)\mathrm{d}x\mathrm{d}y\mathrm{d}z-\iint(\overline{X}u+\overline{Y}v+\overline{Z}w)\mathrm{d}s \tag{3-13}$$

则式(3-12)变成

$$\delta(U+V)=0 \tag{3-14}$$

式(3-14)表明:在给定的外力作用下,在满足位移边界条件的所有各组位移中间,实际存在一组位移应使总势能成为极值。如果考虑二阶变分,可以证明对于平衡状态,这个极值就是极小值,因此上述原理就称为极小值原理。

3.2.3 最小势能原理的等价关系

将变形能密度(3-7)对应变分量求导,同时注意到物理方程(2-3),则有

$$\left.\begin{aligned}&\frac{\partial U_1}{\partial\sigma_x}=\varepsilon_x,\quad\frac{\partial U_1}{\partial\sigma_y}=\varepsilon_y,\quad\frac{\partial U_1}{\partial\sigma_z}=\varepsilon_z\\&\frac{\partial U_1}{\partial\tau_{xy}}=\gamma_{xy},\quad\frac{\partial U_1}{\partial\tau_{yz}}=\gamma_{yz},\quad\frac{\partial U_1}{\partial\tau_{zx}}=\gamma_{zx}\end{aligned}\right\} \tag{3-15}$$

同样,将变形能密度(3-9)对应变求导,得

$$\left.\begin{aligned}&\frac{\partial U_1}{\partial\varepsilon_x}=\sigma_y,\quad\frac{\partial U_1}{\partial\varepsilon_y}=\sigma_y,\quad\frac{\partial U_1}{\partial\varepsilon_z}=\sigma_z\\&\frac{\partial U_1}{\partial\gamma_{xy}}=\tau_{xy},\quad\frac{\partial U_1}{\partial\gamma_{yz}}=\tau_{yz},\quad\frac{\partial U_1}{\partial\gamma_{zx}}=\tau_{zx}\end{aligned}\right\} \tag{3-16}$$

相对位移分量的变分 δu、δv、δw,则对应的应变分量也有变分,即

$$\left.\begin{aligned}&\delta\varepsilon_x=\delta\frac{\partial u}{\partial x}=\frac{\partial}{\partial x}\delta u\\&\delta\varepsilon_y=\delta\frac{\partial v}{\partial y}=\frac{\partial}{\partial y}\delta v\\&\delta\varepsilon_z=\delta\frac{\partial w}{\partial z}=\frac{\partial}{\partial z}\delta w\\&\delta\gamma_{xy}=\delta\left(\frac{\partial u}{\partial y}+\frac{\partial v}{\partial x}\right)=\frac{\partial}{\partial y}\delta u+\frac{\partial}{\partial x}\delta v\\&\delta\gamma_{yz}=\delta\left(\frac{\partial w}{\partial y}+\frac{\partial v}{\partial z}\right)=\frac{\partial}{\partial y}\delta w+\frac{\partial}{\partial z}\delta v\\&\delta\gamma_{zx}=\delta\left(\frac{\partial u}{\partial z}+\frac{\partial w}{\partial x}\right)=\frac{\partial}{\partial z}\delta u+\frac{\partial}{\partial x}\delta w\end{aligned}\right\} \tag{3-17}$$

而用形变分量表示的变形能的变分为

$$\delta U=\iiint\left(\frac{\partial U_1}{\partial\varepsilon_x}\delta\varepsilon_x+\frac{\partial U_1}{\partial\varepsilon_y}\delta\varepsilon_y+\frac{\partial U_1}{\partial\varepsilon_z}\delta\varepsilon_z+\frac{\partial U_1}{\partial\gamma_{xy}}\delta\gamma_{xy}+\frac{\partial U_1}{\partial\gamma_{yz}}\delta\gamma_{yz}+\frac{\partial U_1}{\partial\gamma_{zx}}\delta\gamma_{zx}\right)\mathrm{d}x\mathrm{d}y\mathrm{d}z$$

将式(3-16)及式(3-17)代入,得

$$\delta U=\iiint\left[\sigma_x\frac{\partial}{\partial x}\delta u+\sigma_y\frac{\partial}{\partial y}\delta v+\sigma_z\frac{\partial}{\partial z}\delta w+\tau_{xy}\left(\frac{\partial}{\partial y}\delta u+\frac{\partial}{\partial x}\delta v\right)+\tau_{yz}\left(\frac{\partial}{\partial y}\delta w+\frac{\partial}{\partial z}\delta v\right)+\right.$$
$$\left.\tau_{zx}\left(\frac{\partial}{\partial z}\delta u+\frac{\partial}{\partial x}\delta w\right)\right]\mathrm{d}x\mathrm{d}y\mathrm{d}z$$

仅对上式中的第一项用奥斯特洛松拉斯基公式，有

$$\begin{aligned}\iiint\sigma_x\frac{\partial}{\partial x}\delta u\mathrm{d}x\mathrm{d}y\mathrm{d}z&=\iiint\frac{\partial}{\partial x}(\sigma_x\delta u)\mathrm{d}x\mathrm{d}y\mathrm{d}z-\iiint\frac{\partial\sigma_x}{\partial x}\delta u\mathrm{d}x\mathrm{d}y\mathrm{d}z\\&=\iint\sigma_x\delta u\mathrm{d}y\mathrm{d}z-\iiint\frac{\partial\sigma_x}{\partial x}\delta u\mathrm{d}x\mathrm{d}y\mathrm{d}z\\&=\iint\sigma_x\delta u(l\mathrm{d}s)-\iiint\frac{\partial\sigma_x}{\partial x}\delta u\mathrm{d}x\mathrm{d}y\mathrm{d}z\end{aligned}$$

类似地对其余各项进行处理，整理后则有

$$\delta U=\iint[(l\sigma_x+m\tau_{xy}+n\tau_{xz})\delta u+(l\tau_{xy}+m\sigma_y+n\tau_{yz})\delta v+$$
$$(l\tau_{xz}+m\tau_{yz}+n\sigma_z)\delta w]\mathrm{d}s-\iiint\left[\left(\frac{\partial\sigma_x}{\partial x}+\frac{\partial\tau_{xy}}{\partial y}+\frac{\partial\tau_{xz}}{\partial z}\right)\delta u+\right.$$
$$\left.\left(\frac{\partial\tau_{xy}}{\partial x}+\frac{\partial\sigma_y}{\partial y}+\frac{\partial\tau_{yz}}{\partial z}\right)\delta v+\left(\frac{\partial\tau_{xz}}{\partial x}+\frac{\partial\tau_{yz}}{\partial y}+\frac{\partial\sigma_z}{\partial z}\right)\delta w\right]\mathrm{d}x\mathrm{d}y\mathrm{d}z$$

将变分方程(3-11)代入上式左端，提取相同的变分因子，则得

$$\iiint\left[\left(\frac{\partial\sigma_x}{\partial x}+\frac{\partial\tau_{xy}}{\partial y}+\frac{\partial\tau_{xz}}{\partial z}+X\right)\delta u+\left(\frac{\partial\tau_{xy}}{\partial y}+\frac{\partial\sigma_y}{\partial y}+\frac{\partial\tau_{yz}}{\partial z}+Y\right)\delta v+\right.$$
$$\left.\left(\frac{\partial\tau_{xz}}{\partial x}+\frac{\partial\tau_{yz}}{\partial y}+\frac{\partial\sigma_z}{\partial z}+Z\right)\delta w\right]\mathrm{d}x\mathrm{d}y\mathrm{d}z-\iint[(l\sigma_x+m\tau_{xy}+n\tau_{xz}-\overline{X})\delta u+$$
$$(l\tau_{xy}+m\sigma_y+n\tau_{yz}-\overline{Y})\delta v+(l\tau_{xz}+m\tau_{yz}+n\sigma_z-\overline{Z})\delta w]\mathrm{d}s=0 \tag{3-18}$$

由于位移的变分是满足约束条件的任意小量，为了使得上式恒成立，则必有

$$\left.\begin{aligned}\frac{\partial\sigma_x}{\partial x}+\frac{\partial\tau_{xy}}{\partial y}+\frac{\partial\tau_{xz}}{\partial z}+X=0\\\frac{\partial\tau_{xy}}{\partial x}+\frac{\partial\sigma_y}{\partial y}+\frac{\partial\tau_{yz}}{\partial z}+Y=0\\\frac{\partial\tau_{xz}}{\partial x}+\frac{\partial\tau_{yz}}{\partial y}+\frac{\partial\sigma_z}{\partial z}+Z=0\end{aligned}\right\}$$
$$\left.\begin{aligned}l\sigma_x+m\tau_{xy}+n\tau_{xz}=\overline{X}\\l\tau_{xy}+m\sigma_y+n\tau_{yz}=\overline{Y}\\l\tau_{xz}+m\tau_{yz}+n\sigma_z=\overline{Z}\end{aligned}\right\} \tag{3-19}$$

这正是平衡方程(2-8)和应力边界条件(2-5)。可以看到,最小势能的变分条件等价于弹性体的静力平衡方程和应力边界条件。

如果边界条件(3-19)事先已经满足,则变分方程(3-18)就蜕化为著名的伽辽金变分方程

$$\iiint\Big[\Big(\frac{\partial\sigma}{\partial x}+\frac{\partial\tau_{xy}}{\partial y}+\frac{\partial\tau_{xz}}{\partial z}+X\Big)\delta u+\Big(\frac{\partial\tau_{xy}}{\partial x}+\frac{\partial\sigma_y}{\partial y}+\frac{\partial\tau_{xz}}{\partial z}+Y\Big)\delta v+\Big(\frac{\partial\tau_{xz}}{\partial x}+\frac{\partial\tau_{yz}}{\partial y}+\frac{\partial\sigma_z}{\partial z}+Z\Big)\delta w\Big]\mathrm{d}x\mathrm{d}y\mathrm{d}z=0 \tag{3-20}$$

3.3 位移变分法

设某弹性体在外作用下的位移分量可以表示为

$$\left.\begin{aligned}u&=u_0+\sum_m A_m u_m\\ v&=v_0+\sum_m B_m v_m\\ w&=w_0+\sum_m C_m w_m\end{aligned}\right\} \tag{3-21}$$

式中,u_0、v_0、w_0 是满足弹性体边界条件的已知函数;A_m、B_m、C_m 为待定参数。则位移分量的变分为

$$\left.\begin{aligned}\delta u&=\sum_m u_m\delta A_m\\ \delta v&=\sum_m v_m\delta B_m\\ \delta w&=\sum_m w_m\delta C_m\end{aligned}\right\} \tag{3-22}$$

而弹性体的变形能(3-10)变分为

$$\delta U=\sum_m\Big(\frac{\partial U}{\partial A_m}\delta A_m+\frac{\partial U}{\partial B_m}\delta B_m+\frac{\partial U}{\partial C_m}\delta C_m\Big) \tag{3-23}$$

将式(3-22)、式(3-23)代入到位移变分方程(3-11),则有

$$\sum_m\Big(\frac{\partial U}{\partial A_m}\delta A_m+\frac{\partial U}{\partial B_m}\delta B_m+\frac{\partial U}{\partial C_m}\delta C_m\Big)=\sum_m\iiint(Xu_m\delta A_m+Yv_m\delta B_m+Zw_m\delta C_m)\mathrm{d}x\mathrm{d}y\mathrm{d}z+\sum_m\iint(\bar{X}u_m\delta A_m+\bar{Y}v_m\delta B_m+\bar{Z}w_m\delta C_m)\mathrm{d}s$$

将变分系数 δA_m、δB_m、δC_m 提出,有

$$\sum_m\Big(\frac{\partial U}{\partial A_m}-\iiint Xu_m\mathrm{d}x\mathrm{d}y\mathrm{d}z-\iint\bar{X}u_m\mathrm{d}s\Big)\delta A_m+\sum_m\Big(\frac{\partial U}{\partial B_m}-\iiint Yv_m\mathrm{d}x\mathrm{d}y\mathrm{d}z-\iint\bar{Y}v_m\mathrm{d}s\Big)$$

$$\delta B_m+\sum_m\left(\frac{\partial U}{\partial C_m}-\iiint Zw_m\mathrm{d}x\mathrm{d}y\mathrm{d}z-\iint\overline{Z}w_m\mathrm{d}s\right)\delta C_m=0$$

为了使得对任意的变分系数 δA_m、δB_m、δC_m 上式都成立，必有

$$\left.\begin{aligned}\frac{\partial U}{\partial A_m}&=\iiint Xu_m\mathrm{d}x\mathrm{d}y\mathrm{d}z+\iint\overline{X}u_m\mathrm{d}s\\ \frac{\partial U}{\partial B_m}&=\iiint Yv_m\mathrm{d}x\mathrm{d}y\mathrm{d}z+\iint\overline{Y}v_m\mathrm{d}s\\ \frac{\partial U}{\partial C_m}&=\iiint Zw_m\mathrm{d}x\mathrm{d}y\mathrm{d}z+\iint\overline{Z}w_m\mathrm{d}s\end{aligned}\right\}\tag{3-24}$$

这就是著名的瑞次变分法，其中变形能函数 U 通过式(3-10)计算。

如果选择的位移试函数(3-21)不仅满足位移边界条件，而且也满足应力边界条件，那么将式(3-22)代入到变分方程(3-20)，即有

$$\sum_m\iiint\left[\delta A_m\left(\frac{\partial\sigma_x}{\partial x}+\frac{\partial\tau_{xy}}{\partial y}+\frac{\partial\tau_{xz}}{\partial z}+X\right)u_m+\delta B_m\left(\frac{\partial\tau_{xy}}{\partial x}+\frac{\partial\sigma_y}{\partial y}+\frac{\partial\tau_{yz}}{\partial z}+Y\right)v_m+\right.$$
$$\left.\delta C_m\left(\frac{\partial\tau_{xz}}{\partial x}+\frac{\partial\tau_{yz}}{\partial y}+\frac{\partial\sigma_z}{\partial z}+Z\right)w_m\right]\mathrm{d}x\mathrm{d}y\mathrm{d}z=0$$

根据 δA_m、δB_m、δC_m 的任意性，从上式可推得

$$\left.\begin{aligned}&\iiint\left(\frac{\partial\sigma_x}{\partial x}+\frac{\partial\tau_{xy}}{\partial y}+\frac{\partial\tau_{xz}}{\partial z}+X\right)u_m\mathrm{d}x\mathrm{d}y\mathrm{d}z=0\\ &\iiint\left(\frac{\partial\tau_{xy}}{\partial x}+\frac{\partial\sigma_y}{\partial y}+\frac{\partial\tau_{yz}}{\partial z}+Y\right)v_m\mathrm{d}x\mathrm{d}y\mathrm{d}z=0\\ &\iiint\left(\frac{\partial\tau_{xz}}{\partial x}+\frac{\partial\tau_{yz}}{\partial y}+\frac{\partial\sigma_z}{\partial z}+Z\right)w_m\mathrm{d}x\mathrm{d}y\mathrm{d}z=0\end{aligned}\right\}\tag{3-25}$$

将上式中的应力分量用形变分量表示，再引入几何方程，则可得标准的伽辽金位移变分方程

$$\left.\begin{aligned}&\iiint\left[\frac{E}{2(1+\mu)}\left(\frac{1}{1-2\mu}\frac{\partial e}{\partial x}+\nabla^2u\right)+X\right]u_m\mathrm{d}x\mathrm{d}y\mathrm{d}z=0\\ &\iiint\left[\frac{E}{2(1+\mu)}\left(\frac{1}{1-2\mu}\frac{\partial e}{\partial y}+\nabla^2v\right)+Y\right]v_m\mathrm{d}x\mathrm{d}y\mathrm{d}z=0\\ &\iiint\left[\frac{E}{2(1+\mu)}\left(\frac{1}{1-2\mu}\frac{\partial e}{\partial z}+\nabla^2w\right)+Z\right]w_m\mathrm{d}x\mathrm{d}y\mathrm{d}z=0\end{aligned}\right\}\tag{3-26}$$

瑞次方程与伽辽金方程都是关于待定系数 A_m、B_m、C_m 的一次方程，即它们都是一个 $3m$ 一次非齐次代数方程组，完全可解。有了待定系数 A_m、B_m、C_m，回代入位移试函数(3-21)，即得弹性体的位移，进而通过几何方程(2-2)可以求得形变分量，通过物理方程(2-3)可以得到应力分量。

最后还应该指出的是，对于相同的位移试函数，应用伽辽金法求得的解答比起瑞次法更接近问题的准确解。因为前者要求位移试函数同时满足位移边界条件和应力边界条件，而后者仅要求满足位移边界条件。

3.4 位移变分法的应用

3.4.1 梁的弯曲问题

如图 3-1 为一集中荷载作用的两端简支梁，试用变分法求梁的弯曲。假设该梁的弯曲挠度

$$y(x)=\sum_{m=1}^{\infty}A_m\sin\frac{m\pi x}{l} \tag{3-27}$$

对应于变分方程(3-14)，梁的势能泛函为

$$\pi=\int_0^l\frac{EI}{2}\left(\frac{\mathrm{d}^2y}{\mathrm{d}x^2}\right)^2\mathrm{d}x-Py(\xi) \tag{3-28}$$

式中，E 为梁的弹性模量；I 为梁的惯性矩。

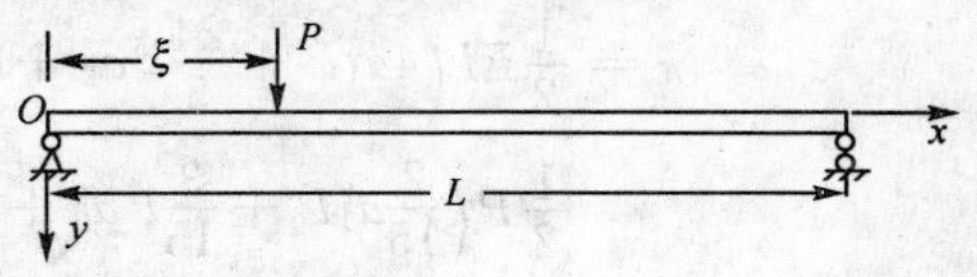

图 3-1　梁的弯曲

且有

$$\left.\begin{aligned}\frac{\mathrm{d}^2y}{\mathrm{d}x^2}&=\sum_{m}^{\infty}A_m\left(\frac{m\pi}{\alpha}\right)^2(-1)\sin\frac{m\pi x}{\alpha}\\ \int_0^l\frac{EI}{2}\left(\frac{\mathrm{d}^2y}{\mathrm{d}x^2}\right)^2\mathrm{d}x&=\sum_{m}^{\infty}\frac{EI}{4}\frac{(m\pi)^4}{l^3}A_m^2\end{aligned}\right\} \tag{3-29}$$

将式(3-27)、式(3-29)代入到式(3-28)中，并求变分，即有

$$\delta\pi=\sum_{n=1}^{\infty}\left[\frac{EI}{2}\frac{(m\pi)^4}{l^3}A_m-P\sin\frac{m\pi\xi}{l}\right]A_m=0$$

求得

$$A_m=\frac{2Pl^3}{(m\pi)^4E\tau}\sin\frac{m\pi\xi}{l}$$

于是得

$$y(x)=\sum_{m=1}^{\infty}\frac{2Pl^3}{(m\pi)^4EJ}\sin\frac{m\pi\xi}{l}\sin\frac{m\pi x}{l}$$

3.4.2 柱的失稳问题

如图 3-2 为一长度为 l 的等截面柱，受外荷载 P 的作用，求使得柱失稳的临界荷载 P_{rc}。

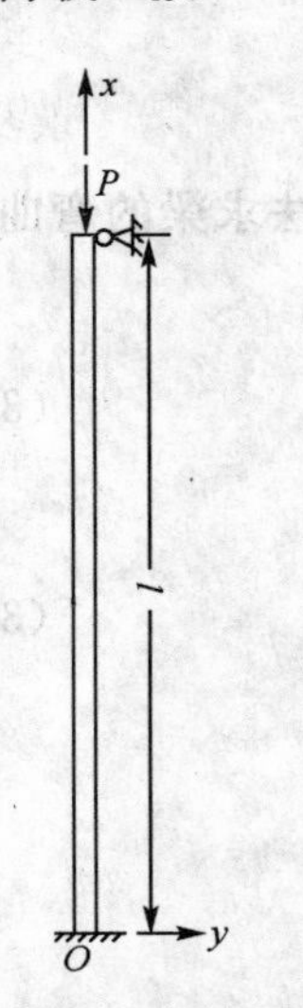

图 3-2 柱的失稳

对应于变分方程(3-14)，柱的总势能泛函为

$$\pi=\frac{1}{2}\int_0^l EI\left(\frac{d^2w}{dx^2}\right)^2dx-\frac{P}{2}\int_0^l\left(\frac{dw}{dx}\right)^2dx \quad (3-30)$$

设柱的失稳挠曲函数为

$$W(x)=a_1x^2(x-l)+a_2x^3(x-l) \quad (3-31)$$

很容易证明上式满足柱的边界条件

$$W\Big|_{\substack{x=0\\x=l}}=0,\frac{dw}{dx}\Big|_{x=0}=0$$

将函数(3-31)代入到式(3-30)中，完成积分运算，有

$$\pi=\frac{1}{2}EI\left(4a_1^2l^3+\frac{24}{5}l^5a_2^2+8a_1a_2l^4\right)-$$

$$\frac{1}{2}P\left(\frac{2}{15}a_1^2l^5+\frac{3}{15}l^7a_2^2+\frac{1}{5}a_1a_2l^4\right)$$

对待定参数 a_1、a_2 变分得

$$(120EI-4Pl^2)a_1+(120EIl+3Pl^2)a_2=0$$

$$(280EI-7Pl^2)a_1+(336EIl-6Pl^3)a_2=0$$

为了使得 a_1、a_2 有非零解，则必有它们的系数行列式为零，即

$$\begin{vmatrix}120EI-4Pl^2 & 120EIl\text{-}3Pl^2\\280EI-7Pl^2 & 336EIl\text{-}6Pl^3\end{vmatrix}=0$$

亦即

$$l^4P^2-128EIl^2P+2\,240E^2I^2=0$$

求得

$$P_{\frac{1}{2}}=\frac{128+\sqrt{128^2-4\times2\,240}}{2}\frac{EI}{l^2}=\begin{Bmatrix}107.1\\20.92\end{Bmatrix}\frac{EI}{l^2}$$

则得使柱失稳的临界荷载为

$$P_{rc}=20.92\frac{EI}{l^2}$$

3.4.3 平面应力问题

设有宽度为 $2a$、高度为 b 的矩形薄板，如图 3-3 所示，左右两边及下边均固定，而上边的位移给定为

$$u=0,\qquad v=-\eta\left(1-\frac{x^2}{a^2}\right)$$

不计薄板体积力，求薄板的位移。

取薄板的位移函数为

$$\left.\begin{aligned}u&=A_1\left(1-\frac{x^2}{a^2}\right)\frac{xy}{ab}\left(1-\frac{y}{b}\right)\\v&=-\eta\left(1-\frac{x^2}{a^2}\right)\frac{y}{b}+B_1\left(1-\frac{x^2}{a^2}\right)\frac{y}{b}\left(1-\frac{y}{b}\right)\end{aligned}\right\}\tag{3-32}$$

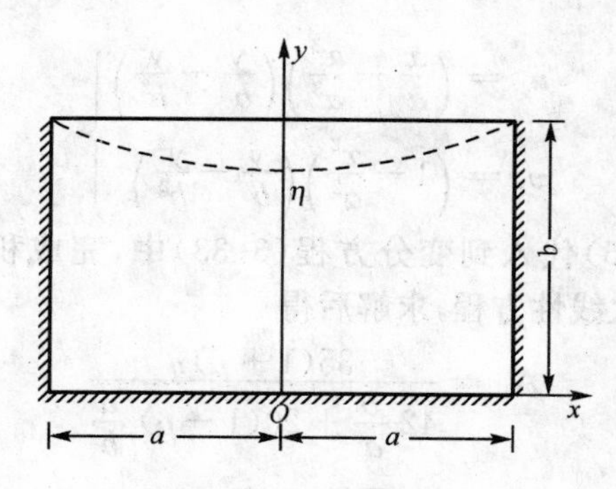

图 3-3　平面问题

上式显然可以满足边板的位移边界条件

$$\begin{aligned}&u\big|_{x=\pm a}=0,\qquad v\big|_{x=\pm a}=0\\&u\big|_{y=0}=0,\qquad v\big|_{y=0}=0\\&u\big|_{y=b}=0,\qquad v\big|_{y=b}=-\eta\left(1-\frac{x^2}{a^2}\right)\end{aligned}$$

在此问题中，没有给出明确的应力边界条件，故而可以认为试函数(3-32)满足了所有的应力边界条件。则可以用伽辽金变分法方程(3-26)，即

$$\left.\begin{aligned}\int_{-a}^{a}\int_{0}^{b}\left(\frac{\partial^2 u}{\partial x^2}+\frac{1-\mu}{2}\frac{\partial^2 u}{\partial y^2}+\frac{1+\mu}{2}\frac{\partial^2 v}{\partial x\partial y}\right)u_1\mathrm{d}x\mathrm{d}y=0\\\int_{-a}^{a}\int_{0}^{b}\left(\frac{\partial^2 v}{\partial y^2}+\frac{1-\mu}{2}\frac{\partial^2 v}{\partial x^2}+\frac{1+\mu}{2}\frac{\partial^2 u}{\partial x\partial y}\right)v_1\mathrm{d}x\mathrm{d}y=0\end{aligned}\right\}\tag{3-33}$$

对式(3-32)有各导数项

$$
\left.\begin{aligned}
\frac{\partial^2 u}{\partial x^2} &= -\frac{6A_1}{a^2}\frac{x}{a}\left(\frac{y}{b}-\frac{y^2}{b^2}\right) \\
\frac{\partial^2 u}{\partial y^2} &= -\frac{6A_1}{b^2}\left(\frac{x}{a}-\frac{x^3}{a^3}\right) \\
\frac{\partial^2 u}{\partial x \partial y} &= \frac{A_1}{ab}\left(1-3\frac{x^2}{a^2}\right)\left(1-2\frac{y}{b}\right) \\
\frac{\partial^2 v}{\partial x^2} &= \frac{2\eta}{a^2}\frac{y}{b}-\frac{2B_1}{a^2}\left(\frac{y}{b}-\frac{y^2}{b^2}\right) \\
\frac{\partial^2 v}{\partial y^2} &= -\frac{2B_1}{b^2}\left(1-\frac{x^2}{a^2}\right) \\
\frac{\partial^2 v}{\partial x \partial y} &= \frac{2\eta}{ab}\frac{x}{a}-\frac{2B_1}{ab}\frac{x}{a}\left(1-2\frac{y}{b}\right)
\end{aligned}\right\} \tag{3-34}
$$

而从式(3-32)已知

$$
\left.\begin{aligned}
u_1 &= \left(\frac{x}{a}-\frac{x^3}{a^3}\right)\left(\frac{y}{b}-\frac{y^2}{b^2}\right) \\
v_1 &= \left(1-\frac{x^2}{a^2}\right)\left(\frac{y}{b}-\frac{y^2}{b^2}\right)
\end{aligned}\right\} \tag{3-35}
$$

将式(3-34)、式(3-35)代入到变分方程(3-33)中，完成积分后，即得到关于 A_1、B_1 的两个非齐次线性方程，求解后得

$$
A_1 = \frac{35(1+\mu)\eta}{42\frac{b}{a}+20(1-\mu)\frac{a}{b}}
$$

$$
B_1 = \frac{5(1-\mu)\eta}{16\frac{a^2}{b^2}+2(1-\mu)}
$$

代入式(3-32)中，最终得位移分量

$$
u = \frac{35(1+\mu)\eta}{42\frac{b}{a}+20(1-\mu)\frac{a}{b}}\left(1-\frac{x^2}{a^2}\right)\frac{xy}{ab}\left(1-\frac{y}{b}\right)
$$

$$
v = -\eta\left(1-\frac{x^2}{a^2}\right)\frac{y}{b}+\frac{5(1-\mu)\eta}{16\frac{a^2}{b^2}+2(1-\mu)}\left(1-\frac{x^2}{a^2}\right)\frac{y}{b}\left(1-\frac{y}{b}\right)
$$

当取 $a=b$，$\mu=0.2$ 时，上式变成

$$
u = 0.724\eta\left(\frac{x}{a}-\frac{x^3}{a^3}\right)\left(\frac{y}{a}-\frac{y^2}{a^2}\right)
$$

$$
v = -\eta\left(1-\frac{x^2}{a^2}\right)\left(0.773\frac{y}{a}+0.227\frac{y^2}{a^2}\right)
$$

应用几何方程和物理方程，可以求得薄板的应力分量

$$\sigma_x = \frac{E}{1-\mu^2}\left(\frac{\partial u}{\partial x}+\mu\frac{\partial v}{\partial y}\right)$$

$$= -\frac{E\eta}{a}\left[\left(1-\frac{x^2}{a^2}\right)\left(0.161-0.095\frac{y}{a}\right)-0.754\left(1-3\frac{x^2}{a^2}\right)\frac{y}{a}\left(1-\frac{y}{a}\right)\right]$$

$$\sigma_y = \frac{E}{1-\mu^2}\left(\frac{\partial v}{\partial y}+\mu\frac{\partial u}{\partial x}\right)$$

$$= -\frac{E\eta}{a}\left[\left(1-\frac{x^2}{a^2}\right)\left(0.805-0.473\frac{y}{a}\right)-0.302\left(1-3\frac{x^2}{a^2}\right)\frac{y}{a}\left(1-\frac{y}{a}\right)\right]$$

$$\tau_{xy} = \frac{E}{2(1+\mu)}\left(\frac{\partial v}{\partial x}+\mu\frac{\partial u}{\partial y}\right)$$

$$= -\frac{E\eta}{a}\left[\frac{x}{a}\left(0.644-0.189\frac{y}{a}\right)\frac{y}{a}+0.302\frac{x}{a}\left(1-\frac{x^2}{a^2}\right)\left(1-2\frac{y}{a}\right)\right]$$

在 $y=a$ 的自由边界上，面力分量

$$\overline{Y} = y\bigg|_{y=a} = -1.278\frac{E\eta}{a}\left(1-\frac{x^2}{a^2}\right)$$

$$\overline{X} = \tau_{xy}\bigg|_{y=a} = \frac{E\eta}{a}\left(0.5319+0.302\frac{x^2}{a^2}\right)\frac{x}{a}$$

3.4.4 板的弯曲问题

对于薄板的弯曲问题，将板的应力表达式(2-44)、形变表达式(2-45)代入到变形能方程(3-10)中，则有

$$U = \frac{E}{2(1-\mu)}\iiint z^2\left\{(\nabla^2 w)^2-2(1-\mu)\left[\frac{\partial^2 w}{\partial x^2}\frac{\partial^2 w}{\partial y^2}-\left(\frac{\partial^2 w}{\partial x\partial y}\right)^2\right]\right\}\mathrm{d}x\mathrm{d}y\mathrm{d}z$$

沿着板的厚度 $-\frac{h}{2}$ 到 $\frac{h}{2}$ 完成对 z 的积分，则得到等厚度薄板的形变能表达式

$$U = \frac{D}{2}\iint\left\{(\nabla^2 w)^2-2(1-\mu)\left[\frac{\partial^2 w}{\partial x^2}\frac{\partial^2 w}{\partial y^2}-\left(\frac{\partial^2 w}{\partial x\partial y}\right)^2\right]\right\}\mathrm{d}x\mathrm{d}y \quad (3\text{-}36)$$

当板的边界不含自由边界时，上式蜕化为

$$U = \frac{D}{2}\iint(\nabla^2 w)^2\mathrm{d}x\mathrm{d}y \quad (3\text{-}37)$$

如果假设板的挠度函数为

$$w(x,y) = \sum_m C_m w_m(x,y) \quad (3\text{-}38)$$

此时瑞次变分方程变为

$$\frac{\partial U}{\partial C_m}=\iiint Zw_m\mathrm{d}x\mathrm{d}y\mathrm{d}z+\iint \bar{Z}w_m\mathrm{d}s$$

由于在薄板理论中,所有的体积力和面力都合并为作用于板上表面的垂直荷载 $q(x,y)$,则上式变为

$$\frac{\partial U}{\partial C_m}=\iint q(x,y)w_m\mathrm{d}x\mathrm{d}y \tag{3-39}$$

这就是薄板的瑞次变分方程。

薄板的伽辽金变分方程也可以类似地推得为

$$\iint[D\nabla^4 w-q(x,y)]w_m\mathrm{d}x\mathrm{d}y=0 \tag{3-40}$$

设有矩形薄板如图 3-4 所示,板上下两边界简支,左边界固定,右边界自由,受有均布荷载 q_0。则板的边界条件为

$$w\big|_{x=0}=0,\qquad \left.\frac{\partial w}{\partial x}\right|_{x=0}=0$$

$$w\big|_{y=0,y=b}=0,\quad \left.\frac{\partial^2 w}{\partial y^2}\right|_{y=0,y=b}=0$$

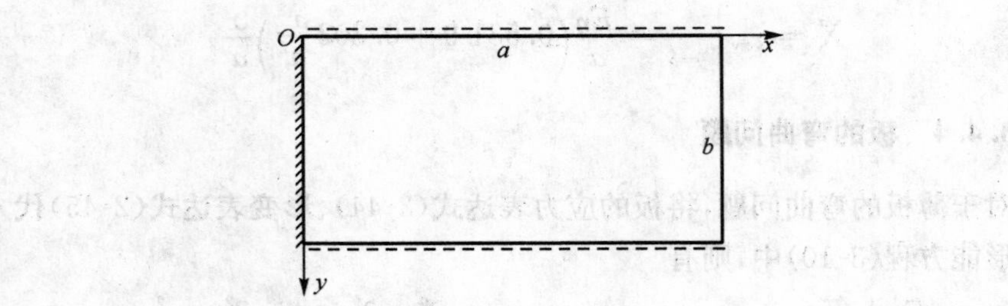

图 3-4　薄板的弯曲

设边的挠度函数为

$$w(x,y)=C_1w_1=C_1\left(\frac{x}{a}\right)^2\sin\frac{\pi y}{b} \tag{3-41}$$

可以证明上式满足所有的位移边界条件。

将式(3-41)代入式(3-36)中,并完成积分运算,即有

$$U=\frac{D}{2}\int_0^a\int_0^b\Big[\left(\frac{2}{a^2}C_1\sin\frac{\pi y}{b}-\frac{\pi^2}{a^2b^2}C_1x^2\sin\frac{\pi y}{b}\right)^2+2(1-\mu)\left(\frac{2\pi^2}{a^4b^2}C_1^2x^2\sin^2\frac{\pi y}{b}+\frac{4\pi^2}{a^4b^2}C_1^2x^2\cos^2\frac{\pi y}{b}\right)\Big]\mathrm{d}x\mathrm{d}y$$

$$= \frac{DC_1^2}{2}\left[2+\left(\frac{4}{3}-2\mu\right)\left(\frac{\pi a}{b}\right)^2+\frac{1}{10}\left(\frac{\pi a}{b}\right)^4\right]\frac{b}{a^3}$$

从而有

$$\frac{\partial U}{\partial C_1}=C_1 D\left[2+\left(\frac{4}{3}-2\mu\right)\left(\frac{\pi a}{b}\right)^2+\frac{1}{10}\left(\frac{\pi a}{b}\right)^4\right]\frac{b}{a^3} \tag{3-42}$$

而

$$\iint q w_m \mathrm{d}x\mathrm{d}y=\int_0^a\int_0^b q_0\left(\frac{x}{a}\right)^2\sin\frac{\pi y}{b}\mathrm{d}x\mathrm{d}y=\frac{2}{3\pi}q_0 ab \tag{3-43}$$

将式(3-42)、式(3-43)代入到瑞次方程(3-39)中，求得 C_1，再回代入(3-41)中，得到板的挠度

$$w(x,y)=\frac{2q_0 a^2 x^2\sin\frac{\pi y}{b}}{3\pi D\left[2+\left(\frac{4}{3}-2\mu\right)\left(\frac{\pi a}{b}\right)^2+\frac{1}{10}\left(\frac{\pi a}{b}\right)^4\right]}$$

当 $a=b,\mu=0.3$ 时，自由边中点$\left(a,\frac{b}{2}\right)$处的挠度为

$$w=0.011\,2\,\frac{q_0 a_4}{D}$$

与精确解仅相差 1%。

又如图 3-5 所示的四边固定薄板，受有均布荷载 q_0，则有边界条件

$$w\big|_{x=\pm a}=0,\quad \frac{\partial w}{\partial x}\bigg|_{x=\pm a}=0$$

$$w\big|_{y=\pm b}=0,\quad \frac{\partial w}{\partial y}\bigg|_{y=\pm b}=0$$

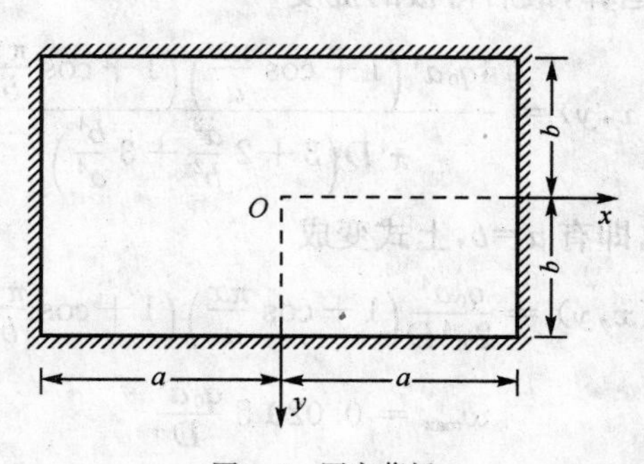

图 3-5　固定薄板

设板的挠度试函数为

$$w(x,y)=C_1w_1=C_1(x^2-a^2)^2(y^2-b^2)^2 \tag{3-44}$$

显然上式满足所有的边界条件。将其代入到伽辽金变分方程(3-26)中，得

$$4D\int_0^a\int_0^b 8[3(y^2-b^2)^2+3(x^2-a^2)^2+4(3x^2-a^2)(3y^2-b^2)]$$

$$C_1(x^2-a^2)^2(y^2-b^2)^2\mathrm{d}x\mathrm{d}y$$

$$=4q_0\int_0^a\int_0^b(x^2-a^2)^2(y^2-b^2)^2\mathrm{d}x\mathrm{d}y$$

完成积分运算，可以求得待定参数 C_1，再回代入式(3-44)，即得板的挠度

$$w(x,y)=\frac{7q_0(x^2-a^2)^2(y^2-b^2)^2}{12q\left(a^4+b^4+\frac{4}{7}a^2b^2\right)D}$$

当 $a=b$ 时，上式变成

$$w(x,y)=\frac{49q_0a^4}{2\ 304D}\left(1-\frac{x^2}{a^2}\right)^2\left(1-\frac{y^2}{a^2}\right)^2$$

板中心最大挠度

$$w_{\max}=w\bigg|_{\substack{x=0\\y=0}}=0.021\ 3\ \frac{q_0a^4}{D}$$

比精确解 $0.020\ 2\ \frac{q_0a^4}{D}$ 大出5%。

如果将板的挠度试函数取为

$$w(x,y)=C_{11}\left(1+\cos\frac{\pi x}{a}\right)\left(1+\cos\frac{\pi y}{b}\right)$$

完成类似于上述的运算，最后得板的挠度

$$w(x,y)=\frac{4q_0a^4\left(1+\cos\frac{\pi x}{a}\right)\left(1+\cos\frac{\pi y}{b}\right)}{\pi^4D\left(3+2\frac{a^2}{b^2}+3\frac{b^4}{a^4}\right)}$$

对于正方形板，即有 $a=b$，上式变成

$$w(x,y)=\frac{q_0a^4}{2\pi^4D}\left(1+\cos\frac{\pi x}{a}\right)\left(1+\cos\frac{\pi y}{b}\right)$$

$$w_{\max}=0.020\ 5\ \frac{q_0a^4}{D}$$

比精确值仅大出1.5%。

3.5 弹性力学问题的最小余能原理

3.5.1 应力变分方程

设有任意弹性体，在外力作用下处于平衡，其内力分量 σ_x、σ_y、σ_z、τ_{xy}、τ_{yz}、τ_{zx}不仅满足静力平衡方程、应力边界条件，而且满足相容方程。假设该弹性体的体积力不变，而应力分量发生了微小的改变 $\delta\sigma_x$、$\delta\sigma_y$、$\delta\sigma_z$、$\delta\tau_{xy}$、$\delta\tau_{yz}$、$\delta\tau_{zx}$，使弹性体的应力分量变成

$$\sigma'_x=\sigma_x+\delta\sigma_x,\sigma'_y=\sigma_y+\delta\sigma_y,\sigma'_z=\sigma_z+\delta\sigma_z$$

$$\tau'_{xy}=\tau_{xy}+\delta\tau_{xy},\tau'_{yz}=\tau_{yz}+\delta\tau_{yz},\tau'_{zx}=\tau_{zx}+\delta\tau_{zx}$$

假定这些应力分量仅满足平衡微分方程和应力边界条件，那么将上式代入到平衡方程(2-8)，并注意到原来的应力分量与体积力之间的平衡关系，则有

$$\left.\begin{aligned}\frac{\partial}{\partial x}\delta\sigma_x+\frac{\partial}{\partial y}\delta\tau_{xy}+\frac{\partial}{\partial z}\delta\tau_{xz}=0\\ \frac{\partial}{\partial x}\delta\tau_{xy}+\frac{\partial}{\partial y}\delta\sigma_y+\frac{\partial}{\partial z}\delta\tau_{yz}=0\\ \frac{\partial}{\partial x}\delta\tau_{xz}+\frac{\partial}{\partial y}\delta\tau_{yz}+\frac{\partial}{\partial z}\delta\sigma_z=0\end{aligned}\right\}\tag{3-45}$$

同时，应力分量的变分必然带来面力分量的变分 $\delta\overline{X}$、$\delta\overline{Y}$、$\delta\overline{Z}$，且应该满足

$$\left.\begin{aligned}l\delta\sigma_x+m\delta\tau_{xy}+n\delta\tau_{xz}=\delta\overline{X}\\ l\delta\tau_{xy}+m\delta\sigma_y+n\delta\tau_{yz}=\delta\overline{Y}\\ l\delta\tau_{xy}+m\delta\tau_{yz}+n\delta\sigma_z=\delta\overline{Z}\end{aligned}\right\}\tag{3-46}$$

由于应力分量发生了变分，弹性体的形变势能必有相应的变分，即

$$\delta U=\iiint\delta U_1\mathrm{d}x\mathrm{d}y\mathrm{d}z=\iiint\Big(\frac{\partial U_1}{\partial\sigma_x}\delta\sigma_x+\frac{\partial U_1}{\partial\sigma_y}\delta\sigma_y+\frac{\partial U_1}{\partial\sigma_z}\delta\sigma_z+\frac{\partial U_1}{\partial\tau_{xy}}\delta\tau_{xy}+\frac{\partial U_1}{\partial\tau_{yz}}\delta\tau_{yz}+\frac{\partial U_1}{\partial\tau_{xz}}\delta\tau_{xz}\Big)\mathrm{d}x\mathrm{d}y\mathrm{d}z$$

将式(3-15)代入上式，则有

$$\delta U=\iiint(\varepsilon_x\delta\sigma_x+\varepsilon_y\delta\sigma_y+\varepsilon_z\delta\sigma_z+\gamma_{xy}\delta\tau_{xy}+\gamma_{yz}\delta\tau_{yz}+\gamma_{zx}\delta\tau_{zx})\mathrm{d}x\mathrm{d}y\mathrm{d}z$$

再将几何方程(2-2)代入，得

$$\delta U=\iiint\Big[\frac{\partial u}{\partial x}\delta\sigma_x+\frac{\partial v}{\partial y}\delta\sigma_y+\frac{\partial w}{\partial z}\delta\sigma_z+\Big(\frac{\partial u}{\partial y}+\frac{\partial v}{\partial x}\Big)\delta\tau_{xy}+\Big(\frac{\partial w}{\partial y}+\frac{\partial v}{\partial z}\Big)\delta\tau_{yz}+$$

$$\left(\frac{\partial w}{\partial x}+\frac{\partial u}{\partial z}\right)\delta\tau_{xz}\Big]\mathrm{d}x\mathrm{d}y\mathrm{d}z$$

对于上式中每一项采用分部积分法，例对于第一项有

$$\iiint\frac{\partial u}{\partial x}\delta\sigma_x\mathrm{d}x\mathrm{d}y\mathrm{d}z=\iint l\delta\sigma_x\mathrm{d}s-\iiint u\frac{\partial}{\partial x}(\delta\sigma_x)\mathrm{d}x\mathrm{d}y\mathrm{d}z$$

每一项都同样处理，然后合并同类项，即得

$$\begin{aligned}\delta U=&\iint[u(l\delta\sigma_x+m\delta\tau_{xy}+n\delta\tau_{xz})+v(l\delta\tau_{xy}+m\delta\sigma_y+n\delta\tau_{yz})+\\&w(l\delta\tau_{xz}+m\delta\tau_{yz}+n\delta\sigma_z)]\mathrm{d}s-\iiint\Big[u\left(\frac{\partial}{\partial x}\delta\sigma_x+\frac{\partial}{\partial y}\delta\tau_{xy}+\frac{\partial}{\partial z}\delta\tau_{xz}\right)+\\&v\left(\frac{\partial}{\partial x}\delta\tau_{xy}+\frac{\partial}{\partial y}\delta\sigma_y+\frac{\partial}{\partial z}\delta\tau_{yz}\right)+w\Big(\frac{\partial}{\partial x}\delta\tau_{xz}+\frac{\partial}{\partial y}\delta\tau_{yz}+\\&\frac{\partial}{\partial z}\delta\sigma_z\Big)\Big]\mathrm{d}x\mathrm{d}y\mathrm{d}z\end{aligned}$$

注意到式(3-45)、式(3-46)，则上式变成

$$\delta U=\iint(u\delta\overline{X}+v\delta\overline{Y}+w\delta\overline{Z})\mathrm{d}s \tag{3-47}$$

这就是对弹性体的应力变分方程，也叫做卡斯提安诺变分方程。

考察变分方程(3-47)，如果在弹性体的某一部分边界上面力是给定的，则该部分的面力变分 $\delta\overline{X}=\delta\overline{Y}=\delta\overline{Z}=0$，则式(3-47)右端为零；如果弹性体某部分的边界上位移分量全为零，则式(3-47)右端也为零。因此变分方程(3-47)右边的积分只能在面力没有给定，而且位移给定且不为零的边界上进行。

3.5.2 最小余能原理

将方程(3-47)移项，有

$$\delta U-\iint(u\delta\overline{X}+v\delta\overline{Y}+w\delta\overline{Z})\mathrm{d}s=0$$

由于在积分的边界上位移分量是给定的，所以上式可以写成

$$\delta\Big[U-\iint(u\overline{X}+v\overline{Y}+w\overline{Z})\mathrm{d}s\Big]=0 \tag{3-48}$$

上式表明：在满足平衡微分方程和应力边界条件的所有各组应力分量中，实际存在一组应力应使弹性体的余能成为极值。如果考虑二阶变分，可以证明这个极值就是极小值，所以式(3-48)即称之为最小余能原理。

同样可以证明，从最小余能的变分极值条件可以导出弹性体的应力相容方程。

3.6 应力变分法

设弹性体的应力分量表达式为

$$
\left.\begin{aligned}
\sigma_x &= \sigma_x^0 + \sum_m A_m \sigma_x^m \\
\sigma_y &= \sigma_y^0 + \sum_m A_m \sigma_y^m \\
\sigma_z &= \sigma_z^0 + \sum_m A_m \sigma_z^m \\
\tau_{xy} &= \tau_{xy}^0 + \sum_m A_m \tau_{xy}^m \\
\tau_{yz} &= \tau_{yz}^0 + \sum_m A_m \tau_{yz}^m \\
\tau_{zx} &= \tau_{zx}^0 + \sum_m A_m \tau_{zx}^m
\end{aligned}\right\} \tag{3-49}
$$

式中，σ_x^0、σ_y^0…τ_{zx}^0 是满足平衡微分方程和应力边界条件的已知函数；σ_x^m、σ_y^m…τ_{zx}^m 是满足无体力和无面力时的平衡微分方程和应力边界条件的设定函数；A_m 为待定系数。

如果弹性体上要么是面力给定，要么是位移分量为零，那么变分方程(3-48)变成

$$
\frac{\partial U}{\partial A_m} = 0 \tag{3-50}
$$

将应力分量表达式(3-49)代入到变形能计算式(3-6)，完成积分运算后代入上式求导，即得到关于 A_m 的 m 元一次非齐次方程组，可以求得参数 A_m。

对于一般情况，变分方程(3-47)的左端变成

$$
\delta U = \sum_m \frac{\partial U}{\partial A_m} \delta A_m
$$

右端

$$
\begin{aligned}
&\iint (u\delta\overline{X} + v\delta\overline{Y} + w\delta\overline{Z})\,\mathrm{d}s \\
&= \iint [u(l\delta\sigma_x + m\delta\tau_{xy} + n\delta\tau_{xz}) + v(l\delta\tau_{xy} + m\delta\sigma_y + n\delta\tau_{yz}) + w(l\delta\tau_{xz} + m\delta\tau_{yz} + n\delta\sigma_z)]\,\mathrm{d}s \\
&= \sum_m B_m \delta A_m
\end{aligned}
$$

式中，B_m 是上式中除 δA_m 外积分的常数。

这样从式(3-47)得

$$\frac{\partial U}{\partial A_m}=B_m \tag{3-51}$$

这仍然是关于 A_m 的一次方程组,联立可以求得待定参数 A_m。

在应力变分法中,要求应力函数的试函数既要满足平衡微分方程又要满足应力边界条件,这显然很困难。但如果能找到事先满足静力平衡条件的应力函数,则问题就变得非常简单。事实上这些应力函数的确是存在的。

3.7 应力变分法的应用

3.7.1 平面应力问题

在弹性平面问题的理论中,曾引入一个艾瑞应力函数 $\varphi(x,y)$,对应的应力分量如式(2-61),即

$$\sigma_x=\frac{\partial^2\varphi}{\partial y^2}-Xx$$

$$\sigma_y=\frac{\partial^2\varphi}{\partial x^2}-Yy$$

$$\tau_{xy}=-\frac{\partial^2\varphi}{\partial x\partial y}$$

这些应力函数满足平面问题的平衡方程。将上式代入形变能表达式(3-6)中,有

$$U=\frac{1}{2E}\iint\left[\left(\frac{\partial^2\varphi}{\partial y^2}-Xx\right)+\left(\frac{\partial^2\varphi}{\partial x^2}-Yy\right)^2+2\left(\frac{\partial^2 w}{\partial x\partial y}\right)^2\right]\mathrm{d}x\mathrm{d}y \tag{3-52}$$

设应力函数为

$$\varphi(x,y)=\varphi_0(x,y)+\sum_m A_m\varphi_m(x,y) \tag{3-53}$$

式中,$\varphi_0(x,y)$满足已知的应力边界条件;$\varphi_m(x,y)$满足零应力边界条件;A_m 为待定参数。

将表达式(3-53)代入式(3-52)中,完成方程(3-50)的变分,即有

$$\frac{\partial U}{\partial A_m}=\iint\left[\left(\frac{\partial^2\varphi}{\partial y^2}-Xx\right)\frac{\partial}{\partial A_m}\left(\frac{\partial^2\varphi}{\partial y^2}\right)+\left(\frac{\partial^2\varphi}{\partial x^2}-Yy\right)\frac{\partial}{\partial A_m}\left(\frac{\partial^2\varphi}{\partial y^2}\right)+\right.$$

$$\left.2\frac{\partial^2\varphi}{\partial x\partial y}\cdot\frac{\partial}{\partial A_m}\frac{\partial^2\varphi}{\partial x\partial y}\right]\mathrm{d}x\mathrm{d}y=0 \tag{3-54}$$

由此可以求得待定系 A_m。

如图 3-6 所示矩形薄板（或长柱），体积不计，在两对边上受有抛物线形的拉应力，最大集度为 q。板的边界条件为

$$\left.\begin{aligned}\sigma_x\Big|_{x=\pm a}=q\left(1-\frac{y^2}{b^2}\right),\tau_{xy}\Big|_{x=\pm a}=0\\ \sigma_y\Big|_{y=\pm b}=0,\tau_{xy}\Big|_{y=\pm b}=0\end{aligned}\right\}$$

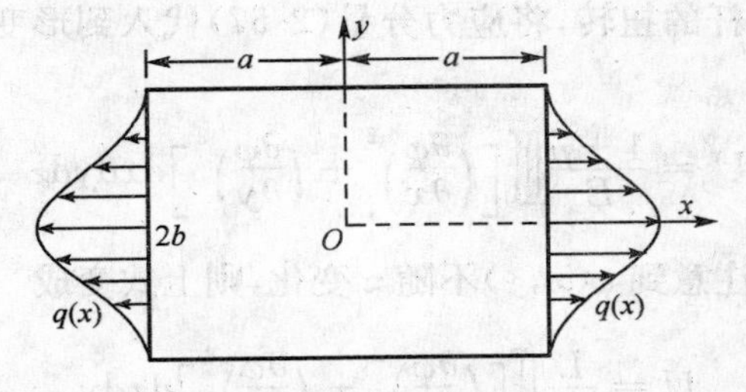

图 3-6　板的平面应力问题

取板的应力函数为

$$\varphi(x,y)=\frac{q}{2}y^2\left(1-\frac{y^2}{6b^2}\right)+qb^2\left(1-\frac{x^2}{a^2}\right)^2\left(1-\frac{y^2}{b^2}\right)^2\left(A_1+A_2\frac{x^2}{a^2}+\right.$$
$$\left.A_3\frac{y^2}{b^2}+A_4\frac{x^4}{a^4}+A_5\frac{x^2y^2}{a^2b^2}+A_6\frac{y^4}{b^4}+\cdots\right) \tag{3-55}$$

可以证明函数的前一项满足所有的应力边界条件，而第二项在边界上的所有应力分量为零。

如果仅取式(3-55)中一个待定参数，代入变分方程(3-54)求得

$$A_1=\frac{1}{\frac{64}{7}+\frac{256}{49}\cdot\frac{b^2}{a^2}+\frac{64}{7}\cdot\frac{b^4}{a^4}}$$

当 $a=b$ 时，$A_1=0.042\,5$，板的应力分量

$$\sigma_x=q\left(1-\frac{y^2}{a^2}\right)-0.170q\left(1-\frac{x^2}{a^2}\right)^2\left(1-\frac{3y^2}{a^2}\right)$$

$$\sigma_y=-0.70q\left(1-\frac{3x^2}{a^2}\right)\left(1-\frac{y^2}{a^2}\right)^2$$

$$\tau_{xy}=-0.681q\left(1-\frac{x^2}{a^2}\right)\left(1-\frac{y^2}{a^2}\right)\frac{xy}{a^2}$$

如果取应力函数为

$$\varphi=\frac{q}{2}y^2\left(1-\frac{y^2}{6b^2}\right)+qb^2\left(1-\frac{x^2}{a^2}\right)\left(1-\frac{y^2}{b^2}\right)^2\left(A_1+A_2\frac{x^2}{a^2}+A_3\frac{y^2}{b^2}\right)$$

代入变分方程(3-54)有

$$\frac{\partial U}{\partial A_1}=0,\quad \frac{\partial U}{\partial A_2}=0,\quad \frac{\partial U}{\partial A_3}=0$$

联立求得$(a=b)A_1=0.040\,4, A_2=A_3=0.011\,7$。

3.7.2 扭转问题

对于等截面直杆的扭转，将应力分量(2-57)代入到形变能方程(3-6)中，有：

$$U=\frac{1+\mu}{E}\iiint\left[\left(\frac{\partial\varphi}{\partial x}\right)^2+\left(\frac{\partial\varphi}{\partial y}\right)^2\right]\mathrm{d}x\mathrm{d}y\mathrm{d}z \tag{3-56}$$

用$\frac{1}{2G}$代替$\frac{1+\mu}{E}$，并注意到$\varphi(x,y)$不随z变化，则上式变成

$$U=\frac{L}{2G}\iint\left[\left(\frac{\partial\varphi}{\partial x}\right)^2+\left(\frac{\partial\varphi}{\partial y}\right)^2\right]\mathrm{d}x\mathrm{d}y \tag{3-57}$$

式中，L为杆的长度。

从杆的扭转理论知道，外力功等于作用在杆上的两个扭矩在转角上作的功，即

$$\iint(u\overline{X}+v\overline{Y}+w\overline{Z})\mathrm{d}s=2KL\iint\varphi\mathrm{d}x\mathrm{d}y \tag{3-58}$$

式中，K为单位杆长的扭角。

将式(3-57)、式(3-58)代入到应力变分方程(3-48)中，有

$$8\iint\left\{\frac{1}{2}\left[\left(\frac{\partial\varphi}{\partial x}\right)^2+\left(\frac{\partial\varphi}{\partial y}\right)^2\right]-2GK\varphi\right\}\mathrm{d}x\mathrm{d}y=0 \tag{3-59}$$

如果设杆的扭转应力函数为

$$\varphi(x,y)=\sum_m A_m\varphi_m(x,y)$$

式中，$\varphi_m(x,y)$为在杆的边界上为零的已知函数；A_m为待定参数。

代入到式(3-59)，即得

$$\iint\left[\frac{\partial\varphi}{\partial x}\cdot\frac{\partial}{\partial A_m}\left(\frac{\partial\varphi}{\partial x}\right)+\frac{\partial\varphi}{\partial y}\cdot\frac{\partial}{\partial A_m}\left(\frac{\partial\varphi}{\partial y}\right)-2GK\frac{\partial\varphi}{\partial A_m}\right]\mathrm{d}x\mathrm{d}y=0 \tag{3-60}$$

图3-7为矩形弹性杆，求其扭转应力。设杆的扭转函数为

$$\varphi(x,y)=\left(x+\frac{a}{2}\right)\left(x-\frac{a}{2}\right)\left(y+\frac{b}{2}\right)\left(y-\frac{b}{2}\right)\sum A_{mn}x^m y^n$$

很显然在杆的所有边界上φ为零。

如果仅取一项，且为了简单令$a=b$，即有

$$\varphi(x,y) = A_{00}\left(x^2 - \frac{a^2}{4}\right)\left(y^2 - \frac{a^2}{4}\right)$$

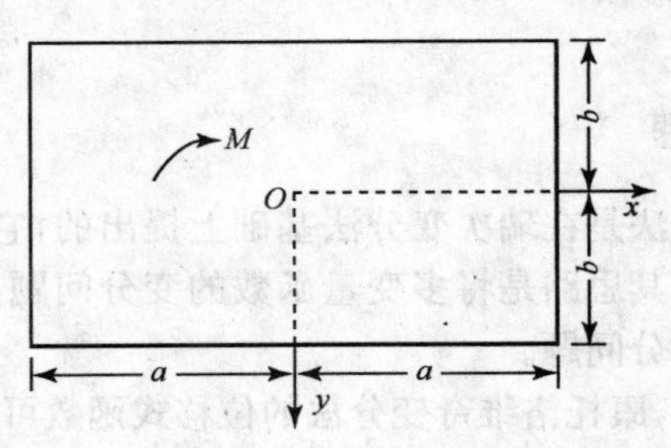

图 3-7 杆的扭转

代入到式(3-52)中有

$$\int_{-\frac{a}{2}}^{\frac{a}{2}}\int_{-\frac{a}{2}}^{\frac{a}{2}}\left[\begin{matrix} A_{00}4x^2\left(x^2 - \frac{a^2}{4}\right)\left(y^2 - \frac{a^2}{4}\right) + 4A_{00}y^2\left(x^2 - \frac{a^2}{4}\right)\left(y^2 - \frac{a^2}{4}\right) - \\ 2GK\left(x^2 - \frac{a^2}{4}\right)\left(y^2 - \frac{a^2}{4}\right) \end{matrix}\right]\mathrm{d}x\mathrm{d}y$$

运算后得 $A_{00} = \frac{5GK}{2a^2}$，从而有

$$\varphi(x,y) = \frac{5GK}{2a^2}\left(x^2 - \frac{a^2}{4}\right)\left(y^2 - \frac{a^2}{4}\right)$$

求得

$$K = \frac{36M}{5Ga^4}$$

比精确解小 1.4%。

最大剪应力

$$\tau_{\max} = \frac{9M}{2a^3}$$

比精确解约大 6.8%。

如果取

$$\varphi = \left(x^2 - \frac{a^2}{4}\right)\left(y^2 - \frac{a^2}{4}\right)(A_{00} + A_{20}x^2 + A_{02}y^2)$$

完成相同的运算，可以求得

$$A_{00} = \frac{1\,295GK}{554a^2}, A_{20} = A_{02} = \frac{525GK}{277a^4}$$

则此时转角的误差仅小 0.14%，最大剪应力仅大 4%。

3.8 康托洛维奇变分法

3.8.1 基本原理

康托洛维奇变分法是在瑞次变分法基础上提出的，它主要用于处理多变量函数的变分问题。其思路是将多变量函数的变分问题，利用变分原理转化为某一个变量的常微分问题。

对应于式(3-21)，康托洛维奇变分法的位移式函数可以写为

$$\left.\begin{aligned}u(x,y,z)&=u_0(x,y,z)+\sum_m A_m(x)u_m(y,z)\\v(x,y,z)&=v_0(x,y,z)+\sum_m B_m(x)v_m(y,z)\\w(x,y,z)&=w_0(x,y,z)+\sum_m C_m(x)w_m(y,z)\end{aligned}\right\}\tag{3-61}$$

式中，$u_0(x,y,z)$、$v_0(x,y,z)$、$w_0(x,y,z)$仍然是满足位移边界条件的已知函数；$A_m(x)$、$B_m(x)$、$C_m(x)$是三个未知的待定函数。

当然，这里仅是以 x 变量为例，也可以是自变量 y、z，或者三个待定函数的自变量完全可以不同。

将试函数(3-61)代入到能量泛函(3-10)中，完成对 y、z 的积分，可以得到包含未知函数 $A_m(x)$、$B_m(x)$、$C_m(x)$的泛函表达式

$$U=U[A_m(x),B_m(x),C_m(x)]$$

将上式代入到变分方程(3-14)中，则变分后的欧拉方程即为关于待定函数 $A_m(x)$、$B_m(x)$、$C_m(x)$的常微分方程

$$D_i[A_m(x),B_m(x),C_m(x)]=0\quad(i=1,2,3)\tag{3-62}$$

式中，$D_i(i=1、2、3)$为微分算子。

3.8.2 矩形薄板的稳定问题

如图 3-8 所示为一四边固定矩形薄板，板边作用着垂直于板边的均布力 N，求使得板失稳的临界力 N_{cr}。

从薄板的边界条件(2-47)已知板的边界条件为

$$w\Big|_{x=\pm a}=0,\ \frac{\partial w}{\partial x}\Big|_{x=\pm a}=0$$

$$w\Big|_{y=\pm b}=0,\ \frac{\partial w}{\partial y}\Big|_{y=\pm b}=0$$

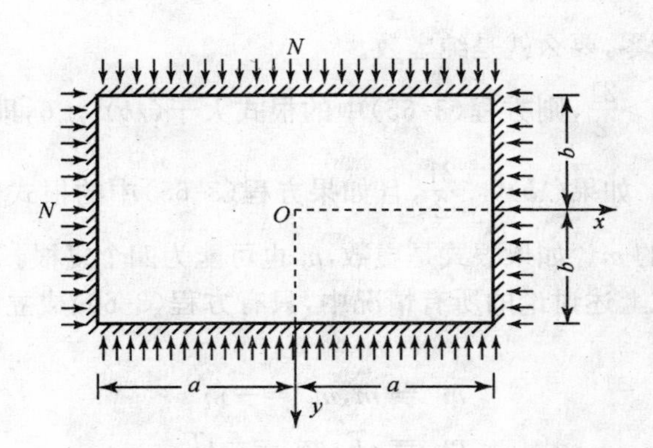

图 3-8 板的失稳问题

从板的稳定理论，已知板稳定问题的能量泛函为

$$U=\iint[\nabla^4 w(x,y)+\lambda^2\nabla^2 w(x,y)]\mathrm{d}x\mathrm{d}y \tag{3-63}$$

式中，$\lambda^2=\dfrac{N}{D}$。

取满足 y 方向边界条件的失稳试函数为

$$w(x,y)=f(x)(y^2-b^2)^2$$

代入泛函(3-63)中，并完成变分运算，即得

$$\left(b^4\frac{256}{315}\right)\frac{\mathrm{d}^4 f}{\mathrm{d}x^4}+b^2\left[(\lambda b)^2\frac{256}{315}-\frac{512}{105}\right]\frac{\mathrm{d}^2 f}{\mathrm{d}x^2}-\left[(\lambda b)^2\frac{256}{105}-\frac{128}{5}\right]f(x)=0 \tag{3-64}$$

这是一个标准的常系数四阶齐次常微分方程。

设方程(3-64)的解形式为 e^{mx}，代入方程(3-64)中得特征方程

$$b^4m^4+b^2[(\lambda b)^2-6]m^2-\left[3(\lambda b)^2-\frac{63}{2}\right]=0$$

由于 λb 不定，所以上述特征方程的根可能是实数、虚数或复数。应用二次公式求得

$$m^2=\frac{-[(\lambda b)^2-6]\pm\sqrt{[(\lambda b)^2-6]^2+\left[(\lambda b)^2-\dfrac{63}{2}\right]\times 4}}{2b^2} \tag{3-65}$$

如果$(\lambda b)^2=\dfrac{21}{2}$，则可以由上式求得 m^2 的两个根

$$m^2=0,m^2=-\left[\frac{(\lambda b)^2-6}{b^2}\right] \tag{3-66}$$

显然，m 要么为零，要么就是纯虚数。

如果$(\lambda b)^2 > \frac{21}{2}$，则方程(3-65)中的根式大于$(\lambda b)^2-6$，即可得到两个实根和两个虚根。如果$(\lambda b)^2 < \frac{21}{2}$，且如果方程(3-65)中的根式仍是实数，将得到四个纯虚数的 m。如果根式是虚数，m 也可能为四个复根。

很显然，在上述讨论的所有情况中，只有方程(3-66)成立，我们将四个根表示为

$$m_1 = m, m_2 = -m$$
$$m_3 = iT, m_4 = -iT$$

利用两个正根，则由方程(3-65)得

$$m = \frac{1}{b}\left\{\left\{\left[\frac{(\lambda b)^2}{2}-3\right]^2+\left[3(\lambda b)^2-\frac{63}{2}\right]\right\}^{\frac{1}{2}}-\left[\frac{(\lambda b)^2}{2}-3\right]\right\}^{\frac{1}{2}}$$

$$T = \frac{1}{b}\left\{\left\{\left[\frac{(\lambda b)^2}{2}-3\right]^2+\left[3(\lambda b)^2-\frac{63}{2}\right]\right\}^{\frac{1}{2}}+\left[\frac{(\lambda b)^2}{2}-3\right]\right\}^{\frac{1}{2}}$$

则方程(3-64)的解

$$f(x) = A_1\mathrm{sh}(mx)+A_2\mathrm{ch}(mx)+A_3\sin(Tx)+A_4\cos(Tx)$$

用 $am\frac{x}{a}$ 代替 mx，并记 am 为 ρ_1，用 $aT\frac{x}{a}$ 代替 Tx，并记 aT 为 k_1，则上式变成

$$f(x) = A_1\mathrm{sh}\left(\rho_1\frac{x}{a}\right)+A_2\mathrm{ch}\left(\rho_1\frac{x}{a}\right)+A_3\sin\left(k_1\frac{x}{a}\right)+A_4\cos\left(k_1\frac{x}{a}\right) \tag{3-67}$$

对比式(3-65)，即有

$$\left.\begin{aligned}\rho_1 &= \frac{a}{b}\left\{\left\{\left[\frac{(\lambda b)^2}{2}-3\right]^2+\left[3(\lambda b)^2-\frac{63}{2}\right]\right\}^{\frac{1}{2}}-\left[\frac{(\lambda b)^2}{2}-3\right]\right\}^{\frac{1}{2}}\\ k_1 &= \frac{a}{b}\left\{\left\{\left[\frac{(\lambda b)^2}{2}-3\right]^2+\left[3(\lambda b)^2-\frac{63}{2}\right]\right\}^{\frac{1}{2}}+\left[\frac{(\lambda b)^2}{2}-3\right]\right\}^{\frac{1}{2}}\end{aligned}\right\}$$

由于问题完全对称，则公式(3-67)中的 A_1、A_3 必须为零，则式(3-67)变成

$$f(x) = A_2\mathrm{ch}\left(\rho_1\frac{x}{a}\right)+A_4\cos\left(k_1\frac{x}{a}\right)$$

根据根 x 方向的边界条件

$$f(x)\Big|_{x=\pm a} = 0, \frac{\mathrm{d}f}{\mathrm{d}x}\Big|_{x=\pm a} = 0$$

即有

$$A_2 \mathrm{ch}\rho_1 + A_4 \cos k_1 = 0$$

$$A_2 \rho_1 \mathrm{sh}\rho_1 - A_4 k_1 \sin k_1 = 0$$

要使得上式有非零解，必须有 A_2、A_4 的系数行列式为零，即有

$$k_1 \tan k_1 = - \rho_1 \mathrm{th}\rho_1$$

当 $a=b$ 时，通过试算，有$(\lambda b)^2=13.29$、40.00、88.70，则得临界荷载

$$N_{\mathrm{cr}} = \frac{13.29}{a^2} D$$

板的翘曲函数为

$$w(x,y) = A_2 \left[\cos k_1 \mathrm{ch}\left(\frac{\rho_1 x}{a}\right) - \mathrm{ch}\rho_1 \cos\left(\frac{k_1 x}{a}\right) \right] (y^2 - b^2)^2$$

关于弹塑性问题的变分法以及多变量广义变分法，有兴趣的读者可以参考文献[1-2]。

本章参考文献

[1] 鹫津久一郎．弹性和塑性力学中的变分法．老亮，郝松林，译．北京：科学出版社，1984

[2] 胡海昌．弹性力学中的变分原理及其应用．北京：科学出版社，1981

[3] 徐芝伦．弹性力学．北京：高等教育出版社，1978

[4] 夏永旭．板壳力学中的加权残值法．西安：西北工业大学出版社，1994

[5] 付宝连．弹性力学中的能量原理及其应用．北京：科学出版社，2004

[6] C. L. Dym, I. H. Shames. 固体力学变分法．袁祖贻，姚金山，应达之，译．北京：中国铁道出版社，1984

第4章 有限差方法

4.1 有限差方法的基本概念和公式

4.1.1 基本概念

有限差方法是一种数学上的近似方法，和有限单元法不同的是，它采用的是完全数学离散，即用差商代替导数，将原来的微分方程转化为代数方程，使得求解微分方程的问题转化为求解代数方程。

有限差分法基本公式的推导有不同的形式，常用的有向前差分、向后差分和中心差分，这里我们仅介绍中心差分方法。

4.1.2 基本公式的推导

设有一物理域如图4-1所示，分别沿 x、y 两个方向用间隔为 h 的两组平行 x、y 轴的平行线组成网格，并选定某一个基点(0点)，再按顺时针将周围交叉点(节点)也编号。

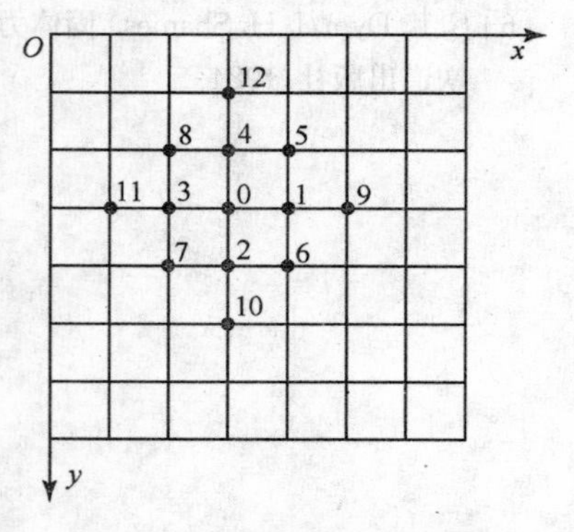

图4-1 有限差方法的网格划分

对于域 Ω 上的某一场函数 $f(x,y)$，沿平行于 x 轴的任一条网线上，它仅随 x 的变化而变化，那么如果以0点为考察点，函数 $f(x,y)$ 的泰勒级数为(满足狄里赫莱条件)

$$f(x,y)=f_0+\left(\frac{\partial f}{\partial x}\right)_0(x-x_0)+\frac{1}{2!}\left(\frac{\partial^2 f}{\partial x^2}\right)_0(x-x_0)^2+\frac{1}{3!}\left(\frac{\partial^3 f}{\partial x^3}\right)_0(x-x_0)^3+$$

$$\frac{1}{4!}\left(\frac{\partial^4 f}{\partial x^4}\right)_0(x-x_0)^4+\cdots+\frac{1}{n!}\left(\frac{\partial^n f}{\partial x^n}\right)_0(x-x_0)^n+R_n \tag{4-1}$$

上式适应用平行于 x 轴的 x_0 附近的各个点,例如对于节点 3,横坐标为$x=x_0-h$,节点 1,$x=x_0+h$,则应用公式(4-1)分别有

$$f_3=f_0-h\left(\frac{\partial f}{\partial x}\right)_0+\frac{h^2}{2}\left(\frac{\partial^2 f}{\partial x^2}\right)_0-\frac{h^3}{6}\left(\frac{\partial^3 f}{\partial x^3}\right)_0+\frac{h^4}{24}\left(\frac{\partial^4 f}{\partial x^4}\right)_0+\cdots \tag{4-2}$$

$$f_1=f_0+h\left(\frac{\partial f}{\partial x}\right)_0+\frac{h^2}{2}\left(\frac{\partial^2 f}{\partial x^2}\right)_0+\frac{h^3}{6}\left(\frac{\partial^3 f}{\partial x^3}\right)_0+\frac{h^4}{24}\left(\frac{\partial^2 f}{\partial x^4}\right)_0+\cdots \tag{4-3}$$

假定 x_1、x_3 很靠近 x_0,因而可以不计 h 的三次项,那么上两式蜕化为

$$f_3=f_0-h\left(\frac{\partial f}{\partial x}\right)_0+\frac{h^2}{2}\left(\frac{\partial^2 f}{\partial x^2}\right)_0 \tag{4-4}$$

$$f_1=f_0+h\left(\frac{\partial f}{\partial x}\right)_0+\frac{h^2}{2}\left(\frac{\partial^2 f}{\partial x^2}\right)_0 \tag{4-5}$$

以$\left(\frac{\partial f}{\partial x}\right)_0$和$\left(\frac{\partial^2 f}{\partial x^2}\right)_0$为未知数,求解上两式,式(4-5)－式(4-4),则有

$$f_1-f_3=2h\left(\frac{\partial f}{\partial x}\right)_0$$

解之有

$$\left(\frac{\partial f}{\partial x}\right)_0=\frac{1}{2h}(f_1-f_3) \tag{4-6}$$

式(4-4)＋式(4-5),有

$$f_1+f_3=2f_0+h^2\left(\frac{\partial^2 f}{\partial x^2}\right)_0$$

解之得

$$\left(\frac{\partial^2 f}{\partial x^2}\right)_0=\frac{1}{h^2}(f_1+f_3-2f_0) \tag{4-7}$$

方程沿 y 网线,同样有

$$\left(\frac{\partial f}{\partial y}\right)_0=\frac{1}{2h}(f_2-f_4) \tag{4-8}$$

$$\left(\frac{\partial^2 f}{\partial y^2}\right)_0=\frac{1}{h^2}(f_2+f_4-2f_0) \tag{4-9}$$

式(4-6)～式(4-9)是差分法的基本公式,由此可以推导出其他各阶导数的差分公式,例如

$$\left(\frac{\partial^2 f}{\partial x\partial y}\right)_0=\left[\frac{\partial}{\partial y}\left(\frac{\partial f}{\partial x}\right)\right]_0=\left[\frac{1}{2h}\left(\frac{\partial f}{\partial x}\right)_2-\frac{1}{2h}\left(\frac{\partial f}{\partial x}\right)_4\right]$$

$$=\frac{1}{2h}\left[\frac{1}{2h}(f_6-f_7)-\frac{1}{2h}(f_5-f_8)\right]$$

$$=\frac{1}{4h^2}[(f_6+f_8)-(f_5+f_7)] \tag{4-10}$$

$$\left(\frac{\partial^3 f}{\partial x^3}\right)_0=\left[\frac{\partial}{\partial x}\left(\frac{\partial^2 f}{\partial x^2}\right)\right]_0=\frac{1}{2h}\left[\left(\frac{\partial^2 f}{\partial x^2}\right)_1-\left(\frac{\partial^2 f}{\partial x^2}\right)_3\right]$$

$$=\frac{1}{2h}\left[\frac{1}{h^2}(f_9+f_0-2f_1)-\frac{1}{h^2}(f_0+f_{11}-2f_3)\right]$$

$$=\frac{1}{2h^3}(f_9+f_0-2f_1-f_0-f_{11}+2f_3)$$

$$=\frac{1}{2h^3}[(f_9+2f_3)-(f_{11}+2f_1)] \tag{4-11}$$

$$\left(\frac{\partial^4 f}{\partial x^4}\right)_0=\left[\frac{\partial^2}{\partial x^2}\left(\frac{\partial^2 f}{\partial x^2}\right)\right]_0=\frac{1}{h^2}\left[\left(\frac{\partial^2 f}{\partial x^2}\right)_1+\left(\frac{\partial^2 f}{\partial x^2}\right)_3-2\left(\frac{\partial^2 f}{\partial x^2}\right)_0\right]$$

$$=\frac{1}{h^2}\left[\frac{1}{h^2}(f_9+f_0-2f_1)+\frac{1}{h^2}(f_0+f_{11}-2f_3)-2\frac{1}{h^2}(f_1+f_3-2f_0)\right]$$

$$=\frac{1}{h^4}(f_9+f_0-2f_1+f_0+f_{11}-2f_3-2f_1-2f_3+4f_0)$$

$$=\frac{1}{h_4}[(6f_0+f_9+f_{11})-4(f_1+f_3)]$$

$$=\frac{1}{h^4}[6f_0-4(f_1+f_3)+(f_9+f_{11})] \tag{4-12}$$

同理有

$$\left(\frac{\partial^4 f}{\partial x^2\partial y^2}\right)_0=\left[\frac{\partial^2}{\partial x^2}\left(\frac{\partial^2 f}{\partial y^2}\right)\right]_0$$

$$=\frac{1}{h^2}\left[\left(\frac{\partial^2 f}{\partial y^2}\right)_1+\left(\frac{\partial^2 f}{\partial y^2}\right)_3-2\left(\frac{\partial^2 f}{\partial y^2}\right)_0\right]$$

$$=\frac{1}{h^2}\left[\frac{1}{h^2}(f_5+f_6-2f_1)+\frac{1}{h^2}(f_7+f_8-2f_3)-2\frac{1}{h^2}(f_2+f_4-2f_0)\right]$$

$$=\frac{1}{h^4}(f_5+f_6-2f_1+f_7+f_8-2f_3-2f_2-2f_4+4f_0)$$

$$=\frac{1}{h^4}[4f_0-2(f_1+f_2+f_3+f_4)+(f_5+f_6+f_7+f_8)] \tag{4-13}$$

$$\left(\frac{\partial^4 f}{\partial y^4}\right)_0=\frac{1}{h^4}[6f_0-4(f_2+f_4)+(f_{10}+f_{12})] \tag{4-14}$$

$$\left(\frac{\partial^3 f}{\partial y^3}\right)_0=\frac{1}{2h^3}[(f_{10}+2f_4)-(f_{12}+2f_2)] \tag{4-15}$$

这些公式构成了有限差方法的基本公式。

4.1.3 应该注意的问题

(1)不同的截断误差将构成不同的差分公式

①令式(4-4)中 $h^2=0$,即取一项,则得

$$\left(\frac{\partial f}{\partial x}\right)_0=\frac{f_0-f_3}{h} \tag{4-16}$$

②令式(4-5)中 $h^2=0$,则得

$$\left(\frac{\partial f}{\partial f}\right)_0=\frac{f_1-f_0}{h} \tag{4-17}$$

式(4-16)称之为向后差分,式(4-17)称之为向前差分,如图 4-2 所示。我们前边所推导的叫做中央差分(没有差分点本身出现),其特征是以前后两点之差除以自变量长度,如图 4-3 所示。

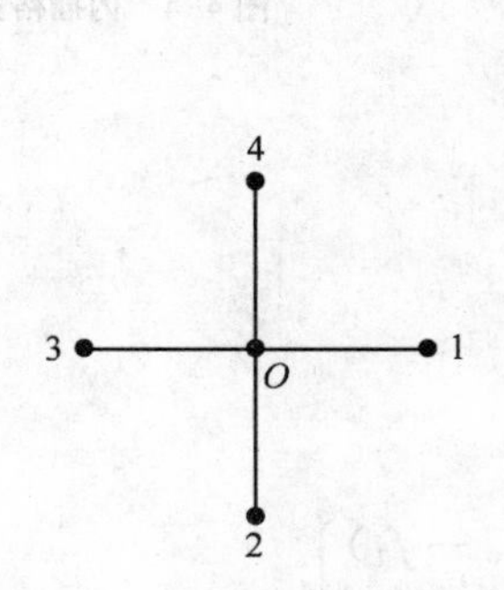

图 4-2 向前、向后差分格式

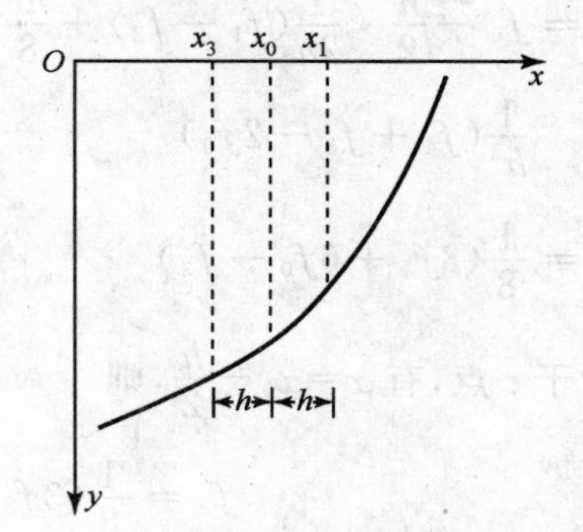

图 4-3 中央差分格式

③如果将公式(4-1)保留到 h^4 项,则可联立求解出 $\left(\frac{\partial f}{\partial x}\right)_0$、$\left(\frac{\partial^2 f}{\partial x^2}\right)_0$、$\left(\frac{\partial^3 f}{\partial x^3}\right)_0$、$\left(\frac{\partial^4 f}{\partial x^4}\right)_0$,很显然精度将提高,但计算起来也十分复杂。

(2)x、y 方向可取不同的步长,例 x 方向为 h,y 方向为 a。

(3)这里所讲的是一个二次抛物线插值,还有其他插值,如牛顿、拉格朗日、梅林、贝塞尔、埃尔米特插值等。

4.2 插值公式

4.2.1 内插公式

如图 4-4 所示，a 点是 0～1 的中点，则它的坐标为

$$x = x_0 + \frac{h}{2}$$

那么 $x - x_0 = \frac{h}{2}$，代入泰勒级数展开式中有

$$f_a = f_0 + \frac{h}{2}\left(\frac{\partial f}{\partial x}\right)_0 + \frac{h^2}{8}\left(\frac{\partial^2 f}{\partial x^2}\right)_0$$

将式(4-6)、式(4-7)两式代入上式中，则有

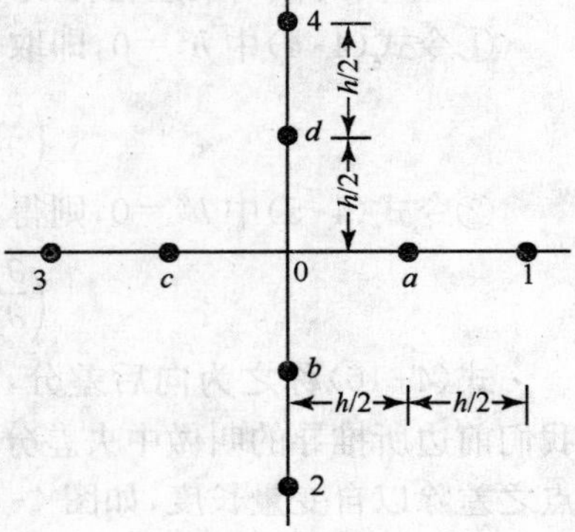

$$f_a = f_0 + \frac{h}{2} \cdot \frac{1}{2h}(f_1 - f_3) + \frac{h^2}{8} \cdot \frac{1}{h^2}(f_1 + f_3 - 2f_0)$$

$$= \frac{1}{8}(3f_1 + 6f_0 - f_3) \tag{4-18}$$

图 4-4 内插格式

同样对于 c 点，有 $x = x_0 - \frac{h}{2}$，则

$$\left.\begin{aligned} f_c &= \frac{1}{8}(3f_3 + 6f_0 - f_1) \\ f_b &= \frac{1}{8}(3f_2 + 6f_0 - f_4) \\ f_d &= \frac{1}{8}(3f_4 + 6f_0 - f_2) \end{aligned}\right\} \tag{4-19}$$

4.2.2 外插公式

对于图 4-5 中所示的边界和节点步长不同步的情况，可以分别采用内插公式处理。将函数在边界点 B 附近展成泰勒级数，有

$$f = f_B + \left(\frac{\partial f}{\partial x}\right)_B (x - x_B) + \frac{1}{2}\left(\frac{\partial^2 f}{\partial x^2}\right)_B (x - x_B)^2 + \cdots \tag{4-20}$$

对于节点 1,坐标为

$$x = x_B - \xi h$$

对于节点 0,坐标为

$$x = x_B - (\xi h + h)$$

对于节点 9(虚节点),坐标为

$$x = x_B - \xi h + h$$

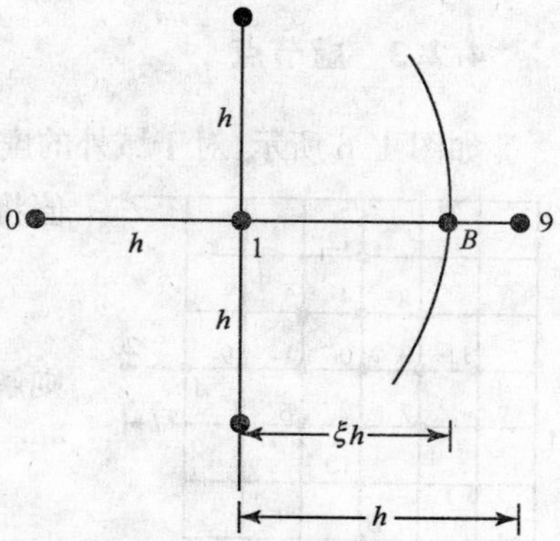

将不同节点的 $x - x_B$ 分别代入公式(4-20)中,有

$$f_9 = f_B + (1+\xi)h\left(\frac{\partial f}{\partial x}\right)_B + \frac{1}{2}(1-\xi)^2 h^2\left(\frac{\partial^2 f}{\partial x^2}\right)_B \tag{4-21}$$

图 4-5　外插格式

$$f_1 = f_B - \xi h\left(\frac{\partial f}{\partial x}\right)_B + \frac{1}{2}\xi^2 h^2\left(\frac{\partial^2 f}{\partial x^2}\right)_B \tag{4-22}$$

$$f_0 = f_B - (1+\xi)h\left(\frac{\partial f}{\partial x}\right)_0 + \frac{1}{2}(1+\xi)^2 h^2\left(\frac{\partial^2 f}{\partial x^2}\right)_B \tag{4-23}$$

先从式(4-21)和式(4-23)中消去$\left(\frac{\partial^2 f}{\partial x^2}\right)_B$,再从式(4-22)、式(4-23)消去$\left(\frac{\partial^2 f}{\partial x^2}\right)_B$,最后得(因为 0 节点为内点,将未知的转化为 φ_0 的函数,φ_B 为已知量)

$$\varphi_9 = \frac{4\xi}{(1+\xi)^2}\varphi_B + \frac{2(1-\xi)}{(1+\xi)}h\left(\frac{\partial \varphi}{\partial x}\right)_B + \frac{(1-\xi)^2}{(1+\xi)^2}\varphi_0 \tag{4-24}$$

$$\varphi_1 = \frac{1+2\xi}{(1+\xi)^2}\varphi_B - \frac{\xi}{1+\xi}h\left(\frac{\partial \varphi}{\partial x}\right)_B + \frac{\xi^2}{(1+\xi)^2}\varphi_0 \tag{4-25}$$

其中 $0 \leqslant \xi \leqslant 1$,当 $\xi = 0$ 时

$$\left.\begin{aligned}\varphi_9 &= 2h\left(\frac{\partial \varphi}{\partial x}\right)_B + \varphi_0\\ \varphi_1 &= \varphi_B\end{aligned}\right\} \tag{4-26}$$

此时 φ_9 为标准的虚节点。当 $\xi = 1$ 时,φ_9 为边界点:

$$\left.\begin{aligned}\varphi_9 &= \varphi_B\\ \varphi_1 &= \frac{3}{4}\varphi_B - \frac{h}{2}\left(\frac{\partial \varphi}{\partial x}\right)_B + \frac{1}{4}\varphi_0\end{aligned}\right\} \tag{4-27}$$

4.2.3 虚节点

如图 4-6 所示，对于域外的虚节点 20 和 21，可利用域内点及边界上的导数值将其近似表达。例如对 A 点，有

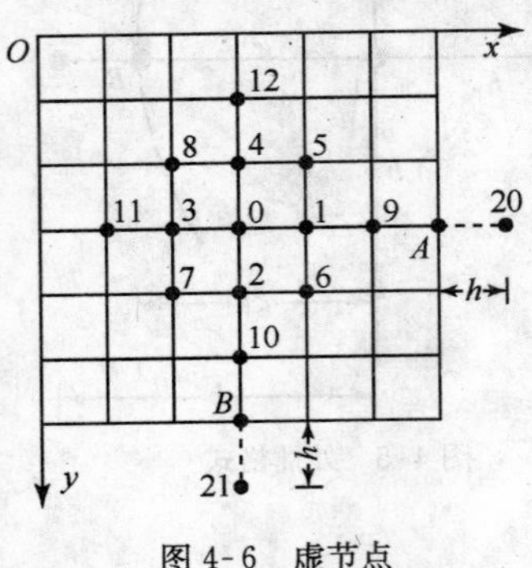

图 4-6　虚节点

$$\left(\frac{\partial \varphi}{\partial x}\right)_A = \frac{\varphi_{20} - \varphi_9}{2h}$$

则解得

$$\varphi_{20} = \varphi_9 + 2h\left(\frac{\partial \varphi}{\partial x}\right)_A \tag{4-28}$$

对于节点 21，同样有

$$\varphi_{21} = \varphi_{10} + 2h\left(\frac{\partial \varphi}{\partial y}\right)_B \tag{4-29}$$

4.3 温度场问题

4.3.1 温度场问题的基本方程

从经典的热传导理论，已知温度场的基本方程为

$$\frac{\partial T}{\partial t} - \alpha \nabla^2 T = \frac{W}{c\rho} \tag{4-30}$$

$$\alpha = \lambda/(c\rho)$$

$$\nabla^2 = \frac{\partial^2}{\partial x^2} + \frac{\partial^2}{\partial y^2} + \frac{\partial^2}{\partial z^2}$$

式中，$T = T(x,y,z,t)$，为温度场；λ 为单位时间内在单位温度梯度下通过等温单位面积的热流速度；c 为比热容（单位体积物体升高 1℃ 所需的热量）；ρ 为物体密度；W 为热源强度。

对于混凝土体方程，式(4-30)变成

$$\frac{\partial T}{\partial t} - \alpha \nabla^2 T = \frac{\partial \theta}{\partial t} \tag{4-31}$$

式中，θ 为绝热升温。

如果是定常温度场，则方程(4-30)、方程(4-31)蜕化为

$$\nabla^2 T = 0 \tag{4-32}$$

如果温度场与坐标无关，则方程(4-30)蜕化为

$$\frac{\partial T}{\partial t} = \frac{W}{c\rho} \tag{4-33}$$

方程(4-31)蜕化为

$$\frac{\partial T}{\partial t} = \frac{\partial \theta}{\partial t} \tag{4-34}$$

4.3.2 边界条件

第一种边界条件

$$T_s = f_1(t) \tag{4-35}$$

第二种边界条件

$$-\lambda\left(\frac{\partial T}{\partial n}\right)_s = (q_n)_s = f_2(t) \tag{4-36}$$

式中，q_n 为法向热流密度；$(q_n)_s$ 为边界上的法向热流密度；$f_1(t)$、$f_2(t)$ 为已知温度函数。

第三种边界条件

$$\left(\frac{\partial T}{\partial n}\right)_s = -\frac{\beta}{\lambda}(T_s - T_a) \tag{4-37}$$

即已知边界上某一瞬时的对流、放热情况。

式中，β 为对流放热系数；T_a 为周围环境温度；T_s 为物体边界温度。

4.3.3 例题

考虑一无源的定常温度场，则对于平面问题，方程(4-30)就变成

$$\nabla^2 T = \left(\frac{\partial^2}{\partial x^2} + \frac{\partial^2}{\partial y^2}\right)T(x,y) = 0 \tag{4-38}$$

仅考虑第一类边界条件

$$T_s = 0 \tag{4-39}$$

那么对于任意一个节点，均可建立控制方程(4-40)的差分表达式，例如0节点。由公式(4-7)、公式(4-9)有

$$T_1 + T_2 + T_3 + T_4 - 4T_0 = 0 \tag{4-40}$$

对于域内每一个节点均可以建立上述方程，例如图4-7，一块长8m，宽6m区域，取 $h=2\text{m}$，边界上各点之温度已知，则从6个内结点可得到方程组：

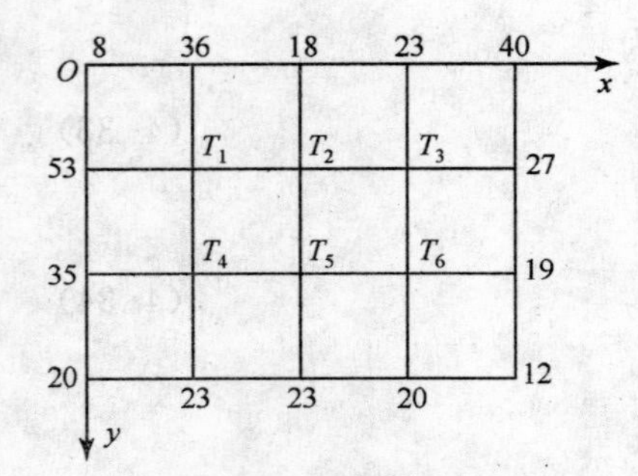

图 4-7　平面温度场问题

$$T_2 + T_4 + 53 + 36 - 4T_1 = 0$$
$$T_3 + T_5 + T_1 + 18 - 4T_2 = 0$$
$$27 - T_1 + T_2 + 23 - 4T_3 = 0$$
$$T_5 + 23 + 35 + T_1 - 4T_4 = 0$$
$$T_6 + 23 + T_4 + T_2 - 4T_5 = 0$$
$$19 + 20 + T_5 + T_3 - 4T_6 = 0$$

解得

$$T_1 = 36.2, T_2 = 26.0, T_3 = 24.5$$
$$T_4 = 29.9, T_5 = 25.3, T_6 = 22.2$$

4.4　应力函数的差分解

4.4.1　基本公式

对于平面问题，已知有控制方程

$$\frac{\partial^4 \varphi}{\partial x^4} + 2\frac{\partial^4 \varphi}{\partial x^2 \partial y^2} + \frac{\partial^4 \varphi}{\partial y^4} = 0$$

对于 0 节点利用式(4-12)～式(4-14)得

$$20\varphi_0 - 8(\varphi_1 + \varphi_2 + \varphi_3 + \varphi_4) + 2(\varphi_5 + \varphi_6 + \varphi_7 + \varphi_8) + (\varphi_9 + \varphi_{10} + \varphi_{11} + \varphi_{12}) = 0 \tag{4-41}$$

应力分量：

$$\left.\begin{aligned} (\sigma_x)_0 &= \left(\frac{\partial^2 \varphi}{\partial y^2}\right)_0 = \frac{1}{h^2}[(\varphi_2 + \varphi_4) - 2\varphi_0] \\ (\sigma_y)_0 &= \left(\frac{\partial^2 \varphi}{\partial x^2}\right)_0 = \frac{1}{h^2}[(\varphi_1 + \varphi_3) - 2\varphi_0] \\ (\tau_{xy})_0 &= \left(-\frac{\partial^2 \varphi}{\partial x \partial y}\right)_0 = \frac{1}{4h^2}[(\varphi_5 + \varphi_7) - (\varphi_6 + \varphi_8)] \end{aligned}\right\} \tag{4-42}$$

用应力函数表示的边界条件为

$$\left.\begin{aligned} l\frac{\partial^2 \varphi}{\partial y^2} - m\frac{\partial^2 \varphi}{\partial x \partial y} &= \overline{X} \\ m\frac{\partial^2 \varphi}{\partial x^2} - l\frac{\partial^2 \varphi}{\partial x \partial y} &= \overline{Y} \end{aligned}\right\} \tag{4-43}$$

从图 4-8 得知

$$l=\cos(N\cdot x)=\cos\alpha=\frac{\mathrm{d}y}{\mathrm{d}s}$$

$$m=\cos(N\cdot s)=\sin\alpha=-\frac{\mathrm{d}x}{\mathrm{d}s}$$

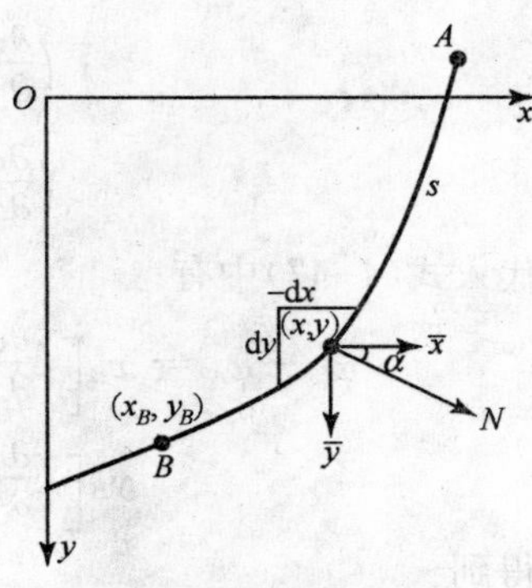

图 4-8 边界条件

代入式(4-43)中有

$$\left.\begin{aligned}\frac{\mathrm{d}y}{\mathrm{d}s}\cdot\frac{\partial^2\varphi}{\partial y^2}+\frac{\mathrm{d}x}{\mathrm{d}s}\cdot\frac{\partial^2\varphi}{\partial x\partial y}=\overline{X}\\-\frac{\mathrm{d}x}{\mathrm{d}s}\cdot\frac{\partial^2\varphi}{\partial x^2}-\frac{\mathrm{d}y}{\mathrm{d}s}\cdot\frac{\partial^2\varphi}{\partial x\partial y}=\overline{Y}\end{aligned}\right\}\quad(4\text{-}44)$$

改写成

$$\frac{\mathrm{d}}{\mathrm{d}s}\left(\frac{\partial\varphi}{\partial y}\right)=\overline{X},\quad -\frac{\mathrm{d}}{\mathrm{d}s}\left(\frac{\partial\varphi}{\partial x}\right)=\overline{Y}\qquad(4\text{-}45)$$

将上两式从 A 点到 B 点对 s 积分,则有

$$\left.\begin{aligned}\left(\frac{\partial\varphi}{\partial y}\right)_A^B=\int_A^B\overline{X}\mathrm{d}s\\-\left(\frac{\partial\varphi}{\partial x}\right)_A^B=\int_A^B\overline{Y}\mathrm{d}s\end{aligned}\right\}\qquad(4\text{-}46)$$

又因为

$$\mathrm{d}\varphi=\frac{\partial\varphi}{\partial x}\mathrm{d}x+\frac{\partial\varphi}{\partial y}\mathrm{d}y$$

分部积分有

$$\begin{aligned}[\varphi]_A^B&=\left(x\frac{\partial\varphi}{\partial x}\right)_A^B-\int x\frac{\partial^2\varphi}{\partial x^2}\mathrm{d}x+\left(y\frac{\partial\varphi}{\partial y}\right)_A^B-\int y\frac{\partial^2\varphi}{\partial y^2}\mathrm{d}y\\&=\left(x\frac{\partial\varphi}{\partial x}\right)_A^B-\int_A^B x\frac{\mathrm{d}}{\mathrm{d}s}\left(\frac{\partial\varphi}{\partial x}\right)\mathrm{d}s+\left(y\frac{\partial\varphi}{\partial y}\right)_A^B-\int_A^B y\frac{\mathrm{d}}{\mathrm{d}s}\left(\frac{\partial\varphi}{\partial y}\right)\mathrm{d}s\end{aligned}$$

将式(4-45)代入上式有

$$(\varphi)_A^B=\left(x\frac{\partial\varphi}{\partial x}\right)_A^B+\int_A^B x\,\overline{Y}\mathrm{d}s+\left(y\frac{\partial\varphi}{\partial y}\right)_A^B-\int_A^B y\,\overline{X}\mathrm{d}s$$

即

$$\begin{aligned}\varphi_B-\varphi_A=x_B\left(\frac{\partial\varphi}{\partial x}\right)_B-x_A\left(\frac{\partial\varphi}{\partial x}\right)_A+\int_A^B x\,\overline{Y}\mathrm{d}s+y_B\left(\frac{\partial\varphi}{\partial y}\right)_B-\\y_A\left(\frac{\partial\varphi}{\partial y}\right)_A-\int_A^B y\,\overline{X}\mathrm{d}s\end{aligned}\qquad(4\text{-}47)$$

从式(4-46)有

$$\left.\begin{aligned}\left(\frac{\partial\varphi}{\partial y}\right)_B &= \left(\frac{\partial\varphi}{\partial y}\right)_A + \int_A^B \overline{X}\mathrm{d}s \\ \left(\frac{\partial\varphi}{\partial x}\right)_B &= \left(\frac{\partial\varphi}{\partial x}\right)_A - \int_A^B \overline{Y}\mathrm{d}s\end{aligned}\right\} \tag{4-48}$$

代入式(4-47)中有

$$\varphi_B - \varphi_A = x_B\left[\left(\frac{\partial\varphi}{\partial x}\right)_A - \int_A^B \overline{Y}\mathrm{d}s\right] - x_A\left(\frac{\partial\varphi}{\partial x}\right)_A + \int_A^B x\,\overline{Y}\mathrm{d}s + y_B\left[\left(\frac{\partial\varphi}{\partial y}\right)_A + \int_A^B \overline{X}\mathrm{d}s\right] - y_A\left(\frac{\partial\varphi}{\partial y}\right)_A - \int_A^B y\overline{X}\mathrm{d}s$$

得到

$$\varphi_B = \varphi_A + (x_B - x_A)\left(\frac{\partial\varphi}{\partial x}\right)_A + (y_B - y_A)\left(\frac{\partial\varphi}{\partial y}\right)_A + \int_A^B (x - x_B)\,\overline{Y}\mathrm{d}s + \int_A^B (y_B - y)\,\overline{X}\mathrm{d}s \tag{4-49}$$

如果已知 φ_A、$\left(\frac{\partial\varphi}{\partial x}\right)_A$、$\left(\frac{\partial\varphi}{\partial y}\right)_A$，则根据面力分量就可以求得 φ_B、$\left(\frac{\partial\varphi}{\partial x}\right)_B$、$\left(\frac{\partial\varphi}{\partial y}\right)_B$。

现在式(4-48)中加上一线性函数 $ax+by+c$，调整 a、b、c，使得 $\varphi_A = \left(\frac{\partial\varphi}{\partial x}\right)_A = \left(\frac{\partial\varphi}{\partial y}\right)_A = 0$，则从式(4-48)、式(4-49)得到

$$\left.\begin{aligned}\left(\frac{\partial\varphi}{\partial y}\right)_B &= \int_A^B \overline{X}\mathrm{d}s \\ \left(\frac{\partial\varphi}{\partial x}\right)_B &= \int_A^B \overline{Y}\mathrm{d}s\end{aligned}\right\}\text{（合力）} \tag{4-50}$$

$$\varphi_B = \int_A^B (x - x_B)\,\overline{Y}\mathrm{d}s + \int_A^B (y_B - y)\,\overline{X}\mathrm{d}s \tag{4-51}$$

此式仅对于单连通域适合，对于多连通域，只能令某一个边界上的基点 A 为零(图 4-6)，而在另外的边界上仅能取其相对值。

4.4.2 例题

如图 4-9 所示简支梁，取 A 点为基点，即 $\varphi_A = \left(\frac{\partial\varphi}{\partial x}\right)_A = \left(\frac{\partial\varphi}{\partial y}\right)_A = 0$。

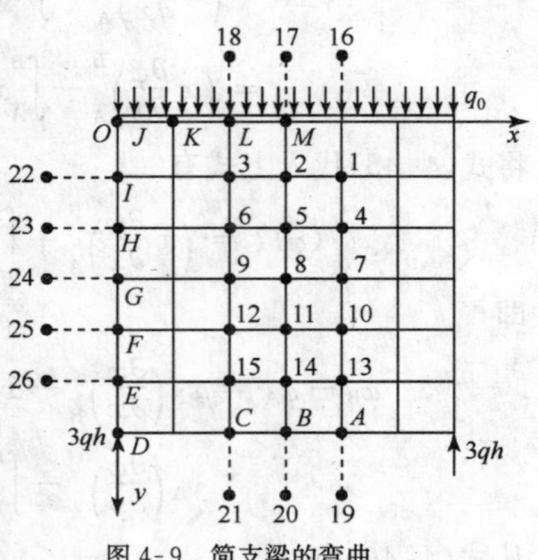

图 4-9 简支梁的弯曲

(1)计算相关的导数和边界值,见表 4-1。

导数和边界值　　表 4-1

	A	B、C	D	E、F、G、H、I	J	K	L	M
$\frac{\partial \varphi}{\partial x}$	0	—	—	$3qh$	—	—	—	—
$\frac{\partial \varphi}{\partial y}$	0	0	—	—	—	0	0	0
φ	0	0	0	0	0	$2.5qh^2$	$4.0qh^2$	$4.5qh^2$

(2)虚节点值

$$\left.\begin{array}{l}\varphi_{16}=\varphi_1,\varphi_{17}=\varphi_2,\varphi_{18}=\varphi_3\\ \varphi_{19}=\varphi_{13},\varphi_{20}=\varphi_{14},\varphi_{21}=\varphi_{15}\\ \varphi_{22,23,24,25,26}=\varphi_{3,6,9,12,15}-6gh^2\end{array}\right|$$

(3)建立方程

利用对称性,对未知结点建立 15 个类似如下的方程

$$20\varphi_1-8(2\varphi_2+\varphi_4+\varphi_M)+2(2\varphi_5+2\varphi_L)+(2\varphi_3+\varphi_7+\varphi_{16})=0$$

求得

$$\varphi_1=4.36,\varphi_2=3.89,\varphi_3=2.47,$$
$$\varphi_4=3.98,\varphi_5=3.59,\varphi_6=2.35$$
$$(\sigma_x)_M=-0.28q$$
$$(\sigma_x)_A=1.84q$$

材料力学解为

$$(\sigma_x)_M=-0.75q$$
$$(\sigma_x)_A=0.75q$$

有限差分法用于其他弹性平面或者空间问题,以及求解板壳结构的算例,读者可以参考其他相关书籍。对于一些非结构问题,例如流体、热传导等问题的研究中,目前有限差分法还有着重要的功用。

本章参考文献

[1] 王磊,李家宝. 结构分析的有限差分法. 北京:人民交通出版社,1982
[2] T. V. 卡曼. 工程中的数值方法. 北京:科学出版社,1959
[3] 徐芝伦. 弹性力学:上册. 北京:人民教育出版社,1984

第5章 积分变换法

5.1 傅立叶积分变换法

5.1.1 傅立叶级数

我们知道,一个周期为 $2l$ 的函数 $f(x)$ 可以用一个完备的正交函数系展开,如果我们选择用三角函数系

$$1,\cos\frac{\pi x}{l},\cos\frac{2\pi x}{l},\cdots,\sin\frac{\pi x}{l},\sin\frac{2\pi x}{l},\cdots$$

就得到以下的傅立叶级数形式的展开式

$$f(x)=a_0+\sum_{n=1}^{\infty}\left(a_n\cos\frac{n\pi x}{l}+b_n\sin\frac{n\pi x}{l}\right) \tag{5-1}$$

因为三角函数系是正交的,即有以下的关系

$$\left.\begin{aligned}&\int_{-l}^{l}1\cdot\cos\frac{m\pi x}{l}\mathrm{d}x=0,\quad \int_{-l}^{l}1\cdot\sin\frac{m\pi x}{l}\mathrm{d}x=0\\&\int_{-l}^{l}\cos\frac{n\pi x}{l}\cos\frac{m\pi x}{l}\mathrm{d}x=\begin{cases}0, & n\neq m\\ l, & n=m\end{cases}\\&\int_{-l}^{l}\sin\frac{n\pi x}{l}\sin\frac{m\pi x}{l}\mathrm{d}x=\begin{cases}0, & n\neq m\\ l, & n=m\end{cases}\end{aligned}\right\} \tag{5-2}$$

我们用三角函数系中的各个函数与式(5-1)的左右端分别相乘,并且在区间$(-l,l)$上进行积分,便得到式(5-2)中各项的系数

$$a_0=\frac{1}{2l}\int_{-l}^{l}f(x)\mathrm{d}x,\quad a_n=\frac{1}{l}\int_{-l}^{l}f(x)\cos\frac{n\pi x}{2l}\mathrm{d}x,$$

$$b_n=\frac{1}{l}\int_{-l}^{l}f(x)\sin\frac{n\pi x}{2l}\mathrm{d}x\quad(n=1,2,3,\cdots) \tag{5-3}$$

关于傅立叶级数式(5-1)的收敛性,有以下的定理:

狄里赫莱定理　周期函数 $f(x)$如果满足狄里赫莱条件,即:(1)每个周期中连续或只有有限个间断点,并且间断点的跃度是有限的。(2)在每个周期中只有有限个极值。

则傅立叶级数式(5-1)在连续点收敛到 $f(x)$,而在间断点收敛到 $\frac{1}{2}[f(x-0)+f(x+0)]$。

5.1.2　奇函数和偶函数的傅立叶级数

从式(5-1)～式(5-3)可以看出,当 $f(x)$是偶函数时,有

$$a_0 = \frac{1}{l}\int_0^l f(x)\mathrm{d}x \tag{5-4}$$

$$a_n = \frac{2}{l}\int_0^l f(x)\cos\frac{n\pi x}{2l}\mathrm{d}x, b_n = 0 \tag{5-5}$$

而当 $f(x)$是奇函数时

$$a_n = 0, b_n = \frac{2}{l}\int_0^l f(x)\sin\frac{n\pi x}{2l}\mathrm{d}x \tag{5-6}$$

所以偶函数的傅立叶级数是

$$f(x) = a_0 + \sum_{n=1}^{\infty} a_n\cos\frac{n\pi x}{l} \tag{5-7}$$

而奇函数的傅立叶级数是

$$f(x) = \sum_{n=1}^{\infty} b_n\sin\frac{n\pi x}{l} \tag{5-8}$$

需要注意的是,若 $f(x)$是偶函数,则其在 $x=0, x=l$ 处的导数:

$$f'(0) = 0, f'(l) = 0$$

5.1.3　复数形式的傅立叶级数

从三角函数的知识已知

$$\cos\frac{n\pi x}{l} = \frac{1}{2}(e^{i\frac{n\pi x}{l}} + e^{-i\frac{n\pi x}{l}}), \sin\frac{n\pi x}{l} = \frac{1}{2i}(e^{i\frac{n\pi x}{l}} - e^{-i\frac{n\pi x}{l}})$$

则式(5-1)可写成

$$\begin{aligned} f(x) &= a_0 + \frac{1}{2}\sum_{n=1}^{\infty}[a_n(e^{i\frac{n\pi x}{l}} + e^{-i\frac{n\pi x}{l}}) - ib_n(e^{i\frac{n\pi x}{l}} - e^{-i\frac{n\pi x}{l}})] \\ &= a_0 + \frac{1}{2}\sum_{n=1}^{\infty}[(a_n - ib_n)e^{i\frac{n\pi x}{l}} + (a_n + ib_n)e^{-i\frac{n\pi x}{l}}] \end{aligned}$$

即 $f(x)$，可用完备的正交函数系

$$\cdots,e^{-i\frac{2n\pi x}{l}},e^{-i\frac{\pi x}{l}},1,e^{i\frac{\pi x}{l}},e^{i\frac{2\pi x}{l}},\cdots$$

展开成复数形式的傅立叶级数

$$f(x)=\sum_{n=-\infty}^{\infty}c_n e^{i\frac{n\pi x}{l}} \tag{5-9}$$

用 $e^{-i\frac{n\pi x}{l}}$ 与上式左右两端相乘，并且在区间 $(-l,l)$ 上进行积分，便得到式(5-9)中各项的系数

$$c_n=\frac{1}{2l}\int_{-l}^{l}f(x)e^{-i\frac{n\pi x}{l}}\mathrm{d}x \tag{5-10}$$

5.1.4 傅立叶积分

如果 $f(x)$ 不是周期函数，而我们还要将它展开的话，式(5-10)中的积分区间应该从 $(-l,l)$ 扩展到 $(-\infty,\infty)$。令 $\omega=\frac{n\pi}{l}$，$\Delta\alpha=\frac{\pi}{l}$，令 $l\to\infty$，将式(5-9)写成积分的形式

$$\begin{aligned}
f(x)&=\sum_{n=-\infty}^{\infty}c_n e^{i\frac{n\pi x}{l}}=\sum_{n=-\infty}^{\infty}\left[\frac{1}{2l}\int_{-l}^{l}f(\xi)e^{-i\frac{n\pi x}{l}}\mathrm{d}\xi\right]e^{i\frac{n\pi x}{l}}\\
&=\sum_{n=-\infty}^{\infty}\left[\frac{1}{2\pi/\Delta\alpha}\int_{-l}^{l}f(\xi)e^{-i\frac{n\pi x}{l}}\mathrm{d}\xi\right]e^{i\frac{n\pi x}{l}}\\
&=\sum_{\frac{l\omega}{\pi}=-\infty}^{\infty}\left[\frac{1}{2\pi}\int_{-\infty}^{\infty}f(\xi)e^{-i\alpha x}\mathrm{d}\xi\right]e^{i\alpha x}\Delta\alpha
\end{aligned}$$

这个式子写成积分的形式就是

$$\overline{f}(\alpha)=\frac{1}{2\pi}\int_{-\infty}^{\infty}f(x)e^{-i\alpha x}\mathrm{d}x,\ f(x)=\int_{-\infty}^{\infty}\overline{f}(\alpha)e^{i\alpha x}\mathrm{d}\alpha \tag{5-11}$$

式(5-11)的第一式称为 $f(x)$ 的傅立叶变换式，式(5-11)的第二式称为 $f(x)$ 的傅立叶积分或反演式。$f(x)$ 叫原函数，$\overline{f}(x)$ 叫像函数。一般把它们写成对称的形式

$$\overline{f}(\alpha)=\frac{1}{\sqrt{2\pi}}\int_{-\infty}^{\infty}f(x)e^{-i\alpha x}\mathrm{d}x,\ f(x)=\frac{1}{\sqrt{2\pi}}\int_{-\infty}^{\infty}\overline{f}(\alpha)e^{i\alpha x}\mathrm{d}\alpha \tag{5-12}$$

傅立叶积分的收敛性的讨论，有傅立叶积分定理：若函数 $f(x)$ 在区间 $(-\infty,\infty)$ 上的任一有限区间满足狄里赫莱条件，且 $\int_{-\infty}^{\infty}|f(x)|\mathrm{d}x<+\infty$，则式(5-12)的积分在连续点等于 $f(x)$，而在间断点等于 $\frac{1}{2}[f(x-0)+f(x+0)]$。

用类似的方法也能从式(5-11)导出傅立叶变换的三角函数式

$$
\begin{aligned}
f(x) &= a_0 + \sum_{n=1}^{\infty}\left(a_n\cos\frac{n\pi x}{l} + b_n\sin\frac{n\pi x}{l}\right) \\
&= \sum_{n=0}^{\infty} a_n\cos\frac{n\pi x}{l} + \sum_{n=1}^{\infty} b_n\sin\frac{n\pi x}{l} \\
&= \sum_{\frac{l\omega}{\pi}=0}^{\infty} a_n\cos(\alpha x) + \sum_{\frac{l\omega}{\pi}=1}^{\infty} b_n\sin(\alpha x)
\end{aligned}
\tag{5-13}
$$

其中,令 $\alpha=\dfrac{n\pi}{l},\Delta\alpha=\dfrac{\pi}{l}$

$$
a_n = \frac{1}{l}\int_{-l}^{l} f(x)\cos\frac{n\pi x}{2l}\mathrm{d}x = \frac{\Delta\alpha}{\pi}\int_{-l}^{l} f(x)\cos(\alpha x)\mathrm{d}x
$$

$$
b_n = \frac{\Delta\alpha}{\pi}\int_{-l}^{l} f(x)\sin(\alpha x)\mathrm{d}x \tag{5-14}
$$

代入式(5-13),得

$$
\begin{aligned}
f(x) &= \sum_{\frac{l\omega}{\pi}=0}^{\infty} a_n\cos(\alpha x) + \sum_{\frac{l\omega}{\pi}=1}^{\infty} b_n\sin(\alpha x) \\
&= \frac{\Delta\alpha}{\pi}\left[\sum_{\omega=0}^{\infty}\cos(\alpha x)\int_{-l}^{l} f(x)\cos(\alpha x)\mathrm{d}x + \sum_{\omega=0}^{\infty}\sin(\alpha x)\int_{-l}^{l} f(x)\sin(\alpha x)\mathrm{d}x\right]
\end{aligned}
$$

令 $l\to\infty$,将上式写成积分形式,得

$$
f(x) = \int_0^{\infty}[A(\alpha)\cos(\alpha x) + B(\alpha)\sin(\alpha x)]\mathrm{d}\alpha
$$

$$
A(\alpha) = \frac{1}{\pi}\int_{-\infty}^{\infty} f(x)\cos(\alpha x)\mathrm{d}x, B(\alpha) = \frac{1}{\pi}\int_{-\infty}^{\infty} f(x)\sin(\alpha x)\mathrm{d}x \tag{5-15}
$$

当 $f(x)$ 为偶函数时:$B(\omega)\equiv 0$,积分区间取 $(0,+\infty)$,写成对称的形式:

$$
f(x) = \sqrt{\frac{2}{\pi}}\int_0^{\infty} A(\alpha)\cos(\alpha x)\mathrm{d}\alpha, A(\alpha) = \sqrt{\frac{2}{\pi}}\int_0^{\infty} f(\alpha)\cos(\alpha x)\mathrm{d}x \tag{5-16}
$$

当 $f(x)$ 为奇函数时:$A(\omega)\equiv 0$,则有

$$
f(x) = \sqrt{\frac{2}{\pi}}\int_0^{\infty} B(\alpha)\sin(\alpha x)\mathrm{d}\alpha, B(\alpha) = \sqrt{\frac{2}{\pi}}\int_0^{\infty} f(x)\sin(\alpha x)\mathrm{d}x \tag{5-17}
$$

式(5-16)称为傅立叶正(余)弦变换,式(5-17)称为傅立叶正(余)弦积分,积分收敛性的讨论同傅立叶积分定理一样。

5.1.5 傅立叶变换的性质

(1)位移定理

若 $F[f(x)]=\overline{f}(\alpha)=\frac{1}{\sqrt{2\pi}}\int_{-\infty}^{\infty}f(x)e^{-i\alpha x}\mathrm{d}x$，则有

$$F[f(x-x_0)]=\frac{1}{\sqrt{2\pi}}\int_{-\infty}^{\infty}f(x-x_0)e^{-i\alpha x}\mathrm{d}x$$

$$=\frac{e^{-i\alpha x_0}}{\sqrt{2\pi}}\int_{-\infty}^{\infty}f(x-x_0)e^{-i\alpha(x-x_0)}\mathrm{d}(x-x_0)$$

所以有

$$F[f(x-x_0)]=\overline{f}(\alpha)e^{-i\alpha x_0} \tag{5-18}$$

同样有

$$F[f(x)e^{i\alpha_0 x}]=\overline{f}(\alpha-\alpha_0) \tag{5-19}$$

(2)卷积定理

若 $\overline{f}(\alpha)=F[f(x)]$，$\overline{g}(\alpha)=F[g(\alpha)]$，则有

$$\int_{-\infty}^{\infty}\overline{f}(\alpha)\overline{g}(\alpha)e^{i\alpha x}\mathrm{d}\alpha=\int_{-\infty}^{\infty}f(\eta)g(x-\eta)\mathrm{d}\eta \tag{5-20}$$

(3)导数的傅立叶变换

设 $x\to\pm\infty$时，$f(x)$的前 $r-1$ 阶导数都趋近于零，对之作傅氏变换，并用分部积分法，得

$$\overline{f}^{(r)}(\alpha)=\int_{-\infty}^{\infty}\frac{\mathrm{d}^r f(x)}{\mathrm{d}x^r}e^{-i\alpha x}\mathrm{d}x$$

$$=\left[e^{-i\alpha x}\frac{\mathrm{d}^{r-1}f(x)}{\mathrm{d}x^{r-1}}\right]_{-\infty}^{\infty}+i\alpha\int_{-\infty}^{\infty}\frac{\mathrm{d}^{r-1}f(x)}{\mathrm{d}x^{r-1}}e^{-i\alpha x}\mathrm{d}x$$

$$=i\alpha\int_{-\infty}^{\infty}\frac{\mathrm{d}^{r-1}f(x)}{\mathrm{d}x^{r-1}}e^{-i\alpha x}\mathrm{d}x$$

连续用分部积分法，就得到

$$\overline{f}^{(r)}(\alpha)=(i\alpha)^r f(\alpha)$$

定理：设 $x\to\pm\infty$时，$f(x)$的前 $r-1$ 阶导数都趋近于零，则

$$F\left[\frac{\mathrm{d}^r f(x)}{\mathrm{d}x^r}\right]=(i\alpha)^r F[f(x)] \tag{5-21}$$

类似地还有像函数的导数公式

$$\frac{\mathrm{d}^r}{\mathrm{d}\alpha^r}\overline{f}(\alpha)=(-i\alpha)^r F[x^r f(x)] \tag{5-22}$$

对于余弦变换和正弦变换，则有

$$\int_0^\infty \frac{\mathrm{d}^{2r}f(x)}{\mathrm{d}x^{2r}}\cos(\alpha x)\mathrm{d}x = -\sum_{n=1}^{r-1}(-1)^n\alpha^{2n}\left[\frac{\mathrm{d}^{2r-2n-1}f(x)}{\mathrm{d}x^{2r-2n-1}}\right]_{x\to 0} + (-1)^r\alpha^{2r}\int_0^\infty f(x)\cos(\alpha x)\mathrm{d}x$$

$$\int_0^\infty \frac{\mathrm{d}^{2r+1}f(x)}{\mathrm{d}x^{2r+1}}\cos(\alpha x)\mathrm{d}x = -\sum_{n=1}^{r-1}(-1)^n\alpha^{2n}\left[\frac{\mathrm{d}^{2r-2n}f(x)}{\mathrm{d}x^{2r-2n}}\right]_{x\to 0} + (-1)^r\alpha^{2r+1}\int_0^\infty f(x)\cos(\alpha x)\mathrm{d}x \tag{5-23}$$

$$\int_0^\infty \frac{\mathrm{d}^{2r}f(x)}{\mathrm{d}x^{2r}}\sin(\alpha x)\mathrm{d}x = -\sum_{n=1}^{r-1}(-1)^n\alpha^{2n-1}\left[\frac{\mathrm{d}^{2r-2n}f(x)}{\mathrm{d}x^{2r-2n}}\right]_{x\to 0} + (-1)^{r+1}\alpha^{2r}\int_0^\infty f(x)\sin(\alpha x)\mathrm{d}x \tag{5-24}$$

$$\int_0^\infty \frac{\mathrm{d}^{2r+1}f(x)}{\mathrm{d}x^{2r+1}}\sin(\alpha x)\mathrm{d}x = -\sum_{n=1}^{r-1}(-1)^n\alpha^{2n-1}\left[\frac{\mathrm{d}^{2r-2n+1}f(x)}{\mathrm{d}x^{2r-2n+1}}\right]_{x\to 0} + (-1)^{r+1}\alpha^{2r+1}\int_0^\infty f(x)\sin(\alpha x)\mathrm{d}x \tag{5-25}$$

在一些特殊情况下，如当

$$\left[\frac{\mathrm{d}f(x)}{\mathrm{d}x}\right]_{x=0} = \left[\frac{\mathrm{d}^3 f(x)}{\mathrm{d}x^3}\right]_{x=0} = 0$$

时，有

$$\left.\begin{aligned}\int_0^\infty \frac{\mathrm{d}^2 f(x)}{\mathrm{d}x^2}\cos(\alpha x)\mathrm{d}x &= -\alpha^2\int_0^\infty f(x)\cos(\alpha x)\mathrm{d}x\\ \int_0^\infty \frac{\mathrm{d}^4 f(x)}{\mathrm{d}x^4}\cos(\alpha x)\mathrm{d}x &= \alpha^4\int_0^\infty f(x)\cos(\alpha x)\mathrm{d}x\end{aligned}\right\} \tag{5-26}$$

而当

$$[f(x)]_{x=0} = \left[\frac{\mathrm{d}^2 f(x)}{\mathrm{d}x^2}\right]_{x=0} = 0$$

时，则有

$$\left.\begin{aligned}\int_0^\infty \frac{\mathrm{d}^2 f(x)}{\mathrm{d}x^2}\sin(\alpha x)\mathrm{d}x &= -\alpha^2\int_0^\infty f(x)\sin(\alpha x)\mathrm{d}x\\ \int_0^\infty \frac{\mathrm{d}^4 f(x)}{\mathrm{d}x^4}\sin(\alpha x)\mathrm{d}x &= \alpha^4\int_0^\infty f(x)\sin(\alpha x)\mathrm{d}x\end{aligned}\right\} \tag{5-27}$$

5.1.6 二维和三维空间的傅立叶积分

以上讨论的是一维空间中的傅立叶积分，很容易将其推广到二维和三维

空间。对于有两个自变量的函数 $f(x,y)$，其原函数和像函数为

$$\left.\begin{aligned} f(x,y) &= \frac{1}{2\pi}\int_{-\infty}^{\infty}\int_{-\infty}^{\infty} \overline{f}(\xi,\eta,\zeta)e^{i(x\xi+y\eta)}\mathrm{d}\xi\mathrm{d}\eta \\ \overline{f}(\xi,\eta) &= \frac{1}{2\pi}\int_{-\infty}^{\infty}\int_{-\infty}^{\infty} f(x,y,z)e^{-i(x\xi+y\eta)}\mathrm{d}x\mathrm{d}y \end{aligned}\right\} \tag{5-28}$$

对于有三个自变量的函数 $f(x,y,z)$，其原函数和像函数为

$$\left.\begin{aligned} f(x,y,z) &= \frac{1}{(2\pi)^{3/2}}\int_{-\infty}^{\infty}\int_{-\infty}^{\infty}\int_{-\infty}^{\infty} \overline{f}(\xi,\eta,\zeta)e^{i(x\xi+y\eta+z\zeta)}\mathrm{d}\xi\mathrm{d}\eta\mathrm{d}\zeta \\ \overline{f}(\xi,\eta,\zeta) &= \frac{1}{(2\pi)^{3/2}}\int_{-\infty}^{\infty}\int_{-\infty}^{\infty}\int_{-\infty}^{\infty} f(x,y,z)e^{-i(x\xi+y\eta+z\zeta)}\mathrm{d}x\mathrm{d}y\mathrm{d}z \end{aligned}\right\} \tag{5-29}$$

5.2 弦、梁问题的傅立叶积分变换解

5.2.1 有限长弦的受迫振动

图 5-1 为一受横向力为 $q(x,t)$ 的弦，则运动方程为

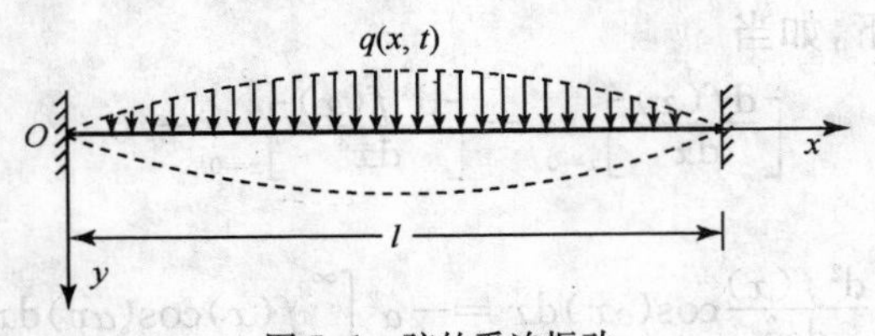

图 5-1 弦的受迫振动

$$\frac{\partial^2 y(x,t)}{\partial t^2} = \frac{c^2\partial^2 y(x,t)}{\partial x^2} + \frac{c^2}{T}q(x,t) \tag{5-30}$$

式中，y 为弦线的横向位移；$c^2=\dfrac{T}{\rho}$；T 为弦的张力；ρ 为弦线单位长度的质量。

已知梁的边界条件为

$$y(0,t) = y(l,t) = 0$$

初始条件为

$$y(x,0) \equiv 0$$

对式(5-30)的函数 $y(x,t)$、$q(x,t)$ 用正弦函数展开

$$y(x,t) = \sum_{n=1}^{\infty} Y_n(t)\sin\frac{n\pi x}{l},\ q(x,t) = \sum_{n=1}^{\infty} Q_n(t)\sin\frac{n\pi x}{l} \tag{5-31}$$

代入式(5-30)得

$$\sum_{n=1}^{\infty}\left[\frac{\mathrm{d}^2}{\mathrm{d}t^2}Y_n(t)+\frac{c^2n^2\pi^2}{l^2}Y_n(t)-\frac{c^2}{T}Q_n(t)\right]\sin\frac{n\pi x}{l}=0 \tag{5-32}$$

因各个 $\sin\frac{n\pi x}{l}$ 是独立的，要使(5-32)成立就必须有

$$\frac{\mathrm{d}^2}{\mathrm{d}t^2}Y_n+\frac{c^2n^2\pi^2}{l^2}Y_n-\frac{c^2}{T}Q_n=0 \tag{5-33}$$

若满足初始条件 $y(x,0)=\frac{\mathrm{d}y(x,0)}{\mathrm{d}t}=0$ 时，式(5-33)解为

$$Y_n=\frac{lc}{n\pi T}\int_0^t Q_n(\tau)\sin\frac{cn\pi}{l}(t-\tau)\mathrm{d}\tau \tag{5-34}$$

再以 $\sin\frac{m\pi x}{l}$ 乘上式两端，根据正弦函数系的正交性，就得到

$$Q_n(t)=\frac{2}{l}\int_0^l q(\xi,t)\sin\frac{n\pi\xi}{l}\mathrm{d}\xi \tag{5-35}$$

现设外力集中作用在 $x=a$ 处，其大小为 $F(t)$，则

$$q(x,t)=F(t)\delta(x-b)$$

代入式(5-35)，即得到有限长弦的受迫振动的位移

$$y(x,t)=\frac{2c}{\pi T}\sum_{n=1}^{\infty}\frac{1}{n}\sin\frac{n\pi x}{l}\sin\frac{n\pi a}{l}\int_0^t F(\tau)\sin\left[\frac{n\pi c}{l}(t-\tau)\right]\mathrm{d}\tau \tag{5-36}$$

5.2.2 简支梁的静力问题

图 5-2 为一承受分布荷载的简支梁，梁的弯曲控制方程为

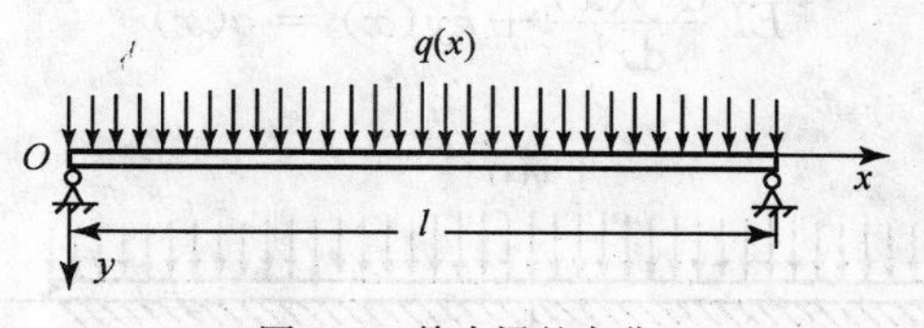

图 5-2 简支梁的弯曲

$$\frac{\partial^4 y(x)}{\partial x^4}=\frac{q(x)}{EI} \tag{5-37}$$

式中，E 为梁的弹性模量；I 为梁截面惯性矩。

梁的边界条件为

$$y(0)=y(l)=\frac{\mathrm{d}^2y(0)}{\mathrm{d}x^2}=0$$

应用傅立叶级数法求解，可将 $y(x)$、$q(x)$用正弦函数展开，即

$$y(x) = \sum_{n=1}^{\infty} y_n \sin \frac{n\pi x}{l}, \quad q(x) = \sum_{n=1}^{\infty} q_n \sin \frac{n\pi x}{l}$$

代入式(5-37)，得

$$\sum_{n=1}^{\infty} \left[y_n \frac{\mathrm{d}^4 \sin \frac{n\pi x}{l}}{\mathrm{d}x^4} - \frac{q_n(x)}{EI} \sin \frac{n\pi x}{l} \right] = \sum_{n=1}^{\infty} \left[\left(\frac{n\pi}{l} \right)^4 y_n - \frac{q_n(x)}{EI} \right] \sin \frac{n\pi x}{l} = 0$$

解得

$$y_n = \frac{l^4}{n^4 \pi^4} \frac{q_n(x)}{EI}$$

根据正弦函数系的正交性，有

$$y_n = \frac{2}{l} \int_0^l y(x) \sin \frac{n\pi x}{l} \mathrm{d}x, \quad q_n = \frac{2}{l} \int_0^l q(x) \sin \frac{n\pi x}{l} \mathrm{d}x$$

最后得到

$$y(x) = \frac{2l^3}{EI\pi^4} \sum_{n=1}^{\infty} \frac{1}{n^4} \sin \frac{n\pi x}{l} \int_0^l q(\xi) \sin \frac{n\pi \xi}{l} \mathrm{d}\xi \tag{5-38}$$

若在 $x=a$ 处作用一集中力，即 $q(x)=P\delta(a-x)$，那么梁的弯曲挠度为

$$y(x) = \frac{2Pl^3}{EI\pi^4} \sum_{n=1}^{\infty} \frac{1}{n^4} \sin \frac{n\pi x}{l} \sin \frac{n\pi a}{l} \tag{5-39}$$

5.2.3 文克尔地基梁的静力学问题

假设文克尔地基上有一无限长梁，如图 5-3，则梁的静力弯曲控制方程为

$$EI \frac{\mathrm{d}^4 y(x)}{\mathrm{d}x^4} + ky(x) = q(x) \tag{5-40}$$

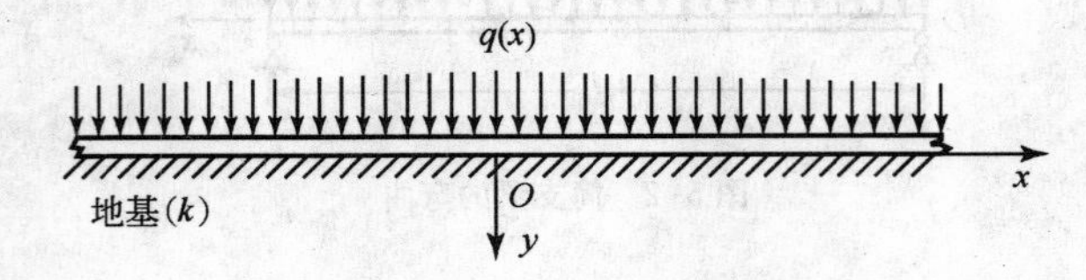

图 5-3 文克尔地基上无限长梁

对于无限长梁，有有限值条件

$$[y(x)]_{x=\pm\infty} = \left[\frac{\mathrm{d}y(x)}{\mathrm{d}x} \right]_{x=\pm\infty} = \left[\frac{\mathrm{d}^2 y(x)}{\mathrm{d}x^2} \right]_{x=\pm\infty} = \left[\frac{\mathrm{d}^3 y(x)}{\mathrm{d}x^3} \right]_{x=\pm\infty} = 0$$

将 $y(x)$、$\frac{d^4 y(x)}{dx^4}$、$q(x)$进行傅氏变换，即有

$$\left.\begin{aligned}&\bar{y}(\alpha)=\frac{1}{\sqrt{2\pi}}\int_{-\infty}^{\infty}y(\xi)e^{-i\alpha\xi}d\xi,\quad \bar{q}(\alpha)=\frac{1}{\sqrt{2\pi}}\int_{-\infty}^{\infty}q(\xi)e^{-i\alpha\xi}d\xi\\&\overline{y^{(4)}}(\alpha)=\frac{1}{\sqrt{2\pi}}\int_{-\infty}^{\infty}\frac{d^4y(\xi)}{dx^4}e^{-i\alpha\xi}d\xi=\alpha^4\bar{y}(\alpha)\end{aligned}\right\}\tag{5-41}$$

反演式为

$$y(x)=\frac{1}{\sqrt{2\pi}}\int_{-\infty}^{\infty}\bar{y}(\alpha)e^{i\alpha x}d\alpha,\quad q(x)=\frac{1}{\sqrt{2\pi}}\int_{-\infty}^{\infty}\bar{q}(\alpha)e^{i\alpha x}d\alpha\tag{5-42}$$

对式(5-40)进行傅氏变换，即有

$$EI\alpha^4\int_{-\infty}^{\infty}\bar{y}(\alpha)e^{i\alpha x}d\alpha+k\int_{-\infty}^{\infty}\bar{y}(\alpha)e^{i\alpha x}d\alpha=\int_{-\infty}^{\infty}\bar{q}(\alpha)e^{i\alpha x}d\alpha$$

将式(5-41) 代入，并考虑到无穷远处的有限值条件，得到

$$\bar{y}(\alpha)=\frac{\bar{q}(\alpha)}{EI\alpha^4+k}$$

反演得

$$y(x)=\frac{1}{2\pi}\int_{-\infty}^{\infty}\frac{\int_{-\infty}^{\infty}q(\xi)e^{i\alpha(x-\xi)}d\xi}{EI\alpha^4+k}d\alpha\tag{5-43}$$

设在 $x=0$ 处作用一大小为 P 的集中力，则有

$$q(x)=P\delta(-x)$$

$$\begin{aligned}y(x)=\frac{P}{2\pi}\int_{-\infty}^{\infty}\frac{e^{i\alpha x}}{EI\alpha^4+k}d\alpha=\frac{P}{8EI\beta^3}\{&\cos(\beta x)\mathrm{ch}(\beta x)-\sin(\beta x)\mathrm{sh}(\beta x)\\&+\mathrm{sign}(x)[\sin(\beta x)\mathrm{ch}(\beta x)-\cos(\beta x)\mathrm{sh}(\beta x)]\}\end{aligned}\tag{5-44}$$

式中，$\beta=\sqrt[4]{\frac{k}{4EI}}$。

根据对称性，只考虑 $x>0$ 的半边，则有文克尔地基上无限长梁的弯曲挠度

$$y(x)=\frac{P}{8EI\beta^3}e^{-\beta x}[\cos(\beta x)+\sin(\beta x)]\tag{5-45}$$

弯矩为

$$M(x)=-\frac{d^2y(x)}{dx^2}=\frac{P}{4EI\beta}e^{-\beta x}[\cos(\beta x)-\sin(\beta x)]\tag{5-46}$$

考虑一梁长为 l 的铰支梁，如图 5-4 所示。则梁的边界条件是

$$y(0)=y(l)=y''(0)=y''(l)=0$$

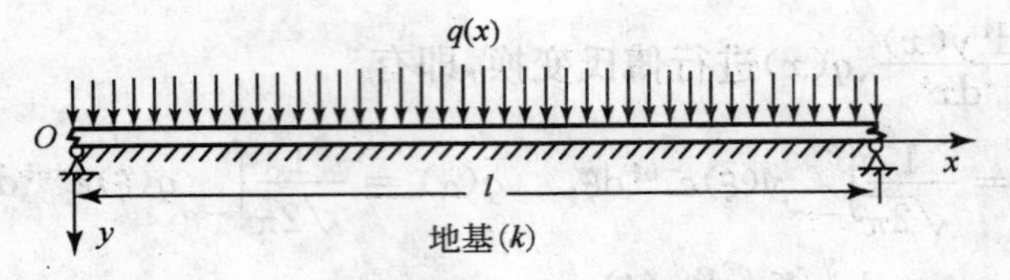

图 5-4　文克尔地基上的简支梁

将 $y(x)$、$q(x)$ 在区间 $(0,l)$ 上用正弦函数展开，有

$$y(x)=\sum_{n=0}^{\infty}y_n\sin\frac{n\pi x}{l},\quad q(x)=\sum_{n=0}^{\infty}q_n\sin\frac{n\pi x}{l}$$

代入式(5-40)

$$\sum_{n=0}^{\infty}\left[\left(EI\frac{n^4\pi^4}{l^4}+k\right)y_n-q_n\right]\sin\frac{n\pi x}{l}=0$$

于是得到

$$\left.\begin{aligned}y(x,t)&=\sum_{n=0}^{\infty}\frac{q_n}{EI\dfrac{n^4\pi^4}{l^4}+k}\sin\frac{n\pi x}{l}\\y(x,t)&=\frac{2}{l}\sum_{n=0}^{\infty}\frac{\displaystyle\int_0^l q(\xi)\sin\frac{n\pi\xi}{l}\mathrm{d}\xi}{EI\dfrac{n^4\pi^4}{l^4}+k}\sin\frac{n\pi x}{l}\end{aligned}\right\}\tag{5-47}$$

5.3　薄膜、薄板问题的傅立叶积分变换解

5.3.1　矩形薄膜的振动

图 5-5 为一边长分别为 a、b 的四边固定矩形薄膜，设薄膜在 z 方向的位移为 w，而垂直于该平面的荷载为 $p(x,y,t)$，则薄膜的振动控制方程为

图 5-5　矩形薄膜

$$\frac{1}{c^2}\frac{\partial^2 w}{\partial t^2}=\left(\frac{\partial^2}{\partial x^2}+\frac{\partial^2}{\partial y^2}\right)w+\frac{1}{T}p(x,y,t)\tag{5-48}$$

$$c^2=\frac{T}{\sigma}$$

式中，T、σ 分别是膜内张力和膜的面密度。

矩形薄膜的初始条件为

$$w(x,y,0)=w_0(x,y),\frac{\partial w(x,y,0)}{\partial t}=\dot{w}_0(x,y)$$

现将薄膜的振动位移函数 $w(x,y,t)$ 用双重正弦级数展开：

$$w(x,y,t)=\sum_0^{\infty}\sum_0^{\infty}w_{mn}(t)\sin\frac{m\pi x}{a}\sin\frac{n\pi y}{b}$$

$$w_{mn}(t)=\frac{4}{ab}\int_0^a\int_0^b w(\xi,\eta,t)\sin\frac{m\pi\xi}{a}\sin\frac{n\pi\eta}{b}\mathrm{d}\xi\mathrm{d}\eta \tag{5-49}$$

同时将函数 $p(x,y,t),w_0(x,y),\dot{w}_0(x,y)$ 也按同样的方法进行展开，代入式(5-48)后得到微分方程

$$\frac{\mathrm{d}^2w_{mn}(t)}{\mathrm{d}t^2}+c^2\pi^2\left(\frac{m^2}{a^2}+\frac{n^2}{b^2}\right)w_{mn}(t)-\frac{c^2}{T}p_{mn}(t)=0$$

此方程在已经给出的初始条件下的解是：

$$w_{mn}(t)=w_{0,mn}(t)\cos(\omega t)+\frac{\dot{w}_{0,mn}(t)}{\omega}\sin(\omega t)+\frac{c^2}{\omega T}\int_0^t p_{mn}(\tau)\sin[\omega(t-\tau)]\mathrm{d}\tau$$

其中

$$\omega^2=\pi^2c^2\left(\frac{m^2}{a^2}+\frac{n^2}{b^2}\right)$$

将此式代入式(5-49)得

$$w(x,y,t)=\sum_0^{\infty}\sum_0^{\infty}\{w_{0,mn}(t)\cos(\omega t)+\frac{\dot{w}_{0,mn}(t)}{\omega}\sin(\omega t)+\frac{c^2}{\omega T}\int_0^t p_{mn}(\tau)\sin[\omega(t-\tau)]\mathrm{d}\tau\}\sin\frac{m\pi x}{a}\sin\frac{n\pi y}{b} \tag{5-50}$$

其中

$$\{p_{mn}(t),w_{0,mn},\dot{w}_{0,mn}\}=\frac{4}{ab}\int_0^a\int_0^b\{p(\xi,\eta,t),w_0(\xi,\eta),\dot{w}_0(\xi,\eta)\}\sin\frac{m\pi\xi}{a}\sin\frac{n\pi\eta}{b}\mathrm{d}\xi\mathrm{d}\eta \tag{5-51}$$

设在 $x=x_0,y=y_0$ 作用一个周期变化的集中力

$$p(x,y,t)=P\sin(\omega_0t+\varphi)\delta(x-x_0,y-y_0)$$

而薄膜的初始条件为

$$w_0(x,y)=\dot{w}_0(x,y)=0$$

于是

$$p_{mn}(t)=\frac{4P}{ab}\sin(\omega_0t+\varphi)\sin\frac{m\pi x_0}{a}\sin\frac{n\pi y_0}{b}$$

$$w(x,y,t)=\frac{4Pc^2}{\omega abT}\sin\frac{m\pi x}{a}\sin\frac{n\pi y}{b}\sin\frac{m\pi x_0}{a}\sin\frac{n\pi y_0}{b}\int_0^t\sin(\omega_0\tau+\varphi)$$

$$\sin[\omega(t-\tau)]\mathrm{d}\tau=\frac{4Pc^2}{\omega abT}\sin\frac{m\pi x}{a}\sin\frac{n\pi y}{b}\sin\frac{m\pi x_0}{a}\sin\frac{n\pi y_0}{b}\times$$

$$\frac{1}{\omega^2-\omega_0{}^2}\{\cos\varphi[\omega\sin(\omega_0 t)-\omega_0\sin(\omega t)]+\omega\sin\varphi[\cos(\omega_0 t)-\cos(\omega t)]\}$$

(5-52)

5.3.2 矩形薄膜的弯曲

若给图5-5中四边固定的薄膜施加的是静载荷 $p(x,y)$，则控制方程(5-48)成为

$$\left(\frac{\partial^2}{\partial x^2}+\frac{\partial^2}{\partial y^2}\right)w+\frac{1}{T}p(x,y,t)=0 \quad (5-53)$$

用类似于前边的方法求解，其中各函数展开后得到的方程是一个很简单的代数方程，求解得

$$w_{mn}=\frac{1}{\pi^2T\left(\frac{m^2}{a^2}+\frac{n^2}{b^2}\right)}p_{mn}$$

$$w(x,y)=\sum_0^\infty\sum_0^\infty\frac{p_{mn}}{\pi^2T\left(\frac{m^2}{a^2}+\frac{n^2}{b^2}\right)}\sin\frac{m\pi x}{a}\sin\frac{n\pi y}{b}$$

$$=\frac{4}{\pi^2Tab}\sum_0^\infty\sum_0^\infty\frac{\int_0^a\int_0^b p(\xi,\eta)\sin\frac{m\pi\xi}{a}\sin\frac{n\pi\eta}{b}}{\frac{m^2}{a^2}+\frac{n^2}{b^2}}\sin\frac{m\pi x}{a}\sin\frac{n\pi y}{b}\mathrm{d}\xi\mathrm{d}\eta$$

(5-54)

若在薄膜的 x_0、y_0 处作用一个集中力 P，即 $p(x,y)=P\delta(x-x_0,y-y_0)$，则解答(5-54)变为

$$w(x,y)=\frac{4P}{\pi^2Tab}\sum_0^\infty\sum_0^\infty\frac{\sin\frac{m\pi x_0}{a}\sin\frac{n\pi y_0}{b}}{\frac{m^2}{a^2}+\frac{n^2}{b^2}}\sin\frac{m\pi x}{a}\sin\frac{n\pi y}{b} \quad (5-55)$$

5.3.3 弹性薄板的静力弯曲

从经典的板壳理论，已知薄板的弯曲控制方程为

$$D\left(\frac{\partial^2}{\partial x^2}+\frac{\partial^2}{\partial y^2}\right)^2 w(x,y)=p(x,y), D=\frac{Eh^3}{12(1-\nu^2)} \tag{5-56}$$

式中，w、D、E、ν、h 分别为板的挠度、抗挠刚度、弹性模量、泊松比、厚度。

如果四边都是铰支，如图 5-6 所示，则可以同前一样将 $w(x,y)$、$p(x,y)$ 展开成双正弦级数：

$$w(x,y)=\sum_{m=0}^{\infty}\sum_{n=0}^{\infty} w_{mn}\sin\frac{m\pi x}{a}\sin\frac{n\pi y}{b}$$

$$p(x,y)=\sum_{m=0}^{\infty}\sum_{n=0}^{\infty} p_{mn}\sin\frac{m\pi x}{a}\sin\frac{n\pi y}{b}$$

代入式(5-56)，得

$$Dw_{mn}\left(\frac{\partial^2}{\partial x^2}+\frac{\partial^2}{\partial y^2}\right)^2\sin\frac{m\pi x}{a}\sin\frac{n\pi y}{b}=p_{mn}\sin\frac{m\pi x}{a}\sin\frac{n\pi y}{b}$$

解得

$$w_{mn}=\frac{p_{mn}}{D\pi^4\left(\frac{m^2}{a^2}+\frac{n^2}{b^2}\right)^2}$$

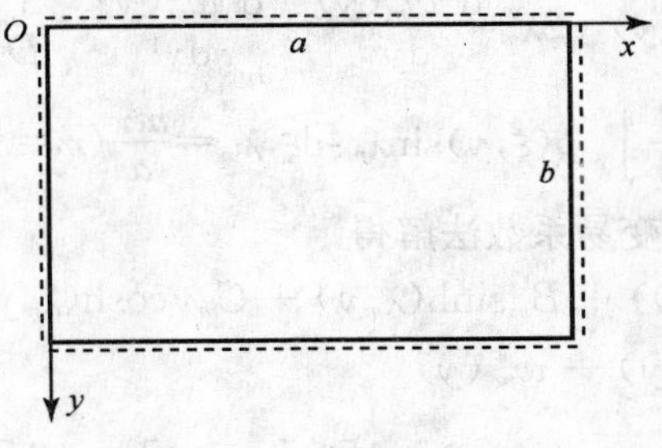

图 5-6　矩形薄板

最后得到弹性薄板弯曲挠度(Naiver 解)

$$w(x,y)=\frac{4}{\pi^4 Dab}\sum_{m=0}^{\infty}\sum_{n=0}^{\infty}\frac{\int_{\xi=0}^{a}\int_{\eta=0}^{b} p(\xi,\eta)\sin\frac{m\pi\xi}{a}\sin\frac{n\pi\eta}{b}\mathrm{d}\xi\mathrm{d}\eta}{\left(\frac{m^2}{a^2}+\frac{n^2}{b^2}\right)^2}\sin\frac{m\pi x}{a}\sin\frac{n\pi y}{b} \tag{5-57}$$

当载荷为均布时，即 $p(x,y)=p_0$，那么上式变为

$$w(x,y)=\frac{16p_0}{\pi^6 Dab}\sum_{m=0}^{\infty}\sum_{n=0}^{\infty}\frac{1}{mn\left(\frac{m^2}{a^2}+\frac{n^2}{b^2}\right)^2}\sin\frac{m\pi x}{a}\sin\frac{n\pi y}{b} \tag{5-58}$$

当在 $x=x_0, y=y_0$ 作用一集中力 P 时，有 $p(x,y)=P\delta(x-x_0, y-y_0)$，则板的挠度为

$$w(x,y)=\frac{4P}{\pi^4 Dab}\sum_{m=0}^{\infty}\sum_{n=0}^{\infty}\frac{\sin\frac{m\pi x_0}{a}\sin\frac{n\pi y_0}{b}}{\left(\frac{m^2}{a^2}+\frac{n^2}{b^2}\right)^2}\sin\frac{m\pi x}{a}\sin\frac{n\pi y}{b} \tag{5-59}$$

如果薄板只是在 $x=0$ 和 $x=a$ 的两个边上是铰支的，而在另外两个边上是其他类型的支承，我们就只能先在 x 方向将挠度和荷载函数用正弦级类进行展开，然后再求得符合另外两边的边界条件的函数，即令

$$w(x,y)=\sum_{m=0}^{\infty}\sum_{n=0}^{\infty}w_m(y)\sin\frac{m\pi x}{a},\quad p(x,y)=\sum_{m=0}^{\infty}\sum_{n=0}^{\infty}p_m(y)\sin\frac{m\pi x}{a} \tag{5-60}$$

代入式(5-56)得

$$D\left(\frac{\partial^2}{\partial x^2}+\frac{\partial^2}{\partial y^2}\right)^2 w_m(y)\sin\frac{m\pi x}{a}=p_m(y)\sin\frac{m\pi x}{a}$$

及

其中：

$$\lambda_m^4 w_m(y)-2\lambda_m^2\frac{\mathrm{d}^2 w_m(y)}{\mathrm{d}y^2}+\frac{\mathrm{d}^4 w_m(y)}{\mathrm{d}y^4}=\frac{1}{D}p_m(y) \tag{5-61}$$

$$p_m(y)=\frac{2}{a}\int_0^a p(\xi,y)\sin\lambda_m\xi\mathrm{d}\xi,\lambda_m=\frac{m\pi}{a}(m=1,2,3,\cdots)$$

从方程(5-61)用变易系数法解得

$$\left.\begin{aligned}w_m(y)&=A_m\cosh(\lambda_m y)+B_m\sinh(\lambda_m y)+C_m y\cosh(\lambda_m y)+\\&\quad D_m y\sinh(\lambda_m y)+w_m^*(y)\\w_m^*(y)&=\frac{1}{2D\lambda_m{}^3}\int_0^y p_m(\eta)\{\lambda_m(y-\eta)\cosh[\lambda_m(y-\eta)]-\sinh[\lambda_m(y-\eta)]\}\mathrm{d}\eta\end{aligned}\right\} \tag{5-62}$$

其通解和特解的各阶导数为

$$\left.\begin{aligned}w'_m(y)&=\lambda_m A_m\sinh(\lambda_m y)+\lambda_m B_m\cosh(\lambda_m y)+C_m[\cosh(\lambda_m y)+\\&\quad\lambda_m y\sinh(\lambda_m y)]+D_m[\sinh(\lambda_m y)+\lambda_m y\cosh(\lambda_m y)]+w_m^{*\prime}(y)\\w_m''(y)&=\lambda_m{}^2 A_m\cosh(\lambda_m y)+\lambda_m{}^2 B_m\sinh(\lambda_m y)+C_m[2\lambda_m\sinh(\lambda_m y)+\\&\quad\lambda_m{}^2 y\cosh(\lambda_m y)]+D_m[2\lambda_m\cosh(\lambda_m y)+\lambda_m{}^2 y\sinh(\lambda_m y)]+w_m^{*\prime\prime}(y)\\w_m{}^{(3)}(y)&=\lambda_m{}^3 A_m\sinh(\lambda_m y)+\lambda_m{}^3 B_m\cosh(\lambda_m y)+C_m[3\lambda_m{}^2\cosh(\lambda_m y)+\\&\quad\lambda_m{}^3 y\sinh(\lambda_m y)]+D_m[3\lambda_m{}^2\sinh(\lambda_m y)+\lambda_m{}^3 y\cosh(\lambda_m y)]+w_m^{*(3)}(y)\\w_m^{(4)}(y)&=\lambda_m^4 A_m\cosh(\lambda_m y)+\lambda_m^4 B_m\sinh(\lambda_m y)+C_m[4\lambda_m^3\sinh(\lambda_m y)+\lambda_m^4 y\cosh(\lambda_m y)]+\\&\quad D_m[4\lambda_m^3\cosh(\lambda_m y)+\lambda_m^4 y\sinh(\lambda_m y)]+w_m^{*(4)}(y)\end{aligned}\right\}$$

$$\left.\begin{aligned}
w_m^{*\prime}(y) &= \frac{1}{2D\lambda_m}\int_0^y p_m(\eta)(y-\eta)\sinh[\lambda_m(y-\eta)]\mathrm{d}\eta \\
w_m^{*\prime\prime}(y) &= \frac{1}{2D\lambda_m}\int_0^y p_m(\eta)\{\lambda_m(y-\eta)\cosh[\lambda_m(y-\eta)]+\sinh[\lambda_m(y-\eta)]\}\mathrm{d}\eta \\
w_m^{*(3)}(y) &= \frac{1}{2D}\int_0^y p_m(\eta)\{\lambda_m(y-\eta)\sinh[\lambda_m(y-\eta)]+2\cosh[\lambda_m(y-\eta)]\}\mathrm{d}\eta \\
w_m^{*(4)}(y) &= \frac{\lambda_m}{2D}\int_0^y p_m(\eta)\{\lambda_m(y-\eta)\cosh[\lambda_m(y-\eta)]+3\sinh[\lambda_m(y-\eta)]\}\mathrm{d}\eta
\end{aligned}\right\} \tag{5-63}$$

其中，$w_m^*(y)$是特解，而前边的部分是齐次方程的通解，积分常数 A_m、B_m、C_m、D_m可由边界条件求得。

当板的四边都是简支的时候，有边界条件

$$w(0)=w(b)=w''(0)=w''(b)=0$$

即有对应的包含待定参数的代数方程组

$$A_m=0$$

$$A_m\cosh(\lambda_m b)+B_m\sinh(\lambda_m b)+C_m b\cosh(\lambda_m b)+D_m b\sinh(\lambda_m b)+w_m^*(b)=0$$

$$A_m\lambda_m+2D_m=0$$

$$A_m\lambda_m^2\cosh(\lambda_m b)+B_m\lambda_m^2\sinh(\lambda_m b)+C_m[\lambda_m^2 b\cosh(\lambda_m b)+2\lambda_m\sinh(\lambda_m b)]+$$
$$D_m[2\lambda_m\cosh(\lambda_m b)+\lambda_m^2 b\sinh(\lambda_m b)]+w_m^{*\prime\prime}(b)=0$$

求解得到

$$\left.\begin{aligned}
A_m &= D_m = 0 \\
B_m &= \frac{w_m^{*\prime\prime}(b)b\cosh(\lambda_m b)-[\lambda_m^2 b\cosh(\lambda_m b)+2\lambda_m\sinh(\lambda_m b)]w_m^*(b)}{2\lambda_m\sinh(\lambda_m b)^2} \\
C_m &= \frac{1}{2\lambda_m\sinh(\lambda_m b)}[\lambda_m^2 w_m^*(b)-w_m^{*\prime\prime}(b)]
\end{aligned}\right\} \tag{5-64}$$

当板上作用着大小为 p 的均布荷载时，则

$$p(x,y)=p,\quad p_m(y)=\frac{2}{a}\int_0^a p\sin\frac{m\pi}{a}\xi\mathrm{d}\xi=\frac{4p}{m\pi}(m=1,3,5,\cdots)$$

代入式(5-16) 得到

$$p(x,y)=p,\ p_m(y)=\frac{2}{a}\int_0^a p\sin\frac{m\pi}{a}\xi\mathrm{d}\xi=\frac{4p}{m\pi}(m=1,3,5,\cdots)$$

$$w_m(y)=B_m\sinh(\lambda_m y)+C_m y\cosh(\lambda_m y)+w_m^*(y)$$

$$w_m^*(y)=\frac{2p}{Da\lambda_m^4}\int_0^y\{\lambda_m(y-\eta)\cosh[\lambda_m(y-\eta)]-\sinh[\lambda_m(y-\eta)]\}\mathrm{d}\eta$$

$$= \frac{4p}{Da\lambda_m^5}\left[1 - \cosh(\lambda_m y) + \frac{\lambda_m y}{2}\sinh(\lambda_m y)\right]$$

$$w_m^{*}{}''(y) = \frac{1}{2D\lambda_m}\int_0^y p_m(\eta)\{\lambda_m(y-\eta)\cosh[\lambda_m(y-\eta)] + \sinh[\lambda_m(y-\eta)]\}\mathrm{d}\eta$$

$$w_m(b) = B_m \sinh(\lambda_m b) + C_m y \cosh(\lambda_m b) + w_m^*(b)$$

$$w_m^*(b) = \frac{2p}{Da\lambda_m^4}\int_0^b \{\lambda_m(b-\eta)\cosh[\lambda_m(b-\eta)] - \sinh[\lambda_m(b-\eta)]\}\mathrm{d}\eta$$

$$= \frac{4p}{Da\lambda_m^5}\left[1 - \cosh(\lambda_m b) + \frac{\lambda_m b}{2}\sinh(\lambda_m b)\right]$$

$$w_m^{*}{}''(b) = \frac{1}{2D\lambda_m}\int_0^b p_m(\eta)\{\lambda_m(b-\eta)\cosh[\lambda_m(b-\eta)] + \sinh[\lambda_m(b-\eta)]\}\mathrm{d}\eta$$

$$= \frac{2bp}{Da\lambda_m^2}\sinh(\lambda_m l)$$

$$A_m = D_m = 0$$

$$\left.\begin{aligned} B_m &= \frac{2p}{Da\lambda_m^5}\frac{[\cosh(\lambda_m b) - 1][2\sinh(\lambda_m b) - \lambda_m b]}{\sinh(\lambda_m b)^2} \\ C_m &= \frac{2p}{Da\lambda_m^4 \sinh(\lambda_m b)}[1 - \cosh(\lambda_m b)] \end{aligned}\right\} \tag{5-65}$$

最后得四边简支受均布荷载的弹性薄板的 Levy 解

$$\begin{aligned} w(x,y) = \frac{2p}{Da}\sum_{m=1,3,5,\ldots}^{\infty} \frac{\sin(\lambda_m x)}{\lambda_m^5}\{2 - 2\cosh(\lambda_m y) + \lambda_m y \sinh(\lambda_m y) + \\ \frac{[\cosh(\lambda_m b) - 1][2\sinh(\lambda_m b) - \lambda_m b]}{\sinh^2(\lambda_m b)}\sinh(\lambda_m y) - \\ \frac{\lambda_m[\cosh(\lambda_m b) - 1]}{\sinh(\lambda_m b)} y\cosh(\lambda_m y)\} \end{aligned} \tag{5-66}$$

5.4 汉克尔变换的原理及应用

5.4.1 汉克尔变换的原理及性质

(1)汉克尔变换的原理

如同一个周期函数可以用三角函数展开一样，它同样也可以用第一类贝塞尔函数来展开，已知三角函数展开式叫傅立叶变换式，而用第一类贝塞尔函数来展开称作汉克尔变换式。

对于某连续函数 $f(x)$，定义 $f(x)$、$\overline{f}(\alpha)$、$J_\nu(\alpha x)$ 分别是其汉克尔变换的

原函数、像函数和 ν 阶第一类贝塞尔函数，则有

$$\left.\begin{aligned}\overline{f}_\nu(\xi) &= H[f(x)] = \int_0^\infty f(x)J_\nu(\xi x)x\mathrm{d}x \\ f(x) &= \int_0^\infty \overline{f}_\nu(\xi)J_\nu(\xi x)\xi\mathrm{d}\xi\end{aligned}\right\} \tag{5-67}$$

并且，有相应的

定理 1：假如积分 $\int_0^\infty f(x)\mathrm{d}x$ 绝对收敛，且 $f(x)$ 在 ξ 点的邻域内是囿变的，则当 $\nu > -\frac{1}{2}$ 时，$\int_0^\infty \overline{f}_\nu(\xi)J_\nu(\xi x)\xi\mathrm{d}\xi$ 收敛于 $\frac{1}{2}[f(x+0)+f(x-0)]$。

定理 2：假设 n 的实数部分大于 -1 并且 $\overline{f}(\xi) = \int_p^q f(x)J_n(\xi x)x\mathrm{d}x$，则有

$$\int_0^\infty \overline{f}(\xi)J_n(\xi x)\xi\mathrm{d}\xi = \begin{cases} f(x) & p < r < q \\ 0 & 0 < r < p, q < r < \infty \end{cases} \tag{5-68}$$

定理 3：若函数 $f(x)$、$g(x)$ 满足定理 1 的条件，并且它们的汉克尔变换式是 $\overline{f}(x)$、$\overline{g}(x)$，那么

$$\int_0^\infty f(x)g(x)x\mathrm{d}x = \int_0^\infty \overline{f}(\xi)\,\overline{g}(\xi)\xi\mathrm{d}\xi \tag{5-69}$$

(2)汉克尔变换的性质

关于函数 $f(x)$ 及其导数的汉克尔变换式有以下的公式

$$\overline{f}_\nu'(\xi) = -\xi\left[\frac{\nu+1}{2\nu}\overline{f}_{\nu-1}(\xi) - \frac{\nu-1}{2\nu}\overline{f}_{\nu+1}(\xi)\right] \tag{5-70}$$

$$\int_0^\infty \left(\frac{\mathrm{d}^2}{\mathrm{d}r^2} + \frac{1}{r}\frac{\mathrm{d}^2}{\mathrm{d}r^2} - \frac{\nu^2}{r^2}\right)f(r)J_\nu(\xi r)r\mathrm{d}r = -\xi^2\,\overline{f}_\nu(\xi) \tag{5-71}$$

$$\int_0^\infty \left(\frac{\mathrm{d}^2}{\mathrm{d}r^2} + \frac{1}{r}\frac{\mathrm{d}^2}{\mathrm{d}r^2}\right)f(r)J_0(\xi r)r\mathrm{d}r = -\xi^2\,\overline{f}_0(\xi) \tag{5-72}$$

$$\int_0^\infty \left(\frac{\mathrm{d}^2}{\mathrm{d}r^2} + \frac{1}{r}\frac{\mathrm{d}^2}{\mathrm{d}r^2}\right)^2 f(r)J_0(\xi r)r\mathrm{d}r = \xi^4\,\overline{f}_0(\xi) \tag{5-73}$$

定理 4：设函数 $f(x)$ 在区间 $(0,a)$ 内满足狄里赫莱条件，则在该区间内的每一个连续点上都有

$$f(x) = \sum_m f_m(\xi_m)J_\nu(x\xi_m) \tag{5-74}$$

其中，ξ_m 是超越方程 $J_\nu(a\xi)=0$ 的一个根。而

$$f_m(\xi_m) = \frac{2}{a^2 J_\nu'^2(a\xi_m)}\int_0^a xf(x)J_\nu(x\xi_m)\mathrm{d}x \tag{5-75}$$

另外，关于贝塞尔函数有递推关系

$$J_{\nu-1}(x)+J_{\nu+1}(x)=\frac{2\nu}{x}J_{\nu}(x) \tag{5-76}$$

5.4.2 汉克尔变换的应用

(1)弹性圆板的对称弯曲问题

已知在极坐标系中,弹性薄板对称弯曲问题的控制方程为

$$\left(\frac{\partial^2}{\partial r^2}+\frac{1}{r}\frac{\partial}{\partial r}\right)^2 w(r)=\frac{p(r)}{D} \tag{5-77}$$

设该圆板的半径为 a,则可将 $w(r)$、$p(r)$用函数系 $J_0(\xi)$展开,即

$$w(r)=\sum_m w_m J_0\left(\xi_m\frac{r}{a}\right),\quad p(r)=\sum_m p_m J_0\left(\xi_m\frac{r}{a}\right) \tag{5-78}$$

$$w_m=\frac{2}{a^2J_1{}^2(\xi_m)}\int_0^a w(r)J_0\left(\xi_m\frac{r}{a}\right)r\mathrm{d}r,\quad p_m=\frac{2}{a^2J_1{}^2(\xi_m)}\int_0^a p(r)J_0\left(\xi_m\frac{r}{a}\right)r\mathrm{d}r \tag{5-79}$$

其中,ξ_m 满足方程 $J_0(\xi_m)=0$ 。因此有

$$w(a)=\sum_m w_m J_0(\xi_m)=0$$

又因为

$$\left(\frac{\partial^2}{\partial r^2}+\frac{1}{r}\frac{\partial}{\partial r}\right)J_0(r)=-J_0(r)$$

所以

$$\left(\frac{\partial^2}{\partial r^2}+\frac{1}{r}\frac{\partial}{\partial r}\right)w(r)\big|_{r=a}=0$$

也就是说式(5-77)所表达的是符合上述边界条件的半径为 a 的弹性薄板问题。而且变形是中心对称的。

如图 5-7 所示,考虑作用在圆板中心部位半径为 b,$b<a$ 的区域上的均布荷载 p_0,其总量为 P,即有力平衡条件和相应的变换函数

$$p(r)=\begin{cases}\dfrac{P}{\pi b^2} & r<b\\ 0 & b<r<a\end{cases}$$

$$p_m=\frac{2P}{\pi a^2b^2J_1{}^2\left(\dfrac{b\xi_m}{a}\right)}\int_0^b J_0\left(\xi_m\frac{r}{a}\right)r\mathrm{d}r=\frac{2PJ_0\left(\xi_m\dfrac{b}{a}\right)}{\pi ab\xi_m J_1{}^2\left(\dfrac{b\xi_m}{a}\right)}$$

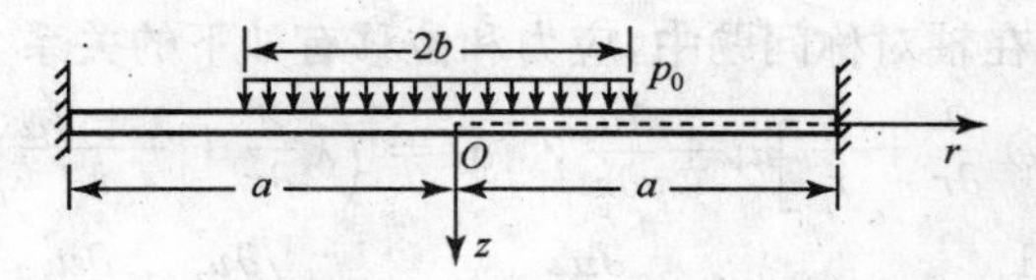

图 5-7　圆板的弯曲

将 $w(r)$、$p(r)$代入式(5-77)，求解后再进行反演变换即得圆板的弯曲挠度

$$w(r)=\frac{2P}{\pi Dab}\sum_{m=1}^{\infty}\frac{J_0\left(\xi_m\frac{r}{a}\right)}{\xi_m{}^5J_1{}^2\left(\frac{b\xi_m}{a}\right)} \tag{5-80}$$

(2)弹性体的轴对称变形

当回旋体的应力和变形对称于其回旋轴 z 轴，且不计体力时，其平衡方程为

$$\left.\begin{aligned}&\frac{\partial\sigma_r}{\partial r}+\frac{\partial\tau_{rz}}{\partial z}+\frac{\sigma_r-\sigma_\theta}{r}=0\\&\frac{\partial\tau_{rz}}{\partial r}+\frac{\partial\sigma_x}{\partial z}+\frac{\tau_{rz}}{r}=0\end{aligned}\right\} \tag{5-81}$$

考虑到协调关系时，可引入艾瑞应力函数 Φ，使方程(5-81)等价于

$$\left(\frac{\partial}{\partial r^2}+\frac{1}{r}\frac{\partial}{\partial r}+\frac{\partial}{\partial z^2}\right)^2\Phi(r,z)=0 \tag{5-82}$$

并且各个位移的应力分量可以用艾瑞应力函数 Φ 表示为

$$\begin{aligned}u_r&=-\frac{\lambda+\mu}{\mu}\frac{\partial^2\Phi}{\partial r\partial z}\\u_z&=\frac{\lambda+2\mu}{\mu}\left(\frac{\partial}{\partial r^2}+\frac{1}{r}\frac{\partial}{\partial r}+\frac{\partial}{\partial z^2}\right)\Phi-\frac{\lambda+\mu}{\mu}\frac{\partial^2\Phi}{\partial z^2}\end{aligned} \tag{5-83}$$

式中，$\lambda=\dfrac{\nu E}{(1+\nu)(1-2\nu)}=\dfrac{2\nu\mu}{1-2\nu}$，$\mu=\dfrac{E}{2(1+\nu)}$。

$$\left.\begin{aligned}\sigma_r&=\lambda\left(\frac{\partial}{\partial r^2}+\frac{1}{r}\frac{\partial}{\partial r}+\frac{\partial}{\partial z^2}\right)\frac{\partial\Phi}{\partial z}-2(\lambda+\mu)\frac{\partial^3\Phi}{\partial r^2\partial z}\\\sigma_\theta&=\lambda\left(\frac{\partial}{\partial r^2}+\frac{1}{r}\frac{\partial}{\partial r}+\frac{\partial}{\partial z^2}\right)\frac{\partial\Phi}{\partial z}-\frac{2(\lambda+\mu)}{r}\frac{\partial^2\Phi}{\partial r\partial z}\\\sigma_z&=(3\lambda+4\mu)\left(\frac{\partial}{\partial r^2}+\frac{1}{r}\frac{\partial}{\partial r}+\frac{\partial}{\partial z^2}\right)\frac{\partial\Phi}{\partial z}-2(\lambda+\mu)\frac{\partial^3\Phi}{\partial z^3}\\\tau_{rz}&=(\lambda+2\mu)\frac{\partial}{\partial r}\left(\frac{\partial}{\partial r^2}+\frac{1}{r}\frac{\partial}{\partial r}+\frac{\partial}{\partial z^2}\right)\Phi-2(\lambda+\mu)\frac{\partial^3\Phi}{\partial z^2\partial r}\end{aligned}\right\} \tag{5-84}$$

很容易证明，在轴对称问题中，应力和位移有如下的关系

$$\left.\begin{aligned}
\sigma_r &= \left[(\lambda+2\mu)\frac{\partial}{\partial r}+\frac{\lambda}{r}\right]u_r+\frac{\partial u_z}{\partial z}, \quad \sigma_\theta = \left(\lambda\frac{\partial}{\partial r}+\frac{\lambda+2\mu}{r}\right)u_r+\lambda\frac{\partial u_z}{\partial z} \\
\sigma_z &= \lambda\left(\frac{\partial}{\partial r}+\frac{1}{r}\right)u_r+(\lambda+2\mu)\frac{\partial u_z}{\partial z}, \quad \tau_{rz} = \mu\left(\frac{\partial u_r}{\partial z}+\frac{\partial u_z}{\partial r}\right)
\end{aligned}\right\} \tag{5-85}$$

将应力函数 Φ 进行零阶的汉克尔变换，即令

$$\overline{\Phi}(\xi,z)=\int_0^\infty \Phi(r,z)J_0(\xi r)r\mathrm{d}r, \quad \Phi(r,z)=\int_0^\infty \overline{\Phi}(\xi,z)J_0(\xi r)\xi\mathrm{d}\xi \tag{5-86}$$

则控制方程(5-82)相应变为

$$\left(\frac{\partial^2}{\partial r^2}+\frac{1}{r}\frac{\partial^2}{\partial r^2}+\frac{\partial^2}{\partial z^2}\right)^2\Phi(r,z)=\int_0^\infty\left(\xi^2+\frac{\partial^2}{\partial z^2}\right)^2\overline{\Phi}(\xi,z)J_0(\xi r)\xi\mathrm{d}\xi=0$$

所以，我们得到了一个与(5-82) 等价的方程

$$\left(\xi^2-\frac{\partial^2}{\partial z^2}\right)^2\overline{\Phi}(\xi,z)=0$$

从上式可以解出

$$\overline{\Phi}(\xi,z)=(A+Bz)e^{\xi z}+(C+Dz)e^{-\xi z} \tag{5-87}$$

其中的积分常数由边界条件决定。

由式(5-83)的第一式有

$$u_r=-\frac{\lambda+\mu}{\mu}\frac{\partial^2\Phi}{\partial r\partial z}\int_0^\infty\overline{\Phi}(\xi,x)J_0(\xi r)\xi\mathrm{d}\xi$$

从而得到

$$u_r=\frac{\lambda+\mu}{\mu}\int_0^\infty\frac{\partial\overline{\Phi}}{\partial z}J_1(\xi r)\xi^2\mathrm{d}\xi \tag{5-88}$$

由式(5-83)的第二式可得

$$\begin{aligned}
u_z &= \int_0^\infty\left[\frac{\lambda+2\mu}{\mu}\left(\frac{\partial}{\partial r^2}+\frac{1}{r}\frac{\partial}{\partial r}+\frac{\partial}{\partial z^2}\right)\overline{\Phi}-\frac{\lambda+\mu}{\mu}\frac{\partial^2\overline{\Phi}}{\partial z^2}\right]J_0(\xi r)\xi\mathrm{d}\xi \\
&= \int_0^\infty\left[\frac{\lambda+2\mu}{\mu}\left(\frac{\partial\overline{\Phi}}{\partial z^2}-\xi^2\overline{\Phi}\right)-\frac{\lambda+\mu}{\mu}\frac{\partial^2\overline{\Phi}}{\partial z^2}\right]J_0(\xi r)\xi\mathrm{d}\xi
\end{aligned}$$

所以

$$u_z=\int_0^\infty\left[\frac{\partial^2\overline{\Phi}}{\partial z^2}-\frac{\lambda+2\mu}{\mu}\xi^2\overline{\Phi}(\xi,z)\right]J_0(\xi r)\xi\mathrm{d}\xi \tag{5-89}$$

再对式(5-84)的应力分量进行计算，得到

$$\sigma_z=\int_0^\infty\left[(\lambda+2\mu)\frac{\partial^3\overline{\Phi}}{\partial z^3}-(3\lambda+4\mu)\xi^2\frac{\partial\overline{\Phi}}{\partial z}\right]J_0(\xi r)\xi\mathrm{d}\xi \tag{5-90}$$

$$\tau_{rz}=\int_0^\infty\left[\lambda\frac{\partial^2\overline{\Phi}}{\partial z^2}+(\lambda+2\mu)\xi^2\overline{\Phi}\right]J_1(\xi r)\xi^2\mathrm{d}\xi \tag{5-91}$$

由式(5-84)得

$$\sigma_r+\sigma_\theta=-2\mu\left(\frac{\partial}{\partial r^2}+\frac{1}{r}\frac{\partial}{\partial r}\right)\frac{\partial\Phi}{\partial z}+2\lambda\frac{\partial^3\Phi}{\partial z^3}$$

又从平衡方程(5-81)的第一式，有

$$\sigma_r+\sigma_\theta=\frac{1}{r}\frac{\partial}{\partial r}(r^2\sigma_r)+r\frac{\partial\tau_{rz}}{\partial z}$$

因此有

$$\begin{aligned}\frac{\partial}{\partial r}(r^2\sigma_r)&=-2r\mu\left(\frac{\partial}{\partial r^2}+\frac{1}{r}\frac{\partial}{\partial r}\right)\frac{\partial\Phi}{\partial z}+2r\lambda\frac{\partial^3\Phi}{\partial z^3}-r^2\frac{\partial\tau_{rz}}{\partial z}\\&=\left[-2r\mu\left(\frac{\partial}{\partial r^2}+\frac{1}{r}\frac{\partial}{\partial r}\right)+r\lambda\frac{\partial^2}{\partial z^2}\right]\int_0^\infty\frac{\partial\overline{\Phi}}{\partial z}J_0(\xi r)\xi\mathrm{d}\xi-\\&\quad r^2\int_0^\infty\left[\lambda\frac{\partial}{\partial z^2}+(\lambda+2\mu)\xi^2\right]\frac{\partial\overline{\Phi}}{\partial z}J_1(\xi r)\xi^2\mathrm{d}\xi\\&=2r\mu\int_0^\infty\xi^2\frac{\partial\overline{\Phi}}{\partial z}J_0(\xi r)\xi\mathrm{d}\xi+2r\lambda\int_0^\infty\frac{\partial^3\overline{\Phi}}{\partial z^3}J_0(\xi r)\xi\mathrm{d}\xi-\\&\quad r^2\int_0^\infty\left[\lambda\frac{\partial^3\overline{\Phi}}{\partial z^3}+(\lambda+2\mu)\xi^2\frac{\partial\overline{\Phi}}{\partial z}\right]J_1(\xi r)\xi^2\mathrm{d}\xi\end{aligned}$$

再对 r 积分，有

$$\int_0^r rJ_0(\xi r)\mathrm{d}r=\frac{r}{\xi}J_1(\xi r)$$

$$\int_0^r r^2J_1(\xi r)\mathrm{d}r=\frac{2r}{\xi^2}J_1(\xi r)-\frac{r^2}{\xi}J_0(\xi r)$$

就可得到

$$\sigma_r=\int_0^\infty\left[\lambda\frac{\partial^3\overline{\Phi}}{\partial z^3}+(\lambda+2\mu)\xi^2\frac{\partial\overline{\Phi}}{\partial z}\right]J_0(\xi r)\xi\mathrm{d}\xi-\frac{2(\lambda+\mu)}{r}\int_0^\infty\frac{\partial\overline{\Phi}}{\partial z}J_1(\xi r)\xi^2\mathrm{d}\xi \tag{5-92}$$

同样可以推得

$$\sigma_\theta=\lambda\int_0^\infty\left(\frac{\partial^3\overline{\Phi}}{\partial z^3}-\xi^2\frac{\partial\overline{\Phi}}{\partial z}\right)J_0(\xi r)\xi\mathrm{d}\xi+\frac{2(\lambda+\mu)}{r}\int_0^\infty\frac{\partial\overline{\Phi}}{\partial z}J_1(\xi r)\xi^2\mathrm{d}\xi \tag{5-93}$$

(3)半无限体表面受刚体挤压问题

假设有一个弹性体充满了 $z\geqslant0$ 的半个空间，在 $z=0$ 的表面处被一个半径为 a 的回转形的刚体挤压，挤压的区域是 $r<a$ 的一个圆形区域，如图 5-8

所示。在这个区域内，弹性体表面产生的位移是已知的，而在这个区域之外，弹性体表面没有受力。其边界条件为当 $z=0$ 时

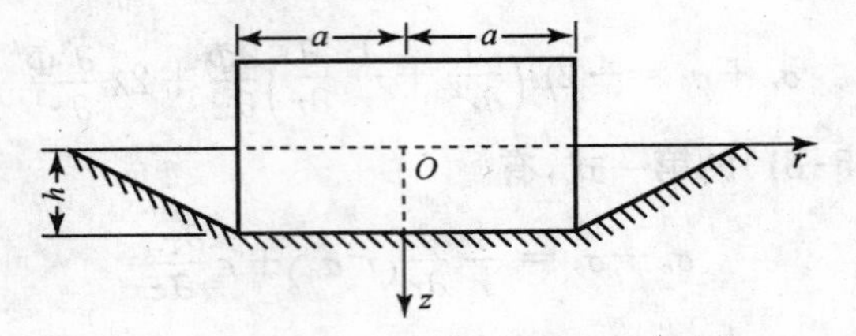

图 5-8 弹性体的挤压问题

$$\begin{cases} u(r,0)=u_0(r) & r\leqslant a \\ \sigma_z(r,0)=0 & r>a \\ \tau_{rz}(r,0)=0 & 0\leqslant r<\infty \end{cases} \tag{5-94}$$

为保证在无穷远处应力和位移都为零，应该令式(5-87)中的 $A=B=0$，即

$$\overline{\Phi}(\xi,z)=(C+Dz)e^{-\xi z}$$

代入式(5-91)，有

$$\tau_{rz}\big|_{z=0}=\int_0^{\infty}\left[\lambda\frac{\partial^2}{\partial z^2}+(\lambda+2\mu)\xi^2\right](C+Dz)e^{-\xi z}J_1(\xi r)\xi^2\mathrm{d}\xi$$

$$=2\int_0^{\infty}[C(\lambda+\mu)\xi-\lambda D]J_1(\xi r)\xi^3\mathrm{d}\xi$$

因为已知边界条件 $\tau_{rz}\big|_{z=0}=0$，所以有

$$C(\lambda+\mu)\xi-\lambda D=0$$

$$C=\frac{\lambda D}{(\lambda+\mu)\xi}=\frac{2\nu D}{\xi}$$

$$\overline{\Phi}(\xi,z)=\left[\frac{\lambda}{(\lambda+\mu)\xi}+z\right]De^{-\xi z}=\left(\frac{2\nu}{\xi}+z\right)De^{-\xi z}$$

从式(5-94)中的位移边界条件得以下的积分方程：

$$\begin{cases} -\dfrac{\lambda+2\mu}{\mu}\displaystyle\int_0^{\infty}DJ_0(\xi r)\xi^2\mathrm{d}\xi=u_0(r) & 0\leqslant r\leqslant a \\ \displaystyle\int_0^{\infty}DJ_0(\xi r)\xi^3\mathrm{d}\xi=0 & r>a \end{cases} \tag{5-95}$$

令

$$\eta=a\xi,r=a\rho,z=a\zeta,f(\eta)=\eta^2D \tag{5-96}$$

则式(5-95)可以转化成下列标准形式的对偶积分方程：

$$
\left.\begin{aligned}
&\int_0^\infty f(\eta)J_0(\eta\rho)\mathrm{d}\eta=-\frac{\eta a^4 u_0(\rho)}{\lambda+2\mu} & 0\leqslant\rho\leqslant 1\\
&\int_0^\infty f(\eta)J_0(\eta\rho)\eta\mathrm{d}\eta=0 & \rho>1
\end{aligned}\right. \tag{5-97}
$$

其解为

$$
\begin{aligned}
f(\eta)=&-\frac{2\mu a^4}{\pi(\lambda+2\mu)}\Big[\cos(\eta)\int_0^1(1-\rho^2)^{-\frac{1}{2}}u_0(\rho)\rho\mathrm{d}\rho+\\
&\int_0^1(1-\rho^2)^{-\frac{1}{2}}\rho\mathrm{d}\rho\int_0^1 u_0(\rho\xi)\sin(\eta\xi)\eta\xi\mathrm{d}\xi\Big]
\end{aligned} \tag{5-98}
$$

令

$$
I_m^n=\int_0^\infty f(\eta)\eta^n e^{-\eta\zeta}J_m(\eta\rho)\mathrm{d}\eta
$$

则位移和应力分量可以表达为

$$
\left.\begin{aligned}
u_z&=-\frac{1}{a^4}\left(\frac{\lambda+2\mu}{\mu}I_0^0+\frac{\lambda+\mu}{\mu}\zeta I_0^1\right)\\
u_r&=\frac{1}{a^4}\left(I_1^0-\frac{\lambda+\mu}{\mu}\zeta I_1^1\right)
\end{aligned}\right\} \tag{5-99}
$$

$$
\left.\begin{aligned}
\sigma_z&=\frac{2(\lambda+\mu)}{a^5}(I_0^1+\zeta I_0^2)\\
\tau_z&=\frac{2(\lambda+\mu)}{a^5}\zeta I_1^2\\
\sigma_\theta&=\frac{2\lambda}{a^5}I_0^1+\frac{2\mu}{a^5\rho}I_1^0-\frac{2(\lambda+\mu)}{a^5\rho}\zeta I_1^1\\
\sigma_r&=\frac{2(\lambda+\mu)}{a^5}(I_0^1-\zeta I_0^2)-\frac{2\mu}{a^5\rho}I_1^0+\frac{2(\lambda+\mu)}{a^5\rho}\zeta I_1^1\\
\sigma_r+\sigma_\theta&=\frac{2}{a^5}[(2\lambda+\mu)I_0^1-(\lambda+\mu)\zeta I_0^2]
\end{aligned}\right\} \tag{5-100}
$$

从图 5-8 可以看到圆柱体对弹性体的表面产生的挤压位移为

$$
u_z(r,z)\big|_{z=0}=h
$$

则取

$$
g(\rho)=-\frac{\mu a^4 h}{\lambda+2\mu} \tag{5-101}
$$

代入式(5-96)得

$$
\begin{aligned}
D\eta^2=f(\eta)=&-\frac{2\mu a^4 h}{\pi(\lambda+2\mu)}\cos(\eta)\int_0^1\rho(1-\rho^2)^{-\frac{1}{2}}\mathrm{d}\rho-\\
&\frac{2\mu a^4 h}{\pi(\lambda+2\mu)}\int_0^1\rho(1-\rho^2)^{-\frac{1}{2}}\mathrm{d}\rho\int_0^1\sin(\sigma\eta)\sigma\eta\mathrm{d}\sigma\\
=&-\frac{2\mu a^4 h}{\pi(\lambda+2\mu)}\frac{\sin\eta}{\eta}
\end{aligned} \tag{5-102}
$$

并令

$$I_m^n = \int_0^\infty \eta^n f(x) e^{-\eta\zeta} J_m(\eta\rho) \mathrm{d}\eta$$

$$= -\frac{2\mu a^4 h}{3\pi(\lambda+\mu)} \int_0^\infty x^{n-1} \sin(\eta) e^{-\eta\zeta} J_m(\eta\rho) \mathrm{d}\eta$$

$$= -\frac{2\mu a^4 h}{3\pi(\lambda+\mu)} K_m^n$$

$$K_m^n = \int_0^\infty x^{n-1} \sin(\eta) e^{-\eta\zeta} J_m(\eta\rho) \mathrm{d}\eta \tag{5-103}$$

代入式(5-99)、式(5-100) 得

$$\left.\begin{aligned} u_z &= \frac{2h}{\pi}\left(K_0^0 + \frac{\lambda+\mu}{\lambda+2\mu}\zeta K_0^1\right) \\ u_r &= -\frac{2\mu h}{\pi(\lambda+2\mu)}\left(K_1^0 - \frac{\lambda+\mu}{\mu}\zeta K_1^1\right) \end{aligned}\right\} \tag{5-104}$$

$$\left.\begin{aligned} \sigma_z &= -\frac{4\mu h(\lambda+\mu)}{\pi a(2\lambda+\mu)}(K_0^1 + \zeta K_0^2) \\ \tau_{rz} &= -\frac{4\mu h(\lambda+\mu)}{\pi a(2\lambda+\mu)}\zeta K_1^2 \\ \sigma_\theta &= -\frac{4\mu h}{\pi a(2\lambda+\mu)}\left[\lambda K_0^1 + \frac{\mu}{\rho}\left(K_1^0 - \frac{\lambda+\mu}{\mu}\zeta K_1^1\right)\right] \\ \sigma_r + \sigma_\theta &= -\frac{4\mu h}{\pi a(2\lambda+\mu)}\left[(2\lambda+\mu)K_0^1 - (\lambda+\mu)\zeta K_0^2\right] \end{aligned}\right\} \tag{5-105}$$

查有关贝塞尔函数的积分公式,已知当 $m \leqslant n-1$ 时,

$$K_m^n = \mathrm{lm}\left\{\frac{(n-m-1)!}{(\eta^2+\rho^2)^{n/2}} P_{n-1}^m \left[\frac{\eta}{(\eta^2+\rho^2)^{1/2}}\right]\right\}$$

当 $m > n-1$ 时,

$$K_m^n = \mathrm{lm}\left\{\frac{(n+m-1)!}{(\eta^2+\rho^2)^{n/2}} P_{n-1}^{-m} \left[\frac{\lambda}{(\eta^2+\rho^2)^{1/2}}\right]\right\}$$

这里 P_{n-1}^m 是连带的勒让德函数。记

$$R = \sqrt{(\rho^2+\zeta^2-1)^2 + 4\zeta^2}, \tan\varphi = \frac{2\zeta}{\rho^2+\zeta^2-1}$$

$$\tan\psi = \frac{1}{\zeta}, r = \sqrt{1+\zeta^2}, \zeta = \frac{z}{a}$$

经计算得到

$$K_0^1 = R^{-\frac{1}{2}} \sin\frac{\varphi}{2}, \quad K_0^2 = rR^{-\frac{3}{2}} \sin\left(\frac{3\varphi}{2} - \psi\right) \tag{5-106}$$

$$
\left.\begin{aligned}
K_1^0 &= \frac{1}{\rho}\left(1 - R^{\frac{1}{2}}\sin\frac{\varphi}{2}\right) \\
K_1^1 &= r\rho^{-1}R^{-\frac{1}{2}}\sin\left(\psi - \frac{\varphi}{2}\right) \\
K_1^2 &= R^{-\frac{3}{2}}\rho\sin\frac{3\varphi}{2}
\end{aligned}\right\} \tag{5-107}
$$

表达式(5-99) 和式(5-100)只适用于计算物体内部,即 $z>0$ 时的应力和位移。物体表面上的这些分量要用式(5-104)、式(5-105)进行积分。

现在我们计算一下物体表面的位移和应力分量,即当 $z=0$ 时,

$$
[u_z]_{z=0} = \frac{2h}{\pi}\int_0^\infty \frac{\sin x}{x}J_0\left(\frac{xr}{a}\right)\mathrm{d}x = \begin{cases} h & 0 \leqslant r \leqslant a \\ \dfrac{2h}{\pi}\arcsin\dfrac{a}{r} & r > a \end{cases}
$$

$$
\begin{aligned}
[u_r]_{z=0} &= -\frac{2\mu h}{\pi(\lambda+2\mu)}\int_0^\infty \frac{\sin x}{x}J_1\left(\frac{xr}{a}\right)\mathrm{d}x \\
&= \begin{cases} -\dfrac{2\mu h}{\pi(\lambda+2\mu)}\dfrac{a}{r} & r > a \\ -\dfrac{2\mu h}{\pi(\lambda+2\mu)}\dfrac{a-\sqrt{a^2-r^2}}{r} & 0 \leqslant r \leqslant a \end{cases}
\end{aligned}
$$

说明解满足题目所指定的边界条件,在刚体底面上,弹性体产生了深度为 h 的凹陷。再来计算表面上的应力,由应力表达式(5-105)中的第二式有

$$
[\tau_{rz}]_{z=0} = 0
$$

这正是边界条件(5-94)所要求的。而其他应力分量

$$
\begin{aligned}
[\sigma_z]_{z=0} &= -\frac{4\mu h(\lambda+\mu)}{\pi(\lambda+2\mu)}\int_0^\infty \sin x J_0(x\rho)\mathrm{d}x = \begin{cases} 0 & r > a \\ (a^2-r^2)^{-1/2} & 0 \leqslant r \leqslant a \end{cases} \\
[\sigma_\theta]_{z=0} &= -\frac{4\mu h}{\pi a(\lambda+2\mu)}\left[\lambda\int_0^\infty \sin x J_0(x\rho)\mathrm{d}x + \frac{\mu a}{r}\int_0^\infty \frac{\sin x}{x}J_1(x\rho)\mathrm{d}x\right] \\
&= \begin{cases} -\dfrac{4\mu h}{\pi r(\lambda+2\mu)} & r > a \\ -\dfrac{4\mu h}{\pi(\lambda+2\mu)}\left[\lambda(a^2-r^2)^{-1/2} + \mu\dfrac{a-\sqrt{a^2-r^2}}{r^2}\right] & 0 \leqslant r \leqslant a \end{cases}
\end{aligned} \tag{5-108}
$$

刚体对弹性体表面所施加的合力为

$$
P = \frac{4\mu h(\lambda+\mu)}{\pi(\lambda+2\mu)}\int_0^a (a^2-r^2)^{-1/2}2\pi r\mathrm{d}r = \frac{8\mu a h(\lambda+\mu)}{\lambda+2\mu} \tag{5-109}
$$

在刚体的边缘处,正应力急速增至无穷大。这将会产生局部的塑性区

域，但区域很小，对其他地方的应力分布没有太大的影响。

当 $r=0$ 时，刚体正下方的应力和位移的分布情况为

$$\left.\begin{aligned}
[u_z]_{r=0} &= \frac{2h}{\pi}\left[\arctan\frac{a}{z} + \frac{1}{2(1-\nu)}\frac{az}{a^2+z^2}\right] \\
[\sigma_z]_{r=0} &= -\frac{Eh}{\pi(1-\nu^2)}\frac{a^3+3az^2}{(a^2+z^2)^2} \\
[\sigma_\theta]_{r=0} &= -\frac{2E\nu h}{\pi(1-\nu^2)}\frac{a}{a^2+z^2} \\
[\sigma_r]_{r=0} &= \frac{4Eha}{\pi(1-\nu^2)}\frac{z^2-a^2}{(a^2+z^2)^2}
\end{aligned}\right\} \tag{5-110}$$

由上述的结果可以看出：当 $z<a$ 时径向应力是压应力，当 $z>a$ 时却变成了拉应力，而周向应力和轴向应力都是压应力。

5.5 无限大厚板的轴对称变形问题

现考虑一个无限大的厚板，其厚度为 $2h$，它的受力情况是轴对称的，如图 5-9 所示。我们还是把对称轴作为 z 轴。$z=h$ 和 $z=-h$ 的表面是板的自由面，在这两个面上作用着压力 $p_1(r)$，$p_2(r)$。于是边界条件可以设为

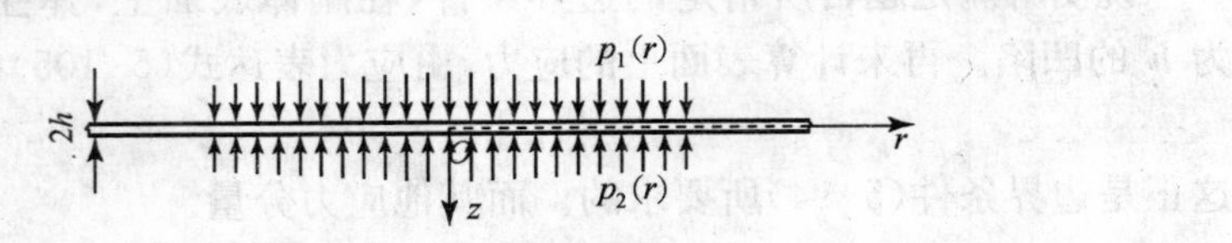

图 5-9　无限大板对称弯曲

$$\left.\begin{aligned}
[\sigma_z]_{z=h} &= -p_1(r) \\
[\tau_{rz}]_{z=h} &= 0 \\
[\sigma_z]_{z=-h} &= -p_2(r) \\
[\tau_{rz}]_{z=-h} &= 0
\end{aligned}\right\} \tag{5-111}$$

解这个问题仍然采用汉克尔变换法，因为现在是一个有限厚度的板，因此应力函数采用以下的形式：

$$\overline{\Phi}(\xi,z) = (A+Bz)\cosh(\xi z) + (C+Dz)\sinh(\xi z) \tag{5-112}$$

将应力函数式(5-112)和边界条件式(5-111)代入式(5-90)、式(5-91)，便得到

$$-2\xi^2\{[-\mu B+(\lambda+\mu)(C+Dh)\xi]\cosh(\xi z)-[\mu D-(\lambda+\mu)(A+Bh)\xi]\sinh(\xi z)\}=-\overline{p}_1$$

$$-2\xi^2\{[-\mu B+(\lambda+\mu)(C-Dh)\xi]\cosh(\xi z)+[\mu D-(\lambda+\mu)(A+Bh)\xi]\sinh(\xi z)\}=-\overline{p}_2$$

$$[(\lambda+\mu)(A+Bh)\xi+\lambda D]\cosh(\xi h)+[(\lambda+\mu)(C+Dh)\xi+\lambda B]\sinh(\xi h)=0$$

$$[(\lambda+\mu)(A-Bh)\xi+\lambda D]\cosh(\xi h)-[(\lambda+\mu)(C-Dh)\xi+\lambda B]\sinh(\xi h)=0$$

这里

$$\overline{p}_{1,2}=\int_0^\infty p_{1,2}(r)J_0(\xi r)r\mathrm{d}r$$

并且从这个方程组解得

$$\left.\begin{aligned}
A&=-\frac{(\overline{p}_1-\overline{p}_2)(1+\nu)(1-2\nu)[2\nu\cosh(h\xi)+h\xi\sinh(h\xi)]}{E\xi^3[2h\xi-\sinh(2h\xi)]}\\
B&=-\frac{(\overline{p}_1+\overline{p}_2)(1+\nu)(1-2\nu)\sinh(h\xi)}{E\xi^2[2h\xi+\sinh(2h\xi)]}\\
C&=\frac{(\overline{p}_1+\overline{p}_2)(1+\nu)(1-2\nu)[h\xi\cosh(h\xi)+2\nu\sinh(h\xi)]}{E\xi^3[2h\xi+\sinh(2h\xi)]}\\
D&=\frac{(\overline{p}_1-\overline{p}_2)(1+\nu)(1-2\nu)\cosh(h\xi)}{E\xi^2[2h\xi-\sinh(2h\xi)]}
\end{aligned}\right\}\tag{5-113}$$

先将 $p_1(r)$、$p_2(r)$进行汉克尔变换得$\overline{p}_1(\xi)$、$\overline{p}_2(\xi)$。然后将这四个积分系数代入式(5-112)便得到应力函数$\overline{\Phi}(\xi,z)$，然后再将$\overline{\Phi}(\xi,z)$代入式(5-88)～式(5-91)，就得到了无限大厚板的轴对称问题的位移和应力解。

对于受对称荷载的无限大厚板，即 $p(r)=p_1(r)=p_2(r)$的情况（也同样适用于厚度为 h，置于刚性地基上的厚板的受力分析。刚性地面在 $z=0$ 处），此时，应力函数为

$$\overline{\Phi}(\xi,z)=-2(1+\nu)(1-2\nu)\overline{p}\times\frac{z\xi\sinh(h\xi)\cosh(\xi z)-[h\xi\cosh(h\xi)+2\nu\sinh(h\xi)]\sinh(\xi z)}{E\xi^3[2h\xi+\sinh(2h\xi)]}\tag{5-114}$$

而位移和应力分量为

$$u_z=2(1+\nu)\int_0^\infty\frac{\overline{p}J_0(r\xi)\mathrm{d}\xi}{2h\xi+\sinh(2h\xi)}\times\{z\xi\sinh(h\xi)\cosh(z\xi)-[h\xi\cosh(h\xi)+2(1-\nu)\sinh(h\xi)]\sinh(z\xi)\}\tag{5-115}$$

$$u_r = 2(1+\nu)\int_0^\infty \frac{\overline{p}J_1(r\xi)\mathrm{d}\xi}{2h\xi+\sinh(2h\xi)} \times \{h\xi[\cosh(h\xi)-(1-2\nu)\sinh(h\xi)]$$

$$\cosh(z\xi) - z\xi\sinh(h\xi)\sinh(z\xi)\} \tag{5-116}$$

$$\sigma_z = -2\int_0^\infty \frac{\overline{p}J_0(r\xi)\xi\mathrm{d}\xi}{2h\xi+\sinh(2h\xi)} \times \{[h\xi\cosh(h\xi)+\sinh(h\xi)]\cosh(z\xi) -$$

$$z\xi\sinh(h\xi)\sinh(z\xi)\} \tag{5-117}$$

$$\sigma_r = 2\int_0^\infty \frac{\overline{p}J_0(r\xi)\xi\mathrm{d}\xi}{2h\xi+\sinh(2h\xi)} \times \{[h\xi\cosh(h\xi)-\sinh(h\xi)]\cosh(z\xi) -$$

$$z\xi\sinh(h\xi)\sinh(z\xi)\} + \frac{2}{r}\int_0^\infty \frac{\overline{p}J_1(r\xi)\mathrm{d}\xi}{2h\xi+\sinh(2h\xi)} \times \{[-h\xi\cosh(h\xi)+$$

$$(1-2\nu)\sinh(h\xi)]\cosh(z\xi) + z\xi\sinh(h\xi)\sinh(z\xi)\} \tag{5-118}$$

$$\sigma_\theta = -4\nu\int_0^\infty \frac{\overline{p}J_0(r\xi)\sinh(h\xi)\cosh(z\xi)\xi\mathrm{d}\xi}{2h\xi+\sinh(2h\xi)} - \frac{2}{r}\int_0^\infty \frac{\overline{p}J_1(r\xi)\mathrm{d}\xi}{2h\xi+\sinh(2h\xi)} \times$$

$$\{[-h\xi\cosh(h\xi)+(1-2\nu)\sinh(h\xi)]\cosh(z\xi) +$$

$$z\xi\sinh(h\xi)\sinh(z\xi)\} \tag{5-119}$$

$$\tau_{rz} = 2\int_0^\infty \frac{\overline{p}J_1(r\xi)\xi^2\mathrm{d}\xi}{2h\xi+\sinh(2h\xi)} \times [-z\sinh(h\xi)\cosh(z\xi) +$$

$$h\cosh(h\xi)\sinh(z\xi)]\cosh(z\xi) \tag{5-120}$$

设 $p(r)$ 是作用在 $z=h$、$z=-h$ 两个面上的合力各为 P 的均布压力，且作用范围为以原点为中心的半径为 a 的圆。则

$$\overline{p}(\xi) = \frac{P}{\pi a^2}\int_0^a J(0,r\xi)r\mathrm{d}r = \frac{P}{\pi a^2}\frac{J_1(a\xi)}{\xi} \tag{5-121}$$

现在来计算一下厚板上表面，即 $z=-h$ 处的纵向位移。将式(5-121)代入式(5-115)得

$$u_z = \int_0^\infty U_1(\xi)\mathrm{d}\xi$$

$$U_1(\xi) = \frac{2P(1+\nu)J_1(a\xi)J_0(r\xi)}{\pi Ea^2\xi[2h\xi+\sinh(2h\xi)]} \times \{z\xi\sinh(h\xi)\cosh(z\xi) - [h\xi\cosh(h\xi)+$$

$$2(1-\nu)\sinh(h\xi)]\sinh(z\xi)\}$$

这个积分只能用数值法进行计算。

当 ξ 很大，$z=-h$ 时，$\sinh(\xi h)=\frac{e^{\xi h}}{2}$，$\cosh(\xi h)=\frac{e^{\xi h}}{2}$，此时

$$U_1(\xi) \approx U_2(\xi) = \frac{2P(1-\nu^2)J_1(a\xi)J_0(r\xi)}{\pi aE\xi}$$

而

$$\int_0^{\infty} U_2(\xi)\mathrm{d}\xi = \frac{4P(1-\nu^2)}{\pi^2 aE}\mathrm{Re}\left[I\left(\frac{a^2}{\rho^2}\right)\right]$$

其中 I 是雅科比椭圆积分。为了提高计算精度和加快计算速度以及防止数字溢出，可以用下式来计算 u_r：

$$u_r = \int_0^{\xi_1}(U_1 - U_2)\mathrm{d}\xi + \int_0^{\infty} U_2\mathrm{d}\xi$$

其中 $\xi_1 = 20 \sim 50$ 是一个适当选取的数。上式的第一个积分用数值法计算。

令 $\nu = 0.3, a = h = z$。受力面上的平均压力是 $p_0 = \frac{P}{\pi a^2}$。得到在厚板表面 $z = -h$ 处 $\rho = 0 \sim 3$ 的径向位移如图 5-10，所示。最大位移为 $[u_r]_{r=0} = 0.905\,432\,1\frac{p_0 a}{E}$。

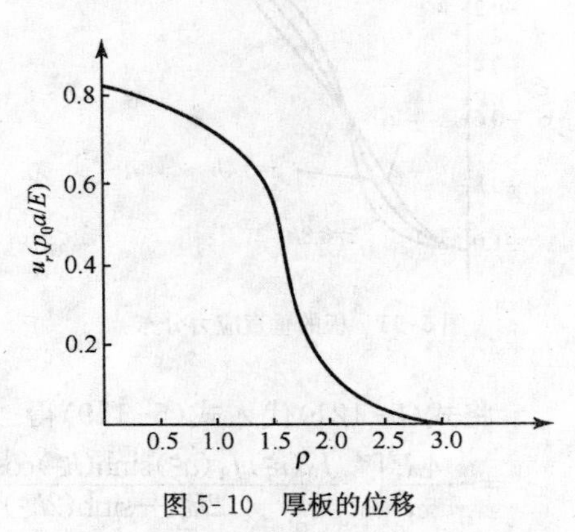

图 5-10 厚板的位移

将式(5-121)代入式(5-117)得

$$\sigma_z = -\frac{2P}{\pi a^2}\int_0^{\infty}\frac{J_0(r\xi)J_1(\xi a)\mathrm{d}\xi}{2h\xi + \sinh(2h\xi)} \times \{[h\xi\cosh(h\xi) + \sinh(h\xi)]\cosh(z\xi) - z\xi\sinh(h\xi)\sinh(z\xi)\} \tag{5-122}$$

$$\sigma_r = 2\int_0^{\infty}\frac{\bar{p}J_0(r\xi)\xi\mathrm{d}\xi}{2h\xi + \sinh(2h\xi)} \times \{[h\xi\cosh(h\xi) - \sinh(h\xi)]\cosh(z\xi) - z\xi\sinh(h\xi)\sinh(z\xi)\} + \frac{2}{r}\int_0^{\infty}\frac{\bar{p}J_1(r\xi)\mathrm{d}\xi}{2h\xi + \sinh(2h\xi)} \times \{[-h\xi\cosh(h\xi) + (1-2\nu)\sinh(h\xi)]\cosh(z\xi) + z\xi\sinh(h\xi)\sinh(z\xi)\} \tag{5-123}$$

这个积分也只能用数值法计算。图 5-11 显示的是 $r = 0 \sim 3a, z = 0.8h$、$0.4h$、0 时的 z 方向正应力与受力面上的平均压力之比 σ_z/p_0 的值。

将式(5-121)代入式(5-118)得

$$\sigma_r = \frac{2P}{\pi a^2}\int_0^{\infty}\frac{J_0(r\xi)J_1(a\xi)\mathrm{d}\xi}{2h\xi + \sinh(2h\xi)} \times \{[h\xi\cosh(h\xi) - \sinh(h\xi)]\cosh(z\xi) - z\xi\sinh(h\xi)\sinh(z\xi)\} + \frac{2P}{\pi r a^2}\int_0^{\infty}\frac{\bar{p}J_1(r\xi)J_1(a\xi)\mathrm{d}\xi}{[2h\xi + \sinh(2h\xi)]\xi} \times \{[-h\xi\cosh(h\xi) + (1-2\nu)\sinh(h\xi)]\cosh(z\xi) + z\xi\sinh(h\xi)\sinh(z\xi)\} \tag{5-124}$$

图 5-12 是厚板表面的 σ_r 分布图。

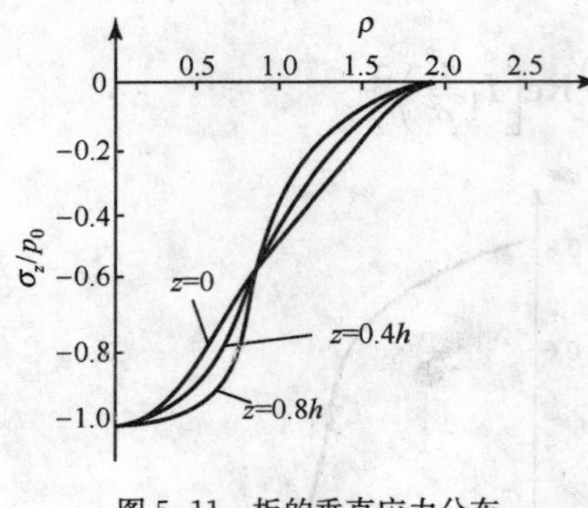

图 5-11　板的垂直应力分布

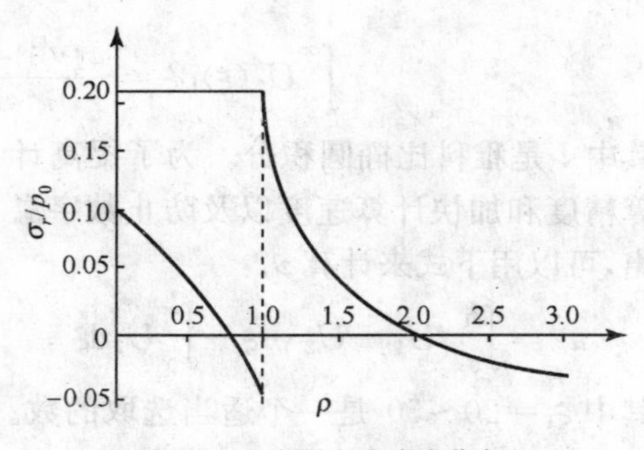

图 5-12　板的径向应力分布

将式(5-121)代入式(5-119)得

$$\sigma_\theta = -\frac{4\nu P}{\pi a^2}\int_0^\infty \frac{J_0(r\xi)J_1(a\xi)\sinh(h\xi)\cosh(z\xi)\mathrm{d}\xi}{2h\xi+\sinh(2h\xi)} - \frac{2P}{\pi a^2 r}\int_0^\infty \frac{J_1(r\xi)J_1(a\xi)\mathrm{d}\xi}{\xi[2h\xi+\sinh(2h\xi)]} \times$$
$$\{[-h\xi\cosh(h\xi)+(1-2\nu)\sinh(h\xi)]\cosh(z\xi)+z\xi\sinh(h\xi)\sinh(z\xi)\} \tag{5-125}$$

图 5-13 是厚板表面的 σ_θ 分布图。在对 σ_θ、σ_r 进行数值计算时，也采用了类似计算 u_z 时的方法。

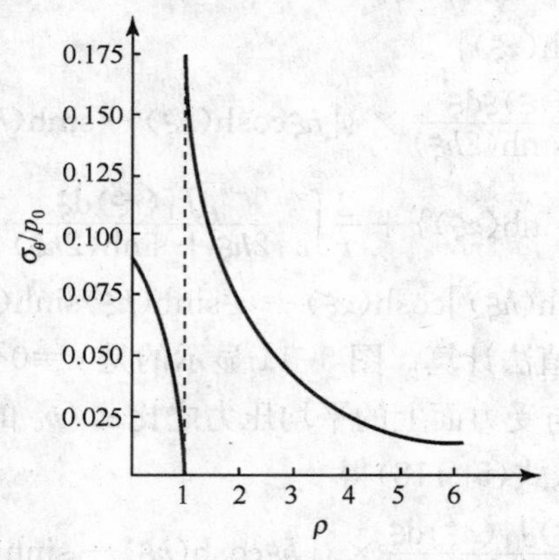

图 5-13　板的环向应力分布

当无限大厚板受集中力 P 作用，即当板上荷载的作用半径 $a \to 0$ 的情况。此时

$$\overline{p}(\xi) = \lim_{a\to 0}\frac{P}{\pi a^2}\int_0^a J_0(\xi r) r\mathrm{d}r = \frac{P}{2\pi} \tag{5-126}$$

$$\overline{\Phi}(\xi,z)=\frac{P(1+\nu)(1-2\nu)}{\pi E[2h\xi+\sinh(2h\xi)]\xi^2}\Big\{z\sinh(h\xi)\cosh(\xi z)-$$

$$\Big[h\cosh(h\xi)+\frac{2\nu}{\xi}\sinh(h\xi)\Big]\sinh(\xi z)\Big\} \tag{5-127}$$

将$\overline{\Phi}(\xi,z)$代入式(5-88)～式(5-91)就可以得到各个位移和应力分量。如荷载分布比较复杂就可以用叠加原理来计算。

5.6 梅林变换及其应用

5.6.1 梅林变换

我们从傅立叶变换出发,可以导出梅林变换。在傅氏变换式中

$$F(\alpha)=\int_0^\infty f(x)e^{-i\alpha x}\mathrm{d}x$$

$$f(x)=\int_0^\infty F(\xi)e^{i\alpha x}\mathrm{d}\alpha$$

若令

$$\xi=e^x,\alpha=i(s-c)$$

则

$$\mathrm{d}x=\xi^{-1}\mathrm{d}\xi,\quad e^{-i\alpha x}=\xi^{s-c},\quad e^{i\alpha x}=\xi^{-(s-c)},\quad \mathrm{d}\alpha=i\mathrm{d}s$$

$$F[i(s-c)]=\frac{1}{\sqrt{2\pi}}\int_0^\infty \xi^{-c}f(\ln\xi)\xi^{s-1}\mathrm{d}\xi$$

再令

$$g(\xi)=\frac{1}{\sqrt{2\pi}}\xi^{-c}f(\ln\xi)$$

$$f(\ln\xi)=\sqrt{2\pi}\xi^c g(\ln\xi)=\frac{1}{i\sqrt{2\pi}}\int_{c-i\infty}^{c+i\infty}F(\alpha)x^{-(s-c)}\mathrm{d}s$$

$$g(x)=\frac{i}{2\pi}\int_{-\infty}^\infty F(\alpha)x^{-s}\mathrm{d}s$$

所以有**定理**:

若存在某个 $k>0$, $c>k$,积分$\int_{c-i\infty}^{c+i\infty}x^{k-1}|f(x)|\mathrm{d}x$ 是有界的,并且

$$\overline{f}(s)=\int_0^\infty f(x)x^{s-1}\mathrm{d}x \tag{5-128}$$

那么

$$f(x)=\frac{1}{2\pi i}\int_{c-i\infty}^{c+i\infty}\overline{f}(s)x^{-s}\mathrm{d}s \tag{5-129}$$

这里 $f(x)$、$\overline{f}(s)$ 就是梅林变换的原函数和像函数。

用分部积分法，可以导出导数的梅林变换

$$\int_0^{\infty}\frac{\mathrm{d}^r f(x)}{\mathrm{d}x^r}x^{s-1}\mathrm{d}x=\left[\frac{\mathrm{d}^{r-1}f(x)}{\mathrm{d}x^{r-1}}x^{s-1}\right]_0^{\infty}-(s-1)\int_0^{\infty}\frac{\mathrm{d}^{r-1}f(x)}{\mathrm{d}x^{r-1}}x^{s-2}\mathrm{d}x \tag{5-130}$$

又因为

$$\int_0^{\infty}f(x)g(x)x^{s-1}\mathrm{d}x=\int_0^{\infty}\left[\frac{1}{2\pi i}\int_{c-i\infty}^{c+i\infty}\overline{f}(s)x^{-s}\mathrm{d}s\right]\left[\frac{1}{2\pi i}\int_{c-i\infty}^{c+i\infty}\overline{g}(\sigma)x^{s-\sigma-1}\mathrm{d}\sigma\right]\mathrm{d}x$$

$$\begin{aligned}\frac{1}{2\pi i}\int_{c-i\infty}^{c+i\infty}\overline{f}(s)\,\overline{g}(s)x^{s}\mathrm{d}s&=\frac{1}{2\pi i}\int_{c-i\infty}^{c+i\infty}\overline{f}(s)\,\overline{g}(s)x^{-s}\mathrm{d}s\\&=\frac{1}{2\pi i}\int_0^{\infty}\left[\int_{c-i\infty}^{c+i\infty}\overline{f}(s)\left(\frac{x}{\xi}\right)^{-s}\mathrm{d}s\right]g(\xi)\xi^{-1}\mathrm{d}\xi\end{aligned}$$

所以有梅林变换的卷积定理

$$\left.\begin{aligned}&\int_0^{\infty}f(x)g(x)x^{s-1}\mathrm{d}x=\frac{1}{2\pi i}\int_{c-i\infty}^{c+i\infty}\overline{f}(\sigma)g(\sigma-s)x\mathrm{d}\sigma\\&\frac{1}{2\pi i}\int_{c-i\infty}^{c+i\infty}\overline{f}(s)\,\overline{g}(s)x^{-s}\mathrm{d}s==\frac{1}{2\pi i}\int_0^{\infty}f\left(\frac{x}{\xi}\right)g(\xi)\xi^{-1}\mathrm{d}\xi\end{aligned}\right\} \tag{5-131}$$

5.6.2 极坐标表示的弹性平面问题

已知在极坐标内，弹性平面问题无体力时的平衡方程是

$$\left.\begin{aligned}&\frac{\partial\sigma_r}{\partial r}+\frac{1}{r}\frac{\partial\tau_{r\theta}}{\partial\theta}+\frac{\sigma_r-\sigma_\theta}{r}=0\\&\frac{\partial\tau_{r\theta}}{\partial r}+\frac{2\tau_{r\theta}}{r}+\frac{1}{r}\frac{\partial\sigma_\theta}{\partial\theta}=0\end{aligned}\right\} \tag{5-132}$$

若考虑协调方程，可导出关于应力函数 $\Phi(r,\theta)$ 的控制方程为

$$\left(\frac{\partial^2}{\partial r^2}+\frac{1}{r}\frac{\partial}{\partial r}+\frac{1}{r^2}\frac{\partial^2}{\partial\theta^2}\right)^2\Phi(r,\theta)=0 \tag{5-133}$$

而各应力分量为

$$\left.\begin{aligned}&\sigma_r=\left(\frac{1}{r}\frac{\partial}{\partial r}+\frac{1}{r^2}\frac{\partial^2}{\partial\theta^2}\right)\Phi\\&\sigma_\theta=\frac{\partial^2\Phi}{\partial r^2}\\&\tau_{r\theta}=-\frac{\partial}{\partial r}\left(\frac{1}{r}\frac{\partial\Phi}{\partial\theta}\right)\end{aligned}\right\} \tag{5-134}$$

我们用梅林变换来解这一类问题，令

$$\overline{\Phi}(s,\theta)=\int_0^{\infty}\Phi(r,\theta)r^{s-1}\mathrm{d}r \tag{5-135}$$

用分步积分法可推出以下的关系

$$\int_0^{\infty}\frac{\mathrm{d}^n f(x)}{\mathrm{d}x^n}x^{s-1+n}\mathrm{d}x=(-1)^n(s+n-1)(s+n-2)\cdots s\overline{f}(s) \tag{5-136}$$

将方程(5-133) 乘以 r^{s+3}进行变换：

$$\int_0^{\infty}\left(\frac{\partial^2}{\partial r^2}+\frac{1}{r}\frac{\partial}{\partial r}+\frac{1}{r}\frac{\partial^2}{\partial\theta^2}\right)^2\Phi(r,\theta)r^{s+3}\mathrm{d}r$$

$$=\int_0^{\infty}\left[(s+2)^2+\frac{\partial^2}{\partial\theta^2}\right]\left(s^2+\frac{\partial^2}{\partial\theta^2}\right)\Phi(r,\theta)r^{s-1}\mathrm{d}r$$

方程(5-133)就可以变换成如下的形式：

$$\left(\frac{\partial^2}{\partial\theta^2}+s^2\right)\left[\frac{\partial^2}{\partial\theta^2}+(s+2)^2\right]\overline{\Phi}(s,\theta)=0 \tag{5-137}$$

而这个方程的通解是

$$\overline{\Phi}(s,\theta)=A\cos(s\theta)+B\sin(s\theta)+C\cos[(s+2)\theta]+D\sin[(s+2)\theta] \tag{5-138}$$

对式(5-134) 的三个表达式两边乘以 $r^{s+1}\mathrm{d}r$ 再积分：

$$\left.\begin{aligned}\overline{r^2\sigma_r}(s,\theta)&=\int_0^{\infty}r^2\sigma_r r^{s-1}\mathrm{d}r=\left(\frac{\partial^2}{\partial\theta^2}-s\right)\overline{\Phi}(s,\theta)\\ \overline{r^2\sigma_\theta}(s,\theta)&=\int_0^{\infty}r^2\sigma_\theta r^{s-1}\mathrm{d}r=s(s+1)\,\overline{\Phi}(s,\theta)\\ \overline{r^2\tau_{r\theta}}(s,\theta)&=\int_0^{\infty}r^2\tau_{r\theta}r^{s-1}\mathrm{d}r=(s+1)\,\frac{\partial}{\partial\theta}\overline{\Phi}\end{aligned}\right\} \tag{5-139}$$

然后反演得

$$\left.\begin{aligned}\sigma_r(r,\theta)&=\frac{1}{2\pi ir^2}\int_{c-i\infty}^{c+i\infty}\overline{r^2\sigma_r}(r,\theta)r^{-s}\mathrm{d}s=\frac{1}{2\pi i}\int_{c-i\infty}^{c+i\infty}\left(\frac{\partial^2}{\partial\theta^2}-s\right)\overline{\Phi}(s,\theta)r^{-s-2}\mathrm{d}s\\ \sigma_\theta(r,\theta)&=\frac{1}{2\pi ir^2}\int_{c-i\infty}^{c+i\infty}\overline{r^2\sigma_\theta}(r,\theta)r^{-s}\mathrm{d}s=\frac{1}{2\pi i}\int_{c-i\infty}^{c+i\infty}s(s+1)\,\overline{\Phi}(s,\theta)r^{-s-2}\mathrm{d}s\\ \tau_{r\theta}(r,\theta)&=\frac{1}{2\pi ir^2}\int_{c-i\infty}^{c+i\infty}\overline{r^2\tau_{r\theta}}(r,\theta)r^{-s}\mathrm{d}s=\frac{1}{2\pi i}\int_{c-i\infty}^{c+i\infty}(s+1)\,\frac{\partial\overline{\Phi}(s,\theta)}{\partial\theta}r^{-s-2}\mathrm{d}s\end{aligned}\right\} \tag{5-140}$$

现在考虑一个无限长的楔形，其尖角为 2α，在两侧表面上也就是 $\theta=\pm\alpha$ 处的表面上作用的正应力和剪应力为 $f_1(r)$、$g_1(r)$和 $f_2(r)$、$g_2(r)$，如图 5-14

所示。则问题的边界条件是

$$\sigma_\theta(r,\alpha)=f_1(r)$$
$$\tau_\theta(r,\alpha)=g_1(r)$$
$$\sigma_\theta(r,-\alpha)=f_2(r)$$
$$\tau_\theta(r,-\alpha)=g_2(r)$$

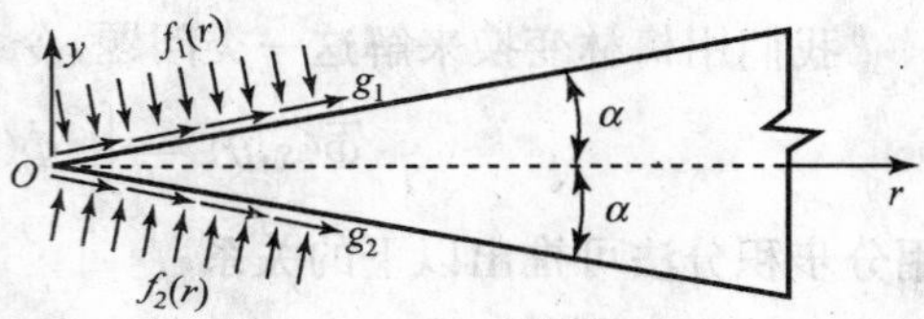

图 5-14 无限长楔形体

代入式(5-139),且令

$$\left.\begin{aligned}
\overline{r^2 f_1}&=\int_0^\infty r^2 f_1(r) r^{s-1}\mathrm{d}r=s(s+1)\overline{\Phi}(s,\theta)\Big|_{\theta=\alpha}\\
\overline{r^2 g_1}&=\int_0^\infty r^2 g_1(r) r^{s-1}\mathrm{d}r=(s+1)\frac{\partial\overline{\Phi}(s,\theta)}{\partial\theta}\Big|_{\theta=\alpha}\\
\overline{r^2 f_2}&=\int_0^\infty r^2 f_2(r) r^{s-1}\mathrm{d}r=s(s+1)\overline{\Phi}(s,\theta)\Big|_{\theta=-\alpha}\\
\overline{r^2 g_2}&=\int_0^\infty r^2 g_2(r) r^{s-1}\mathrm{d}r=(s+1)\frac{\partial\overline{\Phi}(s,\theta)}{\partial\theta}\Big|_{\theta=-\alpha}
\end{aligned}\right\}\tag{5-141}$$

$$\left.\begin{aligned}
&s(s+1)\{A\cos(s\alpha)+B\sin(s\alpha)+C\cos[(s+2)\alpha]+D\sin[(s+2)\alpha]\}=\overline{r^2 f_1}\\
&(s+1)\{-sA\sin(s\alpha)+sB\cos(s\alpha)-(s+2)C\sin[(s+2)\alpha]+(s+2)\\
&\qquad D\cos[(s+2)\alpha]\}=\overline{r^2 g_1}\\
&s(s+1)\{A\cos(s\alpha)-B\sin(s\alpha)+C\cos[(s+2)\alpha]-D\sin[(s+2)\alpha]\}=\overline{r^2 f_2}\\
&(s+1)\{sA\sin(s\alpha)+sB\cos(s\alpha)+(s+2)C\sin[(s+2)\alpha]+(s+2)\\
&\qquad D\cos[(s+2)\alpha]\}=\overline{r^2 g_2}
\end{aligned}\right\}\tag{5-142}$$

从以上四个方程解出四个积分常数,它们是

$$\left.\begin{aligned}
A&=\frac{(\overline{r^2 f_1}+\overline{r^2 f_2})(s+2)\sin[(s+2)\alpha]+(\overline{r^2 g_1}-\overline{r^2 g_2})s\cos[(s+2)\alpha]}{2s(s+1)\{(s+1)\sin(2\alpha)+\sin[2(s+1)\alpha]\}}\\
B&=\frac{-(\overline{r^2 f_1}-\overline{r^2 f_2})(s+2)\cos[(s+2)\alpha]+(\overline{r^2 g_1}+\overline{r^2 g_2})s\sin[(s+2)\alpha]}{2s(s+1)\{(s+1)\sin(2\alpha)-\sin[2(s+1)\alpha]\}}\\
C&=\frac{-(\overline{r^2 f_1}+\overline{r^2 f_2})\sin(s\alpha)-(\overline{r^2 g_1}-\overline{r^2 g_2})\cos(s\alpha)}{2s(s+1)\{(s+1)\sin(2\alpha)+\sin[2(s+1)\alpha]\}}\\
D&=\frac{(\overline{r^2 f_1}-\overline{r^2 f_2})\cos(s\alpha)-(\overline{r^2 g_1}+\overline{r^2 g_2})\sin(s\alpha)}{2s(s+1)\{(s+1)\sin(2\alpha)-\sin[2(s+1)\alpha]\}}
\end{aligned}\right\}\tag{5-143}$$

代入式(5-138)得,应力函数的像函数为

$$\overline{\Phi}(s,\theta)=A\cos(s\theta)+B\sin(s\theta)+C\cos[(s+2)\theta]+D\sin[(s+2)\theta]\tag{5-144}$$

反演后得应力函数为

$$\Phi(r,\theta)=\frac{1}{2\pi i}\int_{c-i\infty}^{c+i\infty}\overline{\Phi}(s)r^{-s}\mathrm{d}s$$

$$=\frac{1}{2\pi i}\int_{c-i\infty}^{c+i\infty}\left\{\frac{(\overline{r^2f_1}+\overline{r^2f_2})(s+2)\sin[(s+2)\alpha]+(\overline{r^2g_1}-\overline{r^2g_2})s\cos[(s+2)\alpha]}{2s(s+1)\{(s+1)\sin(2\alpha)+\sin[2(s+1)\alpha]\}}\right.$$

$$\cos(s\theta)+\frac{-(\overline{r^2f_1}-\overline{r^2f_2})(s+2)\cos[(s+2)\alpha]+(\overline{r^2g_1}+\overline{r^2g_2})s\sin[(s+2)\alpha]}{2s(s+1)\{(s+1)\sin(2\alpha)-\sin[2(s+1)\alpha]\}}$$

$$\sin(s\theta)+\frac{-(\overline{r^2f_1}+\overline{r^2f_2})\sin(s\alpha)-(\overline{r^2g_1}-\overline{r^2g_2})\cos(s\alpha)}{2s(s+1)\{(s+1)\sin(2\alpha)+\sin[2(s+1)\alpha]\}}\cos[(s+2)\theta]+$$

$$\left.\frac{(\overline{r^2f_1}-\overline{r^2f_2})\cos(s\alpha)-(\overline{r^2g_1}+\overline{r^2g_2})\sin(s\alpha)}{2s(s+1)\{(s+1)\sin(2\alpha)-\sin[2(s+1)\alpha]\}}\sin[(s+2)\theta]\right\}r^{-s}\mathrm{d}s$$

(5-145)

现假设在距楔尖 a 处垂直于侧面作用一个集中力 P，如图 5-15 所示，则

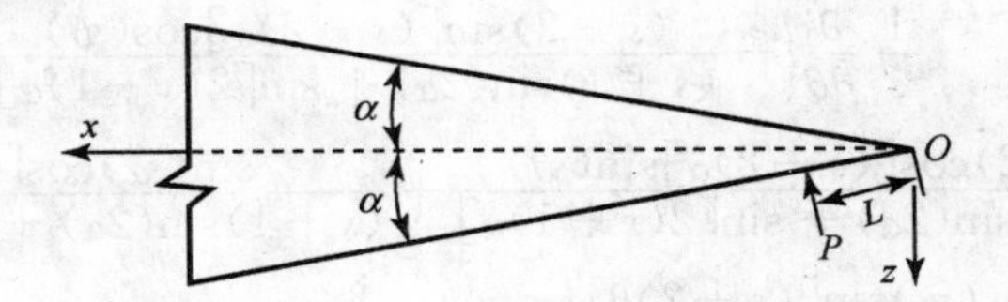

图 5-15　无限长楔形体受集中力

$$f_1(r)=-P\delta(r-a)$$

$$f_2(r)=g_1(r)=g_2(r)=0$$

$$\overline{r^2f_1}(s)=-Pa^{s+1}$$

$$\overline{r^2f_2}(s)=\overline{r^2g_1}(r)=\overline{r^2g_2}(r)=0$$

代入式(5-144)得应力函数

$$\overline{\Phi}(s,\theta)=\frac{Pa^{s+1}}{2s(s+1)}\left\{-\frac{(s+2)\sin[(s+2)\alpha]\cos(s\theta)}{(s+1)\sin(2\alpha)+\sin[2(s+1)\alpha]}+\right.$$

$$\frac{(s+2)\cos[(s+2)\alpha]\sin(s\theta)}{(s+1)\sin(2\alpha)-\sin[2(s+1)\alpha]}+$$

$$\frac{\sin(s\alpha)\cos[(s+2)\theta]}{(s+1)\sin(2\alpha)+\sin[2(s+1)\alpha]}-$$

$$\left.\frac{\cos(s\alpha)\sin[(s+2)\theta]}{(s+1)\sin(2\alpha)-\sin[2(s+1)\alpha]}\right\}$$

反演得

$$\Phi(r,\theta)=\frac{Pa}{4\pi i}\int_{c-i\infty}^{c+i\infty}\frac{1}{s(s+1)}\Big\{-\frac{(s+2)\sin[(s+2)\alpha]\cos(s\theta)}{(s+1)\sin(2\alpha)+\sin[2(s+1)\alpha]}+$$

$$\frac{(s+2)\cos[(s+2)\alpha]\sin(s\theta)}{(s+1)\sin(2\alpha)-\sin[2(s+1)\alpha]}+\frac{\sin(s\alpha)\cos[(s+2)\theta]}{(s+1)\sin(2\alpha)+\sin[2(s+1)\alpha]}-$$

$$\frac{\cos(s\alpha)\sin[(s+2)\theta]}{(s+1)\sin(2\alpha)-\sin[2(s+1)\alpha]}\Big\}\left(\frac{a}{r}\right)^{s}\mathrm{d}s$$

根据应力函数和应力分量的关系式(5-140),得

$$\sigma_\theta(r,\theta)=\frac{P}{4\pi a}\int_{c-i\infty}^{c+i\infty}\Big\{\frac{(s+2)\sin[(s+2)\alpha]\cos(s\theta)-\sin(s\alpha)\cos[(s+2)\theta]}{(s+1)\sin(2\alpha)+\sin[2(s+1)\alpha]}-$$

$$\frac{(s+2)\cos[(s+2)\alpha]\sin(s\theta)+\cos(s\alpha)\sin[(s+2)\theta]}{(s+1)\sin(2\alpha)-\sin[2(s+1)\alpha]}\Big\}\left(\frac{a}{r}\right)^{s+2}i\mathrm{d}s \tag{5-146}$$

$$\tau_{r\theta}(r,\theta)=\frac{P}{4\pi i}\int_{c-i\infty}^{c+i\infty}\frac{1}{s}\frac{\partial}{\partial\theta}\Big\{-\frac{(s+2)\sin[(s+2)\alpha]\cos(s\theta)}{(s+1)\sin(2\alpha)+\sin[2(s+1)\alpha]}+$$

$$\frac{(s+2)\cos[(s+2)\alpha]\sin(s\theta)}{(s+1)\sin(2\alpha)-\sin[2(s+1)\alpha]}+\frac{\sin(s\alpha)\cos[(s+2)\theta]}{(s+1)\sin(2\alpha)+\sin[2(s+1)\alpha]}-$$

$$\frac{\cos(s\alpha)\sin[(s+2)\theta]}{(s+1)\sin(2\alpha)-\sin[2(s+1)\alpha]}\Big\}a^{s+1}r^{-s-2}\mathrm{d}s$$

取积分路径为 $\mathrm{Re}(s)=-1,-i\infty\to0_-,0_+\to+i\infty$ 的直线积分再加上被积函数在 $s=-1$ 处的留数的 $i\pi$ 倍,即积分限中的 $c=-1$,再作代换 $s+1=iu,\mathrm{d}s=i\mathrm{d}u$,即有

$$\sigma_\theta(r,\theta)=\frac{PI}{4\pi r}+\pi i\mathrm{Res}(I,-1) \tag{5-147}$$

其中

$$I=\int_{0+7}^{\infty}\left(\frac{K}{H}-\frac{L}{G}\right)\mathrm{d}u$$

$$H=u\sin(2\alpha)+\sinh(2u\alpha)$$

$$G=u\sin(2\alpha)-\sinh(2u\alpha)$$

$$K=\{u\cosh[u(\alpha+\theta)]\sin(\alpha-\theta)+u\cosh[u(\alpha-\theta)]\sin(\alpha+\theta)\}\cos\left[\ln\left(\frac{a}{r}\right)u\right]+$$

$$\{-u\sinh[u(\alpha+\theta)]\cos(\alpha-\theta)-u\sinh[u(\alpha-\theta)]\cos(\alpha+\theta)+$$

$$2\cosh[u(\alpha+\theta)]\sin(\alpha-\theta)+2\cosh[u(\alpha-\theta)]\sin(\alpha+\theta)\}\sin\left[\ln\left(\frac{a}{r}\right)u\right]$$

$$L=\{u\cosh[u(\alpha+\theta)]\sin(\alpha-\theta)-u\cosh[u(\alpha-\theta)]\sin(\alpha+\theta)\}\cos\left[\ln\left(\frac{a}{r}\right)u\right]+$$
$$\{-u\sinh[u(\alpha+\theta)]\cos(\alpha-\theta)+u\sinh[u(\alpha-\theta)]\cos(\alpha+\theta)+$$
$$2\cosh[u(\alpha+\theta)]\sin(\alpha-\theta)-2\cosh[u(\alpha-\theta)]\sin(\alpha+\theta)\}\sin\left[\ln\left(\frac{a}{r}\right)u\right] \tag{5-148}$$

因为

$$\mathrm{Res}(I,-1)=-\frac{P}{\pi ir}\frac{\sin(\alpha+\theta)}{\sin(2\alpha)+2\alpha}$$

于是得到

$$\sigma_\theta(r,\theta)=\frac{P}{4\pi r}\int_{0+}^{\infty}\left(\frac{K}{H}-\frac{L}{G}\right)\mathrm{d}u-\frac{P}{r}\frac{\sin(\alpha+\theta)}{\sin(2\alpha)+2\alpha} \tag{5-149}$$

又从式(5-139)可知

$$\overline{r^2(\sigma_r+\sigma_\theta)}=\left(\frac{\partial^2}{\partial\theta^2}+s^2\right)\overline{\Phi}(s,\theta)$$

所以

$$\overline{r^2(\sigma_r+\sigma_\theta)}=-4(s+1)\{C\cos[(s+2)\theta]+D\sin[(s+2)\theta]\}$$
$$=-\frac{2Pa^{s+1}}{s}\left\{\frac{\sin(s\alpha)\cos[(s+2)\theta]}{(s+1)\sin(2\alpha)+\sin[2(s+1)\alpha]}-\frac{\cos(s\alpha)\sin[(s+2)\theta]}{(s+1)\sin(2\alpha)-\sin[2(s+1)\alpha]}\right\}$$

最后计算得

$$\sigma_r+\sigma_\theta=-\frac{P}{r}\left[\frac{\sin\alpha\cos\theta}{\sin(2\alpha)+2\alpha}+\frac{\cos\alpha\sin\theta}{\sin(2\alpha)-2\alpha}\right]+\frac{P}{\pi r}\int_{0+7}^{\infty}\frac{1}{u^2+1}$$
$$\left\{\cos\left[\ln\left(\frac{a}{r}\right)u\right]\left(\frac{I_1}{H}+\frac{I_2}{G}\right)+\sin\left[\ln\left(\frac{a}{r}\right)u\right]\left(\frac{I_3}{H}+\frac{I_4}{G}\right)\right\}\mathrm{d}u \tag{5-150}$$

这里

$$\left.\begin{aligned}
I_1&=u\cosh[u(\alpha+\theta)]\sin(\alpha-\theta)+u\cosh[u(\alpha-\theta)]\sin(\alpha+\theta)-\\
&\quad\sinh[u(\alpha+\theta)]\cos(\alpha-\theta)-\sinh[u(\alpha-\theta)]\cos(\alpha+\theta)\\
I_2&=-u\cosh[u(\alpha+\theta)]\sin(\alpha-\theta)+u\cosh[u(\alpha-\theta)]\sin(\alpha+\theta)+\\
&\quad\sinh[u(\alpha+\theta)]\cos(\alpha-\theta)-\sinh[u(\alpha-\theta)]\cos(\alpha+\theta)\\
I_3&=u\sinh[u(\alpha+\theta)]\cos(\alpha-\theta)+u\sinh[u(\alpha-\theta)]\cos(\alpha+\theta)+\\
&\quad\cosh[u(\alpha+\theta)]\sin(\alpha-\theta)+\cosh[u(\alpha-\theta)]\sin(\alpha+\theta)\\
I_4&=-u\sinh[u(\alpha+\theta)]\cos(\alpha-\theta)+u\sinh[u(\alpha-\theta)]\cos(\alpha+\theta)-\\
&\quad\cosh[u(\alpha+\theta)]\sin(\alpha-\theta)+\cosh[u(\alpha-\theta)]\sin(\alpha+\theta)
\end{aligned}\right\} \tag{5-151}$$

$$
\tau_{r\theta}(r,\theta)=-\frac{P}{2r}\left[\frac{\sin\alpha\sin\theta}{\sin(2\alpha)+2\alpha}-\frac{\cos\alpha\cos\theta}{\sin(2\alpha)-2\alpha}\right]-\frac{P}{4\pi r}\int_{0+7}^{+\infty}
$$

$$
\left\{\frac{-2u\cos\left[\ln\left(\frac{a}{r}\right)u\right]-(1-u^2)\sin\left[\ln\left(\frac{a}{r}\right)u\right]}{u^2+1}\left\{\frac{1}{H}\left\{u\sin(\alpha+\theta)\times\right.\right.\right.
$$

$$
\sinh[u(\alpha-\theta)]-u\sin(\alpha-\theta)\sinh[u(\alpha+\theta)]-2\cos(\alpha+\theta)\times
$$

$$
\left.\cosh[u(\alpha-\theta)]+2\cos(\alpha-\theta)\cosh[u(\alpha+\theta)]\right\}+
$$

$$
\frac{1}{G}\left\{-u\sin(\alpha+\theta)\sinh[u(\alpha-\theta)]-u\sin(\alpha-\theta)\sinh[u(\alpha+\theta)]+\right.
$$

$$
\left.\left.2\cos(\alpha+\theta)\cosh[u(\alpha-\theta)]+2\cos(\alpha-\theta)\cosh[u(\alpha+\theta)]\right\}\right\}+
$$

$$
\frac{(1-u^2)\cos\left[\ln\left(\frac{a}{r}\right)u\right]-2u\sin\left[\ln\left(\frac{a}{r}\right)u\right]}{u^2+1}\left\{\frac{1}{H}\left\{-u\cos(\alpha+\theta)\times\right.\right.
$$

$$
\left.\cosh[u(\alpha-\theta)]+u\cos(\alpha-\theta)\cosh[u(\alpha+\theta)]\right\}+\frac{1}{G}\left\{u\cos(\alpha+\theta)\right.
$$

$$
\left.\left.\left.\cosh[u(\alpha-\theta)]+u\cos(\alpha-\theta)\cosh[u(\alpha+\theta)]\right\}\right\}\right\}\mathrm{d}u \qquad (5\text{-}152)
$$

本章参考文献

[1] 王竹溪,郭敦仁. 特殊函数概论. 北京:科学出版社,1979

[2] I. N. 史奈登. 傅立叶变换. 何衍浚,张燮,译. 北京:科学出版社,1958

第 6 章

边界单元法

6.1 基本概念

边界单元法是边界积分法和有限单元法混合应用的产物。其基本思路是，首先将要求的工程问题化归为边界积分方程，然后，再将积分边界离散成有限个单元，采用近似插值的方法将边界积分方程转化为代数方程组，最终求得问题的近似解答。

边界单元法和有限单元法一样，同属数值计算方法，二者不同的是有限单元法须在整个研究区域离散，而边界单元法仅在所研究区域的边界上离散。所以，边界单元法和有限单元法相比，可以将求解问题降低一维(图 6-1)，从而使数据准备工作量和求解自由度大为减少；另外，由于在域内的场函数仍由解析公式求出，因而误差仅产生在边界上，所以整体比有限单元法精度高。

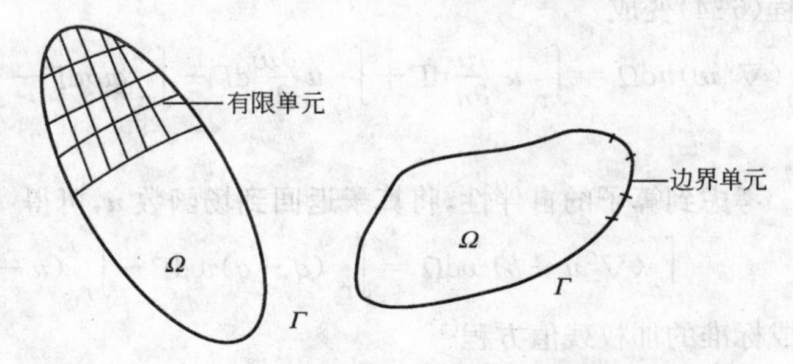

图 6-1　有限元与边界元

边界单元法的创立，应当归功于英国南安普敦大学的布瑞比亚[1]。其后，他和巴西里约热内卢大学的泰勒斯及诺贝尔将这一方法更加理论化和系统化，并和工程应用问题紧密结合在一起[2]。他们分别应用加权残值法和位势理论，以泊松方程为例，推导了狄里赫莱问题和诺伊曼问题的边界积分方程，并讨论了直接法和间接法的边界元公式。这里，我们仅给出用加权残值法推导的过程，并将其和所熟悉的虚功原理对应，为后边弹性力学问题边界积分方程的引出铺平道路。更有兴趣的读者可参阅文献[2]。

设有一泊松方程

$$\nabla^2 u - b = 0 \qquad \in \Omega \tag{6-1}$$

式中，$u(X)\,(X = x_1, x_2, \cdots, x_n)$ 为定义在 n 维空间 Ω 上的场函数；$\nabla^2 = \frac{\partial^2}{\partial x_1^2} + \frac{\partial^2}{\partial x_2^2} + \cdots + \frac{\partial^2}{\partial x_n^2}$，为 n 维空间上的拉普拉斯算子；b 为已知函数。

引入权函数 $w(X)$，并考虑加权积分方程

$$\int_\Omega (\nabla^2 u - b) w \mathrm{d}\Omega = 0 \tag{6-2}$$

分部积分一次，有

$$\int_\Omega \left(\frac{\partial u}{\partial x_k} \frac{\partial w}{\partial x_k} + bw \right) \mathrm{d}\Omega = \int_\Gamma qw \mathrm{d}\Gamma \tag{6-3}$$

式中，$q = \frac{\partial u}{\partial n}$，$n$ 为 Ω 的边界 Γ 的外法线。再积分一次，得

$$\int_\Omega (\nabla^2 w) u \mathrm{d}\Omega = \int_\Gamma u \frac{\partial w}{\partial x_n} \mathrm{d}\Gamma - \int_\Gamma qw \mathrm{d}\Gamma + \int_\Omega bw \mathrm{d}\Omega \tag{6-4}$$

若引入边界条件

$$\left.\begin{aligned} u &= \bar{u} \qquad \in \Gamma_1 \\ q &= \bar{q} \qquad \in \Gamma_2 \end{aligned}\right\} \tag{6-5}$$

方程(6-4)变成

$$\int_\Omega (\nabla^2 w) u \mathrm{d}\Omega = \int_{\Gamma_1} \bar{u} \frac{\partial w}{\partial n} \mathrm{d}\Gamma + \int_{\Gamma_2} u \frac{\partial w}{\partial n} \mathrm{d}\Gamma - \int_{\Gamma_1} qw \mathrm{d}\Gamma - \int_{\Gamma_2} \bar{q} w \mathrm{d}\Gamma - \int_\Omega bw \mathrm{d}\Omega \tag{6-6}$$

考虑到算子的自伴性，将算子返回到场函数 u，可得

$$\int_\Omega (\nabla^2 u - b) w \mathrm{d}\Omega = \int_{\Gamma_2} (q - \bar{q}) w \mathrm{d}\Gamma - \int_{\Gamma_1} (u - \bar{u}) \frac{\partial w}{\partial n} \mathrm{d}\Gamma \tag{6-7}$$

写成标准的加权残值方程[3]

$$\int_\Omega R_\Omega w \mathrm{d}\Omega = \int_{\Gamma_2} R_{s2} w \mathrm{d}\Gamma - \int_{\Gamma_1} R_{s1} \frac{\partial w}{\partial n} \mathrm{d}\Gamma \tag{6-8}$$

从上式可以看到，我们将原来的定解问题转化为混合型加权残值法问

题，即使得域内积分和边界积分联系在一起，公式(6-8)是边界积分方程以及边界单元法推导的基础。

6.2 基本解

6.2.1 基本解的意义

在用边界单元法求解各种定解问题时，常常要用到控制方程的基本解。基本解描述了在某一个场域 $\Omega+\Gamma$ 内，集中量所产生的效果。

为了更准确地解释基本解的定义，首先介绍狄拉克 δ 函数。记作有在 $\Omega+\Gamma$ 内任一点 r_0 处沿 j 方向的单位集中量为

$$\vec{X}_j = \delta(r-r_0)\vec{e}_j \tag{6-9}$$

式中，r_0 为集中量作用点，也叫做奇点；r 为域 Ω 内另外一点，称之为场点、域点或考察点；$\vec{e}_j$ 为坐标轴 j 的单位矢量；$\delta(r-r_0)$ 为狄拉克 δ 函数，定义式及性质为

$$\delta(r-r_0) = \begin{cases} 0 & r \neq r_0 \\ \infty & r = r_0 \end{cases} \tag{6-10}$$

$$\int_{\Omega}^{\delta} \delta(r-r_0)\mathrm{d}\Omega = 1 \tag{6-11}$$

$$\int_{\Omega} f(r)\delta(r-r_0)\mathrm{d}\Omega = f(r_0) \tag{6-12}$$

对于线性微分方程

$$\mathrm{L}(u)-g(r)=0 \tag{6-13}$$

式中，L 为算子；$f(r)$ 为不含 u 的已知函数。

则我们定义满足方程

$$\mathrm{L}(u)-\delta(r-r_0)=0 \tag{6-14}$$

的解 $U(r,r_0)$ 为奇解，如果 $U(r,r_0)$ 能适应任何无限大域 Ω，则这个解就称之为基本解。

有时也称

$$\mathrm{L}(u)=0 \tag{6-15}$$

的解也为基本解。这是因为根据线性微分方程的叠加原理，可以证明

$$U(r)=\int u(r,r_0)g(r_0)\mathrm{d}\Omega \tag{6-16}$$

满足方程(6-13)。

因此,对基本解有时也定义为:如果$U(r,r_0)$在$r\neq r_0$时满足齐次方程(6-15),而对于任何足够光滑的函数$g(r)$,由积分方程(6-16)表示的函数$u(r)$满足控制方程(6-13),那么就称$U(r,r_0)$为方程(6-13)的基本解。

前已述及,基本解实际上是描述一个集中量所产生的效果。对于一般非齐次方程$\mathrm{L}(u)-g(r)=0$,如果$g(r)$是连续分布的量,那么根据线性叠加原理,这个连续分布的量产生的效果和由一系列集中量所产生的效果的叠加完全等价,而集中量所产生的效果即为基本解。针对不同的研究对象,集中力有不同的物理含义,例如它可能是一个集中力、一个热源、一个电荷等。

6.2.2 基本解

根据基本解的定义,下面我们分别给出道路工程中经常所用到的一些基本解的表达式。但集中量未取为单位荷载,而是取为P。

(1)开尔文解[4]

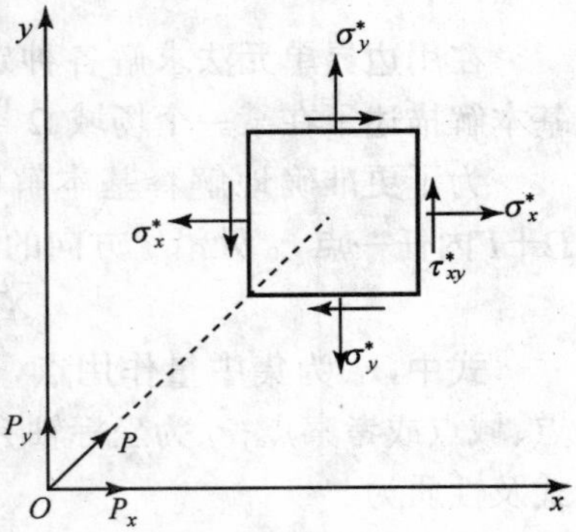

图 6-2 平面开尔文问题

如图 6-2 所示,无限弹性平面内作用一集中荷载P,则平面内任一点的应力分量和位移分量分别为(作用点除外)

$$\left.\begin{aligned}
u^*(x,y)&=\frac{P_x}{2G}\left[(3-4\mu)g-x\frac{\partial g}{\partial x}\right]-\frac{P_y}{2G}y\frac{\partial g}{\partial x}\\
v^*(x,y)&=\frac{P_x}{2G}x\frac{\partial g}{\partial y}+\frac{P_y}{2G}\left[(3-4\mu)g-y\frac{\partial g}{\partial y}\right]\\
\sigma_x^*(x,y)&=P_x\left[2(1-\mu)\frac{\partial g}{\partial x}-x\frac{\partial^2 g}{\partial x^2}\right]+P_y\left(2\mu\frac{\partial g}{\partial y}-y\frac{\partial^2 g}{\partial x^2}\right)\\
\sigma_y^*(x,y)&=P_x\left[2\mu\frac{\partial g}{\partial x}-x\frac{\partial^2 g}{\partial y^2}\right]+P_y\left[2(1-\mu)\frac{\partial g}{\partial y}-y\frac{\partial^2 g}{\partial y^2}\right]\\
\tau_{xy}^*(x,y)&=P_x\left[(1-2\mu)\frac{\partial g}{\partial y}-x\frac{\partial^2 g}{\partial x\partial y}\right]+P_y\left[(1-2\mu)\frac{\partial g}{\partial y}-y\frac{\partial^2 g}{\partial x\partial y}\right]
\end{aligned}\right\}\tag{6-17}$$

式中,G为弹性体的剪切模量;P_x、P_y为集中荷载的分量;g为特定函数,定义为

$$g(x,y)=\frac{1}{4\pi(1-\mu)}\ln r\tag{6-17a}$$

且

$$r=(x^2+y^2)^{1/2} \tag{6-17b}$$

(2)布希涅斯克解[5]

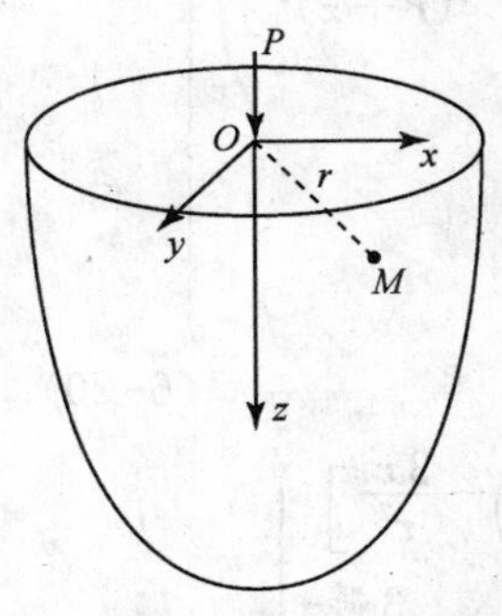

图 6-3　布希涅斯克问题

弹性半空间表面(图 6-3)上作用一法向集中力 P,则在半空间体中任意一点 M 处的位移分量分别定义为

$$\left.\begin{aligned}u(x,y,z)&=\frac{P}{4\pi}\left[\frac{zx}{Gr^3}-\frac{x}{(\lambda+G)(z+r)r}\right]\\v(x,y,z)&=\frac{P}{4\pi}\left[\frac{zy}{Gr^3}-\frac{y}{(\lambda+G)(z+r)r}\right]\\w(x,y,z)&=\frac{P}{4\pi}\left[\frac{y^2}{Gr^3}-\frac{\lambda+2G}{G(\lambda+G)r}\right]\end{aligned}\right\} \tag{6-18}$$

应力分量:

$$\left.\begin{aligned}\sigma_x(x,y,z)&=-\frac{P}{2\pi}\left\{\frac{z}{r^3}\left(3\frac{x^2}{r^2}-\frac{G}{\lambda+G}\right)+\frac{G}{\lambda+G}\left[\frac{y^2+z^2}{(r+z)r^3}-\frac{x^2}{(r+z)^2r^2}\right]\right\}\\\sigma_y(x,y,z)&=-\frac{P}{2\pi}\left\{\frac{z}{r^3}\left(3\frac{y^2}{r^2}-\frac{G}{\lambda+G}\right)+\frac{G}{\lambda+G}\left[\frac{x^2+z^2}{(r+z)r^3}-\frac{y^2}{(r+z)^2r^2}\right]\right\}\\\sigma_z(x,y,z)&=-\frac{3Pz^3}{2\pi r^5}\\\tau_{yz}(x,y,z)&=-\frac{3P}{2\pi}\frac{yz^2}{r^5}\\\tau_{xz}(x,y,z)&=-\frac{3P}{2\pi}\frac{xz^2}{r^5}\\\tau_{xy}(x,y,z)&=-\frac{Pxy}{2\pi r^3}\left[3\frac{z}{r^2}-\frac{G}{\lambda+G}\frac{z+2r}{(r+z)^2}\right]\end{aligned}\right\} \tag{6-19}$$

其中

$$\left.\begin{aligned}\lambda&=\frac{E\mu}{(1+\mu)(1-2\mu)}\\r&=(x^2+y^2+z^2)^{1/2}\end{aligned}\right\} \tag{6-19a}$$

(3)赛如提解[6]

求解作用在半无限弹性体表面上的切向集中力产生的位移和应力课题为赛如提问题。如图 6-4 所示半无限弹性空间体表面作用一集中水平力 P,则在弹性

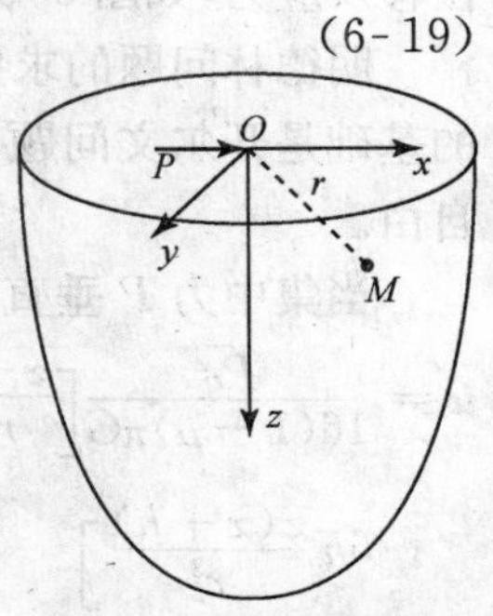

图 6-4　赛如提问题

体内任一点 M 处所产生的应力和位移分别为

$$\left.\begin{aligned}
u(x,y,z) &= \frac{(1+\mu)P}{2\pi Er}\left\{1+\frac{x^2}{r^2}+(1-2\mu)\left[\frac{r}{r+z}-\frac{x^2}{(r+z)^2}\right]\right\}\\
v(x,y,z) &= \frac{(1+\mu)P}{2\pi Er}\left[\frac{xy}{r^2}-\frac{(1-2\mu)xy}{(r+z)^2}\right]\\
w(x,y,z) &= \frac{(1+\mu)P}{2\pi Er}\left[\frac{xy}{r^2}+\frac{(1-2\mu)x}{r+z}\right]
\end{aligned}\right\} \tag{6-20}$$

$$\left.\begin{aligned}
\sigma_x(x,y,z) &= \frac{Px}{2\pi r^3}\left[\frac{1-2\mu}{(r+z)^2}\left(r^2-y^2-\frac{2ry^2}{r+z}\right)-\frac{3x^2}{r^2}\right]\\
\sigma_y(x,y,z) &= \frac{Px}{2\pi r^3}\left[\frac{1-2\mu}{(r+z)^2}\left(3r^2-x^2-\frac{2rx^2}{r+z}\right)-\frac{3y^2}{r^2}\right]\\
\sigma_z(x,y,z) &= -\frac{3Pxz^2}{2\pi r^5}\\
\tau_{zy}(x,y,z) &= -\frac{3Pxyz}{2\pi r^5}\\
\tau_{zx}(x,y,z) &= -\frac{3Px^2z}{2\pi r^5}\\
\tau_{xy}(x,y,z) &= \frac{Py}{2\pi r^3}\left[\frac{1-2\mu}{(r+z)^2}\left(x^2-r^2+\frac{2rx^2}{r+z}\right)-\frac{3x^2}{r^2}\right]
\end{aligned}\right\} \tag{6-21}$$

其中

$$r=(x^2+y^2+z^2)^{1/2} \tag{6-21a}$$

(4)明德林解[7]

明德林问题是关于均质弹性半无限空间体内作用一集中力(垂直或平行)时,空间体内任一点 M 的位移及应力,如图 6-5 所示。

明德林问题的求解是利用叠加法完成的,叠加的基础是开尔文问题,叠加的限制条件是表面完全自由。

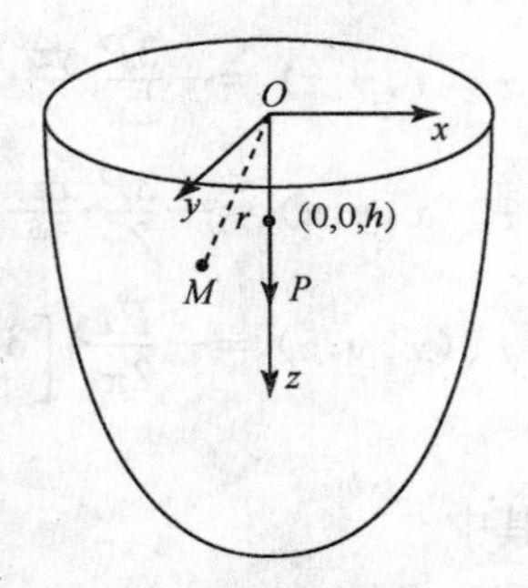

图 6-5 明德林问题

当集中力 P 垂直于自由表面时,则有位移分量:

$$u=\frac{Pr}{16(1-\mu)\pi G}\left[\frac{z-h}{r_1^3}+\frac{(3-4\mu)(z-h)}{r_2^3}-\frac{4(1-\mu)(1-2\mu)}{(r_2+z+h)r_2}+6h\frac{z(z+h)}{r_2^3}\right]$$

$$
\left.\begin{aligned}
v &= \frac{Pr}{16(1-\mu)\pi G}\left[\frac{z-h}{r_1^3}+\frac{(3-4\mu)(z-h)}{r_2^3}-\frac{4(1-\mu)(1-2\mu)}{(r_2+z+h)r_2}+\right.\\
&\quad \left.6h\frac{z(z+h)}{r_2^3}\right]\\
\omega &= \frac{P}{16\pi G(1-\mu)}\left[\frac{3-4\mu}{r_1}+\frac{8(1-\mu)^2-(3-4\mu)}{r_2}+\frac{(z-h)^2}{r_1^3}+\right.\\
&\quad \left.\frac{(3-4\mu)(z+h)^2+2hz}{r_2^3}+6h\frac{z(z+h)^2}{r_2^3}\right]
\end{aligned}\right\}\quad(6\text{-}22)
$$

其中

$$
\left.\begin{aligned}
r_1 &= [x^2+y^2+(z-h)^2]^{1/2}\\
r_2 &= [x^2+y^2+(z+h)^2]^{1/2}\\
r &= (x^2+y^2)^{1/2}
\end{aligned}\right\}\quad(6\text{-}22a)
$$

柱坐标系下 M 点的应力分量：

$$
\left.\begin{aligned}
\sigma_r &= \frac{P}{8\pi(1-\mu)}\left[\frac{(1-2\mu)(z-h)}{r_1^3}-\frac{(1-2\mu)(z+7h)}{r_2^3}+\frac{4(1-\mu)(1-2\mu)}{(r_2+z+h)r_2}-\right.\\
&\quad \frac{3r^2(z-h)}{r_1^5}+\frac{6h(1-2\mu)(z+h)^2-6h^2(z+h)-3(3-4\mu)r^2(z-h)}{r_2^5}-\\
&\quad \left.\frac{30hr^2z(z+h)}{r_2^7}\right]\\
\sigma_\theta &= \frac{(1-2\mu)P}{8(1-\mu)\pi}\left[\frac{z-h}{r_1^3}+\frac{(3-4\mu)(z+h)+6h}{r_2^3}-\frac{4(1-\mu)}{(r_2+z+h)r_2}+\right.\\
&\quad \left.\frac{6h(z+h)^2}{r_2^5}-\frac{6h^2(z+h)}{(1-2\mu)r_2^5}\right]\\
\sigma_z &= \frac{P}{8(1-\mu)\pi}\left[-\frac{(1-2\mu)(z-h)}{r_1^3}+\frac{(1-2\mu)(z-h)}{r_2^3}-\frac{3(z-h)^3}{r_1^5}-\right.\\
&\quad \left.\frac{3(3-4\mu)z(z+h)^2-3h^2(z+h)(5z-h)}{r_2^5}-\frac{30hz(z+h)^3}{r^7}\right]\\
\tau_{yz} &= \frac{Pr}{8(1-\mu)\pi}\left[-\frac{1-2\mu}{r_1^3}+\frac{1-2\mu}{r_2^3}+\frac{3(z-h)^2}{r_1^5}-\frac{30z(z+h)^2}{r_2^7}-\right.\\
&\quad \left.\frac{3(3-4\mu)z(z+h)-3h^2(3z+h)}{r_2^5}\right]
\end{aligned}\right\}\quad(6\text{-}23)
$$

如果图 6-5 中的集中力 P 作用方向与表面平行，则任意一点 M 的位移分量：

$$
\left.\begin{aligned}
u&=\frac{P}{16\pi G(1-\mu)}\left\{\frac{3-4\mu}{r_1}+\frac{1}{r_2}+\frac{x^2}{r_1^3}+\frac{(3-4\pi)x^2}{r_2^3}+\frac{2zh}{r_2^3}\left(1-\frac{3x^2}{r_2^2}\right)+\right.\\
&\quad\left.\frac{4(1-\mu)(1-2\mu)}{r_2+z+h}\left[1-\frac{x^2}{r(r_2+z+h)}\right]\right\}\\
v&=\frac{Pxy}{16\pi G(1-\mu)}\left[\frac{1}{r_1^3}+\frac{3-4\mu}{r_2^3}-\frac{6hz}{r_2^5}-\frac{4(1-\mu)(1-2\mu)}{r_2(r_2+z+h)^2}\right]\\
w&=\frac{Px}{16\pi G(1-\mu)}\left[\frac{z-h}{r_1^3}+\frac{(3-4a)(z-h)}{r_2^3}-\frac{6hz(z+h)}{r_2^5}+\right.\\
&\quad\left.\frac{4(1-\mu)(1-2\mu)}{r_2(r_2+z+h)}\right]
\end{aligned}\right\}
\tag{6-24}
$$

应力分量：

$$
\begin{aligned}
\sigma_x&=\frac{Px}{8\pi(1-\mu)}\left\{-\frac{1-2\mu}{r_1^3}+\frac{(1-2\mu)(5-4\mu)}{r_2^3}-\frac{3x^2}{r_1^5}-\frac{3(3-4\mu)x^2}{r_2^5}-\right.\\
&\quad\frac{4(1-\mu)(1-2\mu)}{r_2(r_2+z+h)^2}\left[3-\frac{x^2(3r_2+z+h)}{r_2^2(r_2+z+h)}\right]+\\
&\quad\left.\frac{6h}{r_2^5}\left[3h-(3-2\mu)(z+h)+\frac{5x^2z}{r_2^2}\right]\right\}\\
\sigma_y&=\frac{Px}{8\pi(1-\mu)}\left\{\frac{1-2\mu}{r_1^3}+\frac{(1-2\mu)(3-4\mu)}{r_2^3}-\frac{3y^2}{r_1^5}-\frac{3(3-4\mu)y^2}{r_2^5}-\right.\\
&\quad\frac{4(1-\mu)(1-2\mu)}{r_2(r_2+z+h)^2}\left[1-\frac{y^2(3r_2+z+h)}{r_2^2(r_2+z+h)}\right]+\\
&\quad\left.\frac{6h}{r_2^5}\left[h-(1-2\mu)(z+h)+\frac{5y^2z}{r_2^2}\right]\right\}\\
\sigma_z&=\frac{Px}{8\pi(1-\mu)}\left\{\frac{1-2\mu}{r_1^3}+\frac{1-2\mu}{r_2^3}-\frac{3(z-h)^2}{r_1^5}-\frac{3(3-4\mu)(z+h)^2}{r_2^5}+\right.\\
&\quad\left.\frac{6h}{r_2^5}\left[h+(1-2\mu)(z+h)+\frac{5z(z+h)^2}{r_2^2}\right]\right\}\\
\tau_{zy}(x,y,z)&=\frac{Pxy}{8\pi(1-\mu)}\left\{-\frac{3(z-h)}{r_1^5}-\frac{3(3-4\mu)(z+h)}{r_1^5}+\right.\\
&\qquad\left.\frac{6h}{r_2^5}\left[1-2\mu+\frac{5z(z+h)}{r_2^2}\right]\right\}\\
\tau_{xz}&=\frac{P}{8\pi(1-\mu)}\left\{-\frac{(1-2\mu)(z-h)}{r_1^3}+\frac{(1-2\mu)(z-h)}{r_2^3}-\frac{3x^2(z-h)}{r_1^5}-\right.\\
&\quad\left.\frac{3(3-4\mu)x^2(z+h)}{r_2^5}-\frac{6h}{r^5}\left[z(z+h)-(1-2\mu)x^2-\frac{5x^2z(z+h)}{r_2^2}\right]\right\}
\end{aligned}
$$

$$\tau_{yx}=\frac{Py}{8\pi(1-\mu)}\left\{-\frac{1-2\mu}{r_1^3}+\frac{1-2\mu}{r_2^3}-\frac{3x^2}{r_1^5}-\frac{3(3-4\mu)x^2}{r_2^5}-\right.$$

$$\left.\frac{4(1-\mu)(1-2\mu)}{r_2(r_2+z+h)^2}\left[1-\frac{x^2(3r_2+z+h)}{r_2^2(r_2+z+h)}\right]+\frac{6hz}{r_2^5}\left(1-\frac{5x^2}{r_2^2}\right)\right\} \tag{6-25}$$

(5)符拉茫问题[8]

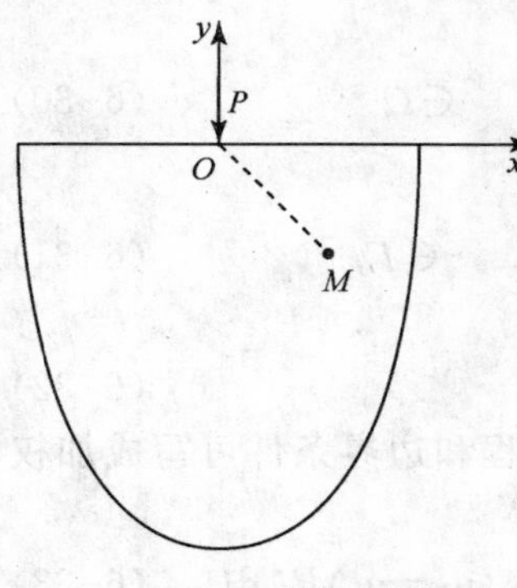

图 6-6　符拉茫问题

符拉茫问题描述了弹性半无限平面上作用一垂直于边界的集中力 P 时的位移和应力场。符拉茫问题可以当作是平面应变问题，也可以当作是平面应力问题。对于如图 6-6 所示的平面应力问题，任意点 M 的位移：

$$\left.\begin{aligned}u(x,y)&=\frac{P}{2\pi G}\left[(1-2\mu)\left(\arctan\frac{y}{x}+\frac{\pi}{2}\right)+\frac{x^2}{x^2+y^2}\right]\\v(x,y)&=-\frac{P}{2\pi G}\left[2(1-\mu)\ln\frac{x^2+y^2}{l^2}+\frac{y^2}{x^2+y^2}\right]\end{aligned}\right\} \tag{6-26}$$

式中，l 为待定常数，依靠 y 方向的位移条件确定。例如当 $x=0, y=-h$ 处竖向位移 $v=0$ 时，则有 $l=-h/e^{-\frac{1}{2(1-\mu)}}$。

应力分量：

$$\left.\begin{aligned}\sigma_x(x,y)&=-\frac{2Px^2y}{\pi(x^2+y^2)^2}\\\sigma_y(x,y)&=-\frac{2Py^3}{\pi(x^2+y^2)^2}\\\tau_{xy}(x,y)&=-\frac{2Pxy^2}{\pi(x^2+y^2)^2}\end{aligned}\right\} \tag{6-27}$$

6.3　边界积分方程与边界元方法

6.3.1　边界积分方程

对于各向同性线弹性体，已知有张量形式的平衡方程：

$$\sigma_{ij,j}+X_i=0 \qquad \in \Omega \tag{6-28}$$

几何方程：

$$\varepsilon_{ij}=\frac{1}{2}(u_{i,j}+u_{j,i}) \qquad \in \Omega \tag{6-29}$$

物理方程：

$$\sigma_{ij}=\frac{E}{1+\mu}\left(\varepsilon_{ij}+\frac{\mu}{1-2\mu}\varepsilon_{kk}\delta_{ij}\right) \qquad \in \Omega \tag{6-30}$$

另外，还有应力边界条件：

$$P_i=\sigma_{ij}n_j=\overline{P}_i \qquad \in \Gamma_\sigma \tag{6-31}$$

位移边界条件：

$$u_i=\bar{u}_i \qquad \in \Gamma_u \tag{6-32}$$

与加权残值法公式(6-7)对应，针对于平衡方程和边界条件可写成加权残值法方程：

$$\int_\Omega(\sigma_{jk,j}+X_k)u_j^*\,\mathrm{d}\Omega=\int_{\Gamma_\sigma}(P_k-\overline{P}_k)u_k^*\,\mathrm{d}\Gamma+\int_{\Gamma_u}(\bar{u}_k-u_k)P_k^*\,\mathrm{d}\Gamma \tag{6-33}$$

式中，$P_k^*=n_j\sigma_{jk}^*$。

如果取 u_k^* 为满足方程

$$\sigma_{jk,j}^*+\delta_l(i)=0$$

的对应解，$\delta_l(i)$表示在 i 点外 l 方向所作用的单位荷载，显然 u_k^* 是开尔文解。这样，利用弹性力学中的索米格里埃娜公式方程(6-33)变成[1]

$$u_l^i+\int_{\Gamma_u}\bar{u}_kP_{lk}^*\,\mathrm{d}\Gamma+\int_{\Gamma_\sigma}u_kP_{lk}^*\,\mathrm{d}\Gamma=\int_\Omega X_ku_{lk}^*\,\mathrm{d}\Omega+\int_{\Gamma_u}P_ku_{lk}^*\,\mathrm{d}\Gamma+\int_{\Gamma_\sigma}\overline{P}_ku_{lk}^*\,\mathrm{d}\Gamma \tag{6-34}$$

式中，u_l^i 代表沿 l 方向的 i 点的位移；P_{lk}^*、u_{lk}^* 分别代表由于单位集中力沿坐标 l 方向作用时，在 k 方向产生的面力和位移。

将源点 i 改为 s，则上式变成

$$u_l(S)+\int_\Gamma u_k(Q)P_{lk}^*(S,Q)\,\mathrm{d}\Gamma=\int_\Gamma P_k(Q)u_{lk}^*(S,Q)\,\mathrm{d}\Gamma+\int_\Omega X_ku_{lk}^*(S,Q)\,\mathrm{d}\Omega \tag{6-35}$$

而 Q 为边界点。如果进一步将源点 S 移到边界上，则有如下边界积分方程：

$$C_{lk}u_k(S)+\int_\Gamma u_k(Q)P_{lk}^*(S,Q)\,\mathrm{d}\Gamma=\int_\Gamma P_k(Q)u_{lk}^*(S,Q)\,\mathrm{d}\Gamma+\int_\Omega X_ku_{lk}^*(S,Q)\,\mathrm{d}\Omega \tag{6-36}$$

式中，C_{lk} 为由于边界几何形状产生的几何矩阵，对于光滑边界有 $C_{lk}=\delta_{lk}/2$。

6.3.2 边界单元法

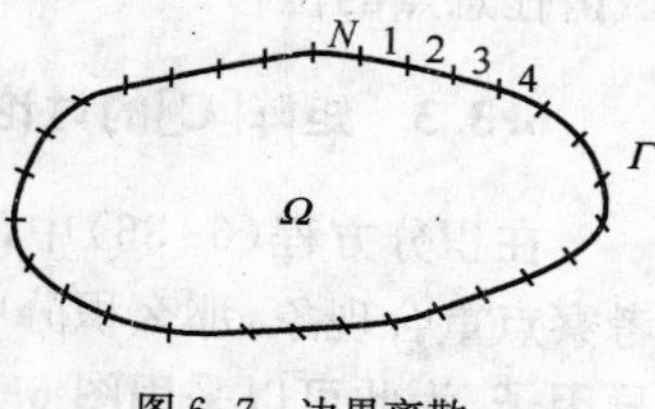

图 6-7 边界离散

边界积分方程(6-36)完全解析求解十分困难,为此可采用数值方法——边界单元法求解。

对于图 6-7 所示的投影域 $\Omega+\Gamma$,沿边界进行离散,将边界 Γ 划分为 N 个边界单元,在每一个单元上规定所需求解的节点,单元上所需求解的位移和面力写成节点的插值函数:

$$\left.\begin{aligned}\{u\}&=[\Psi]\{u\}_j\\ \{P\}&=[\Psi]\{P\}_j\end{aligned}\right\}\tag{6-37}$$

式中,$[\Psi]$为用边界单元局部坐标表示的形函数;$\{u\}_j$、$\{P\}_j$ 为边界单元节点上的位移和面力向量。

这样积分方程(6-36)可离散成(不计体积力)

$$[C]_i\{u\}_i+\sum_{j=1}^{N}\int_{\Gamma_j}[P^*]_{ij}[\Psi]\mathrm{d}\Gamma\{u\}_j=\sum_{j=1}^{N}\int_{\Gamma_j}[u^*]_{ij}[\Psi]\mathrm{d}\Gamma[P]_j\tag{6-38}$$

进一步写成

$$[C]_i\{u\}_i+\sum_{i=1}^{N}[H]_{ij}\{u\}_j=\sum_{j=1}^{N}[G]_{ij}\{P\}_j\tag{6-39}$$

其中

$$\left.\begin{aligned}[H]_{ij}&=\int_{\Gamma_j}[P^*]_{ij}[\Psi]\mathrm{d}\Gamma\\ [G]_{ij}&=\int_{\Gamma_j}[u^*]_{ij}[\Psi]\mathrm{d}\Gamma\end{aligned}\right\}\tag{6-39a}$$

再令

$$[H]'_{ij}=[H]_{ij}+[C]_i\delta_{ij}\tag{6-40}$$

则(6-39)变成

$$\sum_{j=1}^{N}[H]'_{ij}\{u\}_j=\sum_{j=1}^{N}[G]_{ij}\{P\}_j\tag{6-41}$$

写成矩阵形式

$$[H]\{u\}=[G]\{P\}\tag{6-42}$$

其中$[H]$、$[G]$为 $n\times n$ 阶矩阵。将方程(6-42)中的未知量移到等号左边,已知量移到右边,则有

$$[A]\{X\}=\{F\}\tag{6-43}$$

解此线性方程组即可求得边界上的未知位移和面力,进而由方程(6-35)求得

域内任意点的位移。

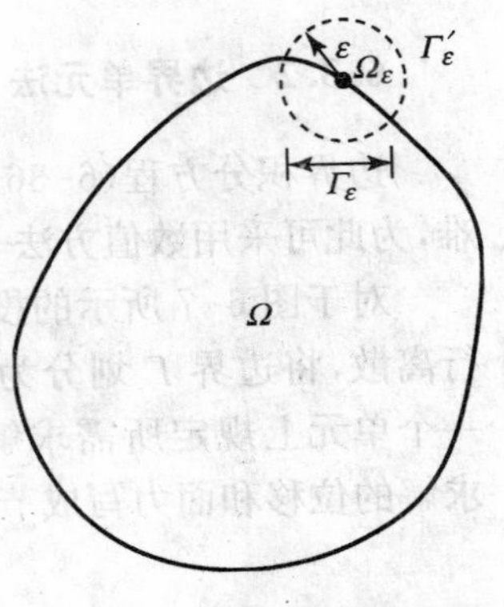

图 6-8　奇点的处理

6.3.3　矩阵[C]的讨论

在积分方程(6-36)中，由于可能出现源点和考察点重合现象，那么积分中将出现 $\ln r$ 或 $1/r$ 奇异因子，为此可以采用图 6-8 所示的方法，取一半径为 ε 的半圆弧绕过源点，使区域变成 $\Omega+\Omega_\varepsilon$，这样源点就变成域内点，故而基本解无奇异性。这样积分方程(6-35)变成

$$u_l(S)+\int_{\Gamma-\Gamma_\varepsilon+\Gamma'_\varepsilon}u_k(Q)P^*_{lk}(S,Q)\mathrm{d}\Gamma=$$

$$\int_{\Gamma-\Gamma_\varepsilon+\Gamma'_\varepsilon}P_k(Q)u^*_{lk}(S,Q)\mathrm{d}\Gamma+\int_{\Omega+\Omega_\varepsilon}X_k u^*_{lk}(S,Q)\mathrm{d}\Omega \tag{6-44}$$

从图 6-8 可以看到，当 $\varepsilon\to 0$ 时，$(\Gamma-\Gamma_\varepsilon)\to\Gamma_j$，　$(\Omega+\Omega_\varepsilon)\to\Omega$。且对于开尔文解可以证明

$$\lim_{\varepsilon\to 0}\int_{\Gamma'_\varepsilon}u^*(S,Q)P_k(Q)\mathrm{d}\Gamma=0$$

而

$$\lim_{\varepsilon\to 0}\int_{\Gamma'_\varepsilon}P^*(S,Q)u_k(Q)\mathrm{d}\Gamma=C_{lk}u_k(s) \tag{6-45}$$

其中 C_{lk} 称为边界共点影响系数矩阵，一般定义为(平面问题)

$$C_{lk}=[C]=\begin{bmatrix}C_{xx} & C_{xy}\\ C_{yx} & C_{yy}\end{bmatrix}=-\frac{1}{4\pi(1-\mu)}$$

$$\begin{bmatrix}2(1-\mu)(\varphi_1-\varphi_2)+\frac{1}{2}[\sin(2\varphi_1)-\sin(2\varphi_2)] & \sin\varphi_1^2-\sin^2\varphi_2\\ \sin^2\varphi_1-\sin^2\varphi_2 & 2(1-\mu)(\varphi_1-\varphi_2)-\frac{1}{2}[\sin(2\varphi_1)-\sin(2\varphi_2)]\end{bmatrix} \tag{6-46}$$

其中 φ_1、φ_2 如图 6-9 所示。

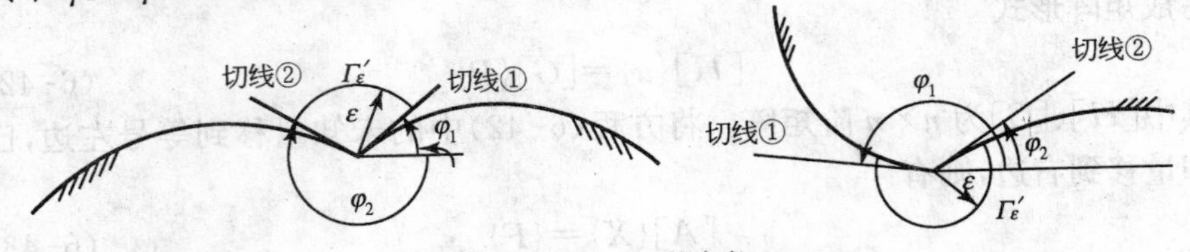

图 6-9　φ_1、φ_2 的含义

按边界正向约定，设转角以逆时针为正，φ_1 是切线①对 x 轴的逆时针转角，$\varphi_2=\varphi_1-\Delta\varphi$，$\Delta\varphi$ 是 Γ_ε 在切线①与②之间对应弧度的绝对值。若 S 点（边界 Q 点）附近是光滑的，即切线连续，如图 6-10，故有 $\varphi_1-\varphi_2=\pi$，$\sin(2\varphi_1)-\sin(2\varphi_2)=0$，则式（6-46）变成

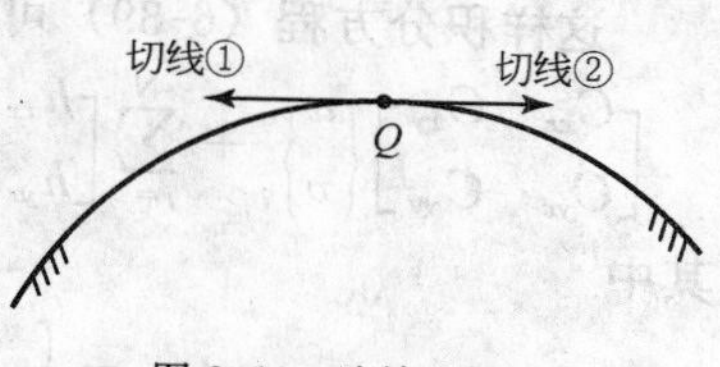

图 6-10　连续边界

$$[C]=\begin{bmatrix}-\frac{1}{2} & 0\\ 0 & -\frac{1}{2}\end{bmatrix} \tag{6-47}$$

6.4　平面问题

6.4.1　基本解

平面问题的基本解由平面开尔文解给出。对于平面应变问题，位移和面力的基本解形式：

$$\left.\begin{aligned}u_{lk}^{*}&=\frac{1}{8\pi G(1-\mu)}\left[(3-4\mu)l_n\frac{1}{r}\delta_{lk}+\frac{\partial r}{\partial l}\frac{\partial r}{\partial k}\right]\\ P_{lk}^{*}&=\frac{1}{4\pi(1-\mu)}\left\{\left[\frac{\partial r}{\partial n}(1-2\mu)\delta_{lk}+2\frac{\partial r}{\partial l}\frac{\partial r}{\partial k}\right]-(1-2\mu)\left[\frac{\partial r}{\partial l}n_k-\frac{\partial r}{\partial k}n_l\right]\right\}\end{aligned}\right\} \tag{6-48}$$

式中，r 为单位载荷作用点 S（或 i 点）到所考察点 Q（或 j）之间距离；n_i（$i=k$，l）是该点的表面法线的方向余弦。

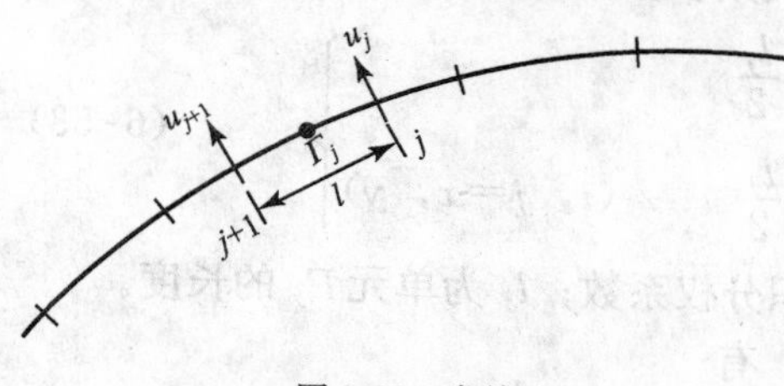

图 6-11　常单元

6.4.2　单元形函数与系数矩阵

(1)常单元

如图 6-11 所示，我们用一直线近似任一曲边单元，单元内的 u、P 值均为常数，并用中节点表示。则单元形函数

$$\Psi=1 \tag{6-49}$$

这样积分方程（6-39）可写成

$$\begin{bmatrix} C_{xx} & C_{xy} \\ C_{yx} & C_{yy} \end{bmatrix} \begin{Bmatrix} u \\ v \end{Bmatrix}_i + \sum_{j=1}^{N} \begin{bmatrix} h_{xx} & h_{xy} \\ h_{yx} & h_{yy} \end{bmatrix} \begin{Bmatrix} u \\ v \end{Bmatrix}_j = \sum_{j=1}^{N} \begin{bmatrix} g_{xx} & g_{xy} \\ g_{yx} & g_{yy} \end{bmatrix} \begin{Bmatrix} P_x \\ P_y \end{Bmatrix} \tag{6-50}$$

其中

$$\left.\begin{aligned} h_{xx} &= \int_{\Gamma_j} P_{xx}^* \mathrm{d}\Gamma, \quad h_{xy} = \int_{\Gamma_j} P_{xy}^* \mathrm{d}\Gamma \\ h_{yx} &= \int_{\Gamma_j} P_{yx}^* \mathrm{d}\Gamma, \quad h_{yy} = \int_{\Gamma_j} P_{yy}^* \mathrm{d}\Gamma \\ g_{xx} &= \int_{\Gamma_j} u_{xx}^* \mathrm{d}\Gamma, \quad g_{xy} = \int_{\Gamma_j} u_{xy}^* \mathrm{d}\Gamma \\ g_{yx} &= \int_{\Gamma_j} u_{yx}^* \mathrm{d}\Gamma, \quad g_{yy} = \int_{\Gamma_j} u_{yy}^* \mathrm{d}\Gamma \end{aligned}\right\} \tag{6-50a}$$

若令

$$[H]_{ij} = \begin{bmatrix} h_{xx} & h_{xy} \\ h_{yx} & h_{yy} \end{bmatrix}, \quad [G]_{ij} = \begin{bmatrix} g_{xx} & g_{xy} \\ g_{yx} & g_{yy} \end{bmatrix} \tag{6-51}$$

则式（6-50）便可改写为

$$[H]_{2n\times 2n}\{u\}_{2n\times 1} = [G]_{2n\times 2n}\{P\}_{2n\times 1} \tag{6-52}$$

其中

$$\left.\begin{aligned} \{u\} &= \{u_1, v_1, u_2, v_2, \cdots, u_n, v_n\}^{\mathrm{T}} \\ \{P\} &= \{P_{x1}, P_{y1}, P_{x2}, P_{y2}, \cdots, P_{xn}, P_{yn}\}^{\mathrm{T}} \end{aligned}\right\} \tag{6-52a}$$

上式中，u_j、P_j 中包括 $\bar{u}_j$ 和 $\bar{P}_j$，而一个节点共有 u、v 和 P_x、P_y 四个参数，其中有两个是给定的。所以式（6-52）中的 $4n$ 个参数中有一半是给定的，剩下的 $2n$ 个参数未知，由式（6-52）中的 $2n$ 个线性方程组即可求解。

对于系统矩阵的元素 h_{ij} 和 g_{ij}，当源点 i 不在单元 Γ_j 上时，系数式（6-50a）中无奇异性存在，因而可直接用高斯积分给出

$$\left.\begin{aligned} h_{ij} &= \sum_{m=1}^{k} [P_{ij}^* (\xi_m) \omega_m] \frac{l_j}{2} \\ g_{ij} &= \sum_{m=1}^{k} [u_{ij}^* (\xi_m) \omega_m] \frac{l_j}{2} \qquad (i, j=x, y) \end{aligned}\right\} \tag{6-53}$$

式中，k 为高斯积分点数；ω_m 为积分权系数；l_j 为单元 Γ_j 的长度。

当源点 i 与 Γ_j 上的场点 j 重合时，有

$$\left.\begin{aligned} & h_{xy}=0, \qquad h_{yx}=0, \qquad [H]_{ii}=0 \\ & g_{xx} = \frac{l_j}{8\pi G(1-\mu)}\left[(3-4\mu)\left(1-\ln\frac{l_j}{2}\right)+\cos^2\beta\right] \end{aligned}\right\}$$

$$\left.\begin{aligned}g_{xy}&=g_{yx}=\frac{l_j\sin\beta\cos\beta}{8\pi G\ (1-\mu)}\\g_{yy}&=\frac{l_j}{8\pi G\ (1-\mu)}\left[(3-4\mu)\ \left(1-\ln\frac{l_j}{2}\right)+\sin^3\beta\right]\end{aligned}\right\}\tag{6-54}$$

式中，β 为单元Γ_j 和水平轴之夹角，如图 6-12 所示。

(2)线性单元

如图 6-13 所示为一线性单元，即将边界曲边以直线近似，单元内的位移和面力用单元两端点节点的值近似表示。形函数

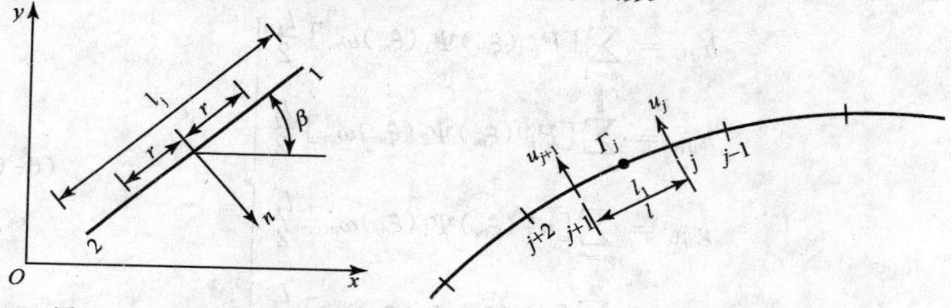

图 6-12　边界单元之夹角

图 6-13　线性单元

$$[\Psi]=\frac{1}{2}\begin{bmatrix}1-\xi & 1+\xi & 0 & 0\\0 & 0 & 1-\xi & 1+\xi\end{bmatrix}\tag{6-55}$$

单元上的位移和面力分别为

$$\begin{Bmatrix}u\\v\end{Bmatrix}=\frac{1}{2}\begin{bmatrix}1-\xi & 1+\xi & 0 & 0\\0 & 0 & 1-\xi & 1+\xi\end{bmatrix}\begin{Bmatrix}u_{\mathrm{L}}\\u_{\mathrm{R}}\\v_{\mathrm{L}}\\v_{\mathrm{R}}\end{Bmatrix}\tag{6-56}$$

$$\begin{Bmatrix}P_x\\P_y\end{Bmatrix}=\frac{1}{2}\begin{bmatrix}1-\xi & 1+\xi & 0 & 0\\0 & 0 & 1-\xi & 1+\xi\end{bmatrix}\begin{Bmatrix}P_{x\mathrm{L}}\\P_{x\mathrm{R}}\\P_{y\mathrm{L}}\\P_{y\mathrm{R}}\end{Bmatrix}\tag{6-57}$$

式中，l、R 表示单元的左、右节点。

将式（6-56)、式（6-57）引入积分方程（6-38）中，其左端第二项积分写成

$$\int_{\Gamma_j}[P^*]_{ij}[\Psi]\mathrm{d}\Gamma\{u\}_j=\begin{bmatrix}h_{xx\mathrm{L}} & h_{xy\mathrm{L}} & h_{xx\mathrm{R}} & h_{xy\mathrm{R}}\\h_{yx\mathrm{L}} & h_{yy\mathrm{L}} & h_{yx\mathrm{R}} & h_{yy\mathrm{R}}\end{bmatrix}\begin{Bmatrix}u_{\mathrm{L}}\\u_{\mathrm{R}}\\v_{\mathrm{L}}\\v_{\mathrm{R}}\end{Bmatrix}\tag{6-58}$$

右端积分项

$$\int_{\Gamma_j}[u^*]_{ij}[\Psi]\mathrm{d}\Gamma_j\{P\}_j=\begin{bmatrix} g_{xx\mathrm{L}} & g_{xy\mathrm{L}} & g_{xx\mathrm{R}} & g_{xy\mathrm{R}} \\ g_{yx\mathrm{L}} & g_{yy\mathrm{L}} & g_{yx\mathrm{R}} & g_{yy\mathrm{R}} \end{bmatrix}\begin{Bmatrix} P_{x\mathrm{L}} \\ P_{y\mathrm{L}} \\ P_{x\mathrm{R}} \\ P_{y\mathrm{R}} \end{Bmatrix} \tag{6-59}$$

当源点 i 不在 Γ_j 单元上时，$h_{ij\mathrm{L}}$、$h_{ij\mathrm{R}}$ 和 $g_{ij\mathrm{L}}$、$g_{ij\mathrm{R}}$ 仍按常规的高斯积分法计算，即

$$\left.\begin{aligned} h_{ij\mathrm{L}} &= \sum_{m=1}^{k}[P_{ij}^*(\xi_m)\Psi_1(\xi_m)\omega_m]\frac{l_j}{2} \\ h_{ij\mathrm{R}} &= \sum_{m=1}^{k}[P_{ij}^*(\xi_m)\Psi_2(\xi_m)\omega_m]\frac{l_j}{2} \\ g_{ij\mathrm{L}} &= \sum_{m=1}^{k}[u_{ij}^*(\xi_m)\Psi_1(\xi_m)\omega_m]\frac{l_j}{2} \\ g_{ij\mathrm{R}} &= \sum_{m=1}^{k}[u_{ij}^*(\xi_m)\Psi_2(\xi_m)\omega_m]\frac{l_j}{2} \end{aligned}\right\} \tag{6-60}$$

如果源点 i 和 Γ_j 单元的左节点重合时，有

$$\left.\begin{aligned} & h_{xx\mathrm{R}} = h_{yy\mathrm{R}} = 0 \\ & h_{xy\mathrm{R}} = -h_{yx\mathrm{R}} = -\frac{1-2\mu}{4(1-\mu)\pi} \\ & g_{xx\mathrm{R}} = \frac{l_j}{16\pi G(1-\mu)}[(3-4\mu)(0.5-\ln l_j)+\cos^2\beta] \\ & g_{xy\mathrm{R}} = g_{yx\mathrm{R}} - \frac{l_j}{16\pi G(1-\mu)}\cos\beta\sin\beta \\ & g_{yy\mathrm{R}} = \frac{l_j}{16\pi G(1-\mu)}[(3-4\mu)(0.5-\ln l_j)+\sin^2\beta] \end{aligned}\right\} \tag{6-61}$$

$h_{ij\mathrm{L}}$、$g_{ij\mathrm{L}}$ 仍如式（6-60）。

当源点 i 和 Γ_j 单元右节点重合时，有

$$\left.\begin{aligned} & h_{xx\mathrm{L}} = h_{yy\mathrm{L}} = 0 \\ & h_{xy\mathrm{L}} = -h_{yx\mathrm{L}} = \frac{1-2\mu}{4\pi(1-\mu)} \\ & g_{xx\mathrm{L}} = \frac{l_j}{16\pi G(1-\mu)}[(3-4\mu)(1.5-\ln l_j)+\cos^2\beta] \\ & g_{xy\mathrm{L}} = g_{yx\mathrm{L}} = \frac{l_j}{16\pi G(1-\mu)}\cos\beta\sin\beta \end{aligned}\right\}$$

$$g_{yyL}=\frac{l_j}{16\pi G(1-\mu)}[(3-4\mu)(1.5-\ln l_j)+\sin^2\beta]\Bigg\} \tag{6-62}$$

h_{ijR}、g_{ijR}仍如式（6-60）。

由于线性单元有两个节点，而每一个节点又分别为相邻单元的左、右节点，故而在最终构成边界元矩阵方程时，相邻的两个单元对同一个节点的贡献应该叠加，即

$$\left.\begin{aligned}[H]_{ij}&=\begin{bmatrix}h_{xxR} & h_{xyR}\\ h_{yxR} & h_{yyR}\end{bmatrix}_{j-1}+\begin{bmatrix}h_{xxL} & h_{xyL}\\ h_{yxL} & h_{yyL}\end{bmatrix}_j\\ [G]_{ij}&=\begin{bmatrix}g_{xxR} & g_{xyR}\\ g_{yxR} & g_{yyR}\end{bmatrix}_{j-1}+\begin{bmatrix}g_{xxL} & g_{xyL}\\ g_{yxL} & g_{yyL}\end{bmatrix}_j\end{aligned}\right\} \tag{6-63}$$

(3)二次等参元

二次等参单元即将单元Γ_j上的力学量，用单元的两个端节点和中节点的值二次近似插值，如图 6-14 所示。此时的形函数

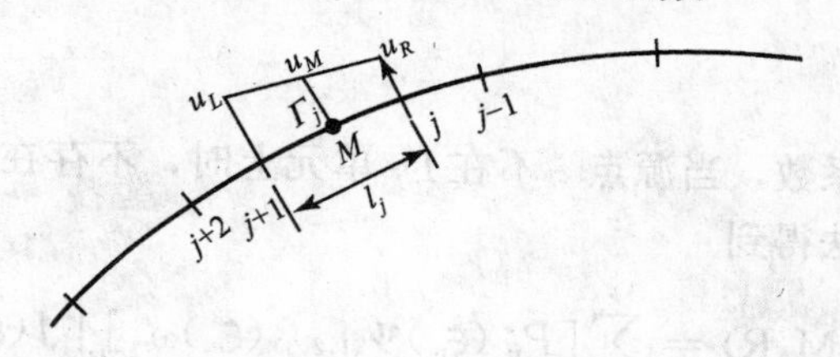

图 6-14　二次单元

$$[\Psi]=\begin{bmatrix}\xi(\xi-1)/2 & (1-\xi)(1+\xi) & \xi(\xi+1)/2 & 0 & 0 & 0\\ 0 & 0 & 0 & \xi(\xi-1)/2 & (1-\xi)(1+\xi) & \xi(\xi+1)/2\end{bmatrix} \tag{6-64}$$

位移分量

$$\begin{Bmatrix}u\\ v\end{Bmatrix}=\begin{bmatrix}\xi(\xi-1)/2 & (1-\xi)(1+\xi) & \xi(\xi+1)/2 & 0 & 0 & 0\\ 0 & 0 & 0 & \xi(\xi-1)/2 & (1-\xi)(1+\xi) & \xi(\xi+1)/2\end{bmatrix}\begin{Bmatrix}u_L\\ u_M\\ u_R\\ v_L\\ v_M\\ v_R\end{Bmatrix} \tag{6-65}$$

面力分量形式完全相同，但只需将u、v换成P_x、P_y即可。

此时积分方程（6-38）中左端第二项和右端项积分可以分别写成

$$\int_{\Gamma_j}[P^*]_{ij}[\Psi]\mathrm{d}\Gamma\{u\}_j=\begin{bmatrix}h_{xxL} & h_{xyL} & h_{xxM} & h_{xyM} & h_{xxR} & h_{xyR}\\ h_{yxL} & h_{yyL} & h_{yxM} & h_{yyM} & h_{yxR} & h_{yyR}\end{bmatrix}\begin{Bmatrix}u_L\\ u_M\\ u_R\\ v_L\\ v_M\\ v_R\end{Bmatrix} \tag{6-66}$$

$$\int_{\Gamma_j}[u^*]_{ij}[\Psi]\mathrm{d}\Gamma\{P\}_j=\begin{bmatrix}g_{xxL} & g_{xyL} & g_{xxM} & g_{xyM} & g_{xxR} & g_{xyR}\\ g_{yxL} & g_{yyL} & g_{yxM} & g_{yyM} & g_{yxR} & g_{yyR}\end{bmatrix}\begin{Bmatrix}P_{xL}\\ P_{yL}\\ P_{xM}\\ P_{yM}\\ P_{xR}\\ P_{yR}\end{Bmatrix} \tag{6-67}$$

上述两式中系数，当源点 i 不在 Γ_j 单元上时，不存在奇异性，可直接用高斯数值积分法得到

$$\left.\begin{aligned}h_{ij}(\mathrm{L,M,R})&=\sum_{m=1}^{k}[P_{ij}^*(\xi_m)\Psi_{(1,2,3)}(\xi_m)\omega_m]\,|J(\xi_m)|\\ g_{ij}(\mathrm{L,M,R})&=\sum_{m=1}^{k}[u_{ij}^*(\xi_m)\Psi_{(1,2,3)}(\xi_m)\omega_m]\,|J(\xi_m)|\end{aligned}\right\} \tag{6-68}$$

式中，i、$j=x$、y，而

$$|J|=\left\{\left[(x_R+x_M-2x_L)\xi+\frac{1}{2}(x_M-x_R)\right]^2+\left[(y_R+y_M-2y_L)\xi+\frac{1}{2}(y_M-y_R)\right]^2\right\}^{1/2} \tag{6-69}$$

为雅可比多项式，x_R、x_M、x_L 分别为单元节点的整体坐标。

当源点 i 落在 Γ_j 单元上时，此时要分别针对 i 和不同的节点重合情况，用单元局部坐标变换法分离出奇异积分因子，分别用不同的数值积分方法运算。

6.4.3 边界应力的计算

有边界上的全部位移和面力，就可以计算边界上的应力分量。如图 6-15

所示，边界面力和单元应力关系为

$$\left.\begin{aligned}\sigma_n &= P_x\cos(n\cdot x)+P_y\cos(n\cdot y)=P_n\\ \tau_s &= P_y\cos(n\cdot x)-P_x\cos(n\cdot y)=P_s\end{aligned}\right\} \tag{6-70}$$

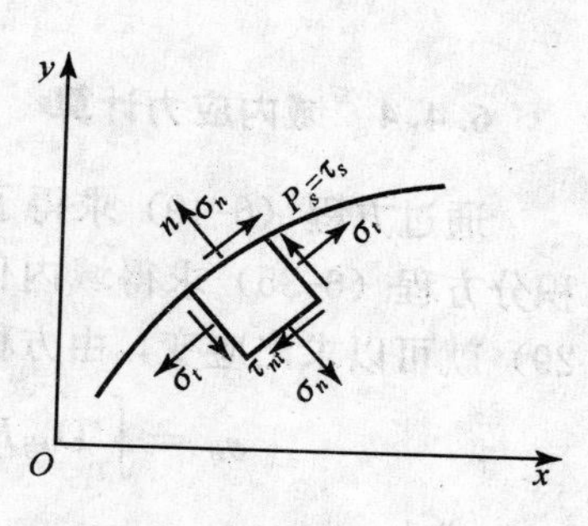

图 6-15　边界应力关系

为了求得平行于边界切线方向的应力分量σ_t，可利用弹性方程

$$\left.\begin{aligned}\sigma_x &= \frac{2G}{1-2\mu}\left[\mu\frac{\partial v}{\partial y}+(1-\mu)\frac{\partial u}{\partial x}\right]\\ \sigma_y &= \frac{2G}{1-2\mu}\left[\mu\frac{\partial u}{\partial x}+(1-\mu)\frac{\partial v}{\partial y}\right]\end{aligned}\right\} \tag{6-71}$$

消去$\frac{\partial u}{\partial v}$，得

$$\sigma_x=\frac{2G}{1-\mu}\frac{\partial v}{\partial x}+\frac{\mu}{1-\mu}\sigma_y$$

转化到 s-n 坐标，则得平行于边界的切向应力

$$\sigma_t=\frac{2G}{1-\mu}\frac{\partial u_s}{\partial s}+\frac{\mu}{1-\mu}\sigma_n \tag{6-72}$$

而边界位移可以同理从边界位移矢量推得

$$\left.\begin{aligned}u_s &= u\cos\beta+v\sin\beta\\ u_n &= v\cos\beta-u\sin\beta\end{aligned}\right\} \tag{6-73}$$

见图 6-16。

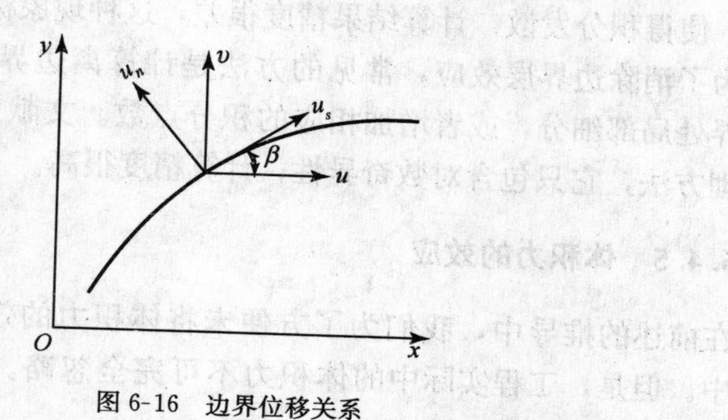

图 6-16　边界位移关系

6.4.4 域内应力计算

通过方程（6-49）求得了边界上的未知 $\{u\}$ 和 $\{P\}$ 后，就可以代入积分方程（6-35）求得域内任一点 S 的位移，有了位移代入几何方程（6-29）就可以求出应变，由方程（6-30）求得应力。最终可写成张量形式

$$\sigma_{ij}=\int_{\Gamma}D_{kij}P_k\mathrm{d}\Gamma-\int_{\Gamma}S_{kij}u_k\mathrm{d}\Gamma+\int_{\Omega}D_{kij}X_k\mathrm{d}\Omega \tag{6-74}$$

式中，

$$D_{kij}=\frac{1}{4\alpha\pi(1-\mu)r^{\alpha}}\left\{(1-2\mu)\left[\delta_{ik}\frac{\partial r}{\partial j}+\delta_{ik}\frac{\partial r}{\partial j}-\delta_{ij}\frac{\partial r}{\partial k}\right]+\beta\frac{\partial r}{\partial i}\frac{\partial r}{\partial j}\frac{\partial r}{\partial k}\right\} \tag{6-74a}$$

$$\begin{aligned}S_{kij}=\frac{G}{2\alpha\pi(1-\mu)\pi r^{\beta}}\Big\{&\beta\frac{\partial r}{\partial n}\Big[(1-2\mu)\delta_{ij}\frac{\partial r}{\partial k}+\mu\Big(\delta_{ik}\frac{\partial r}{\partial j}+\delta_{jk}\frac{\partial r}{\partial j}\Big)-\\&r\frac{\partial r}{\partial i}\frac{\partial r}{\partial j}\frac{\partial r}{\partial k}\Big]+\beta\mu\Big(\frac{\partial r}{\partial i}\frac{\partial r}{\partial k}n_j+\frac{\partial r}{\partial j}\frac{\partial r}{\partial k}n_i\Big)+\\&(1-2\mu)\Big(n_j\delta_{ik}+n_i\delta_{jk}+\beta\frac{\partial r}{\partial i}\frac{\partial r}{\partial j}n_k\Big)-(1-4\mu)\delta_{ij}n_k\Big\}\end{aligned} \tag{6-74b}$$

上述公式对于二维、三维问题同样适用。对于二维问题 $\alpha=1$、$\beta=2$、$\gamma=4$；对于三维问题 $\alpha=2$，$\beta=3$，$\gamma=5$。

由于积分方程（6-74）中源点 S 和边界点 Q 不重合，所以可直接用数值计算方法运算。但是必须注意，当域内点 S 靠边界时，也即当 S 点与边界单元的距离小于边界元的长度时，由于积分核中存在 $1/r$ 和对数 $\ln r$ 的奇异性，使得积分发散，计算结果精度很差，这种现象称之为边界层效应。

为了消除边界层效应，常见的方法是计算离边界较近的域内点时，将此边界处局部细分，或者增加相应的积分点数。文献［9］提出了一种更好的处理方法，它只包含对数奇异性，计算精度很高。

6.4.5 体积力的效应

在前述的推导中，我们为了方便未将体积力的效应计入积分方程（6-38）中。但是，工程实际中的体积力不可完全忽略。现在分不同的体积力类型予以讨论。

记积分方程（6-35）中体积力积分项为

$$D_k^i=\int_{\Omega}u_{ki}^{*}X_i\mathrm{d}\Omega \tag{6-75}$$

定义二维问题的伽辽金张量

$$G_{ki}(S,Q)=\frac{1+\mu}{4\pi E}\delta_{ki}r^2\ln\frac{1}{r} \tag{6-76}$$

则由它构成的基本解

$$u_{ki}^*(S,Q)=G_{ki,jj}-\frac{G_{kj,ji}}{2(1-\mu)} \tag{6-77}$$

代入式（6-75）中，有

$$D_k^i=\int_\Omega\left[G_{ki,jj}-\frac{G_{kj,ji}}{2(1-\mu)}\right]X_i\mathrm{d}\Omega \tag{6-78}$$

对于重力荷载，当 $X_i=\rho g_j$ 为常数，则应用高斯定理，上式变成

$$D_k^g=\frac{1+\mu}{4\pi E}\int_\Gamma r\left(2\ln\frac{1}{r}-1\right)\left[X_kn_m\frac{\partial r}{\partial m}-\frac{X_mn_k\dfrac{\partial r}{\partial m}}{2(1-\mu)}\right]\mathrm{d}\Gamma \tag{6-79}$$

于是边界方程（6-36）变成

$$C_{lk}u_k(S)+\int_\Gamma P_{lk}^*u_k\mathrm{d}\Gamma=\int_\Gamma u_{lk}^*P_k\mathrm{d}\Gamma+\int_\Gamma b_k\mathrm{d}\Gamma \tag{6-80}$$

式中，

$$b_k=\frac{r}{8\pi G}\left(2\ln\frac{1}{r}-1\right)\left[X_kn_m\frac{\partial r}{\partial m}-\frac{X_mn_k\dfrac{\partial r}{\partial m}}{2(1-\mu)}\right] \tag{6-80a}$$

应力表达式（6-74）变成

$$\sigma_{ij}=\int_\Gamma D_{kij}P_k\mathrm{d}\Gamma-\int_\Gamma S_{kij}u_k\mathrm{d}\Gamma+\int_\Gamma S_{ij}^*d\Gamma \tag{6-81}$$

而

$$S_{ij}^*=\frac{1}{8\pi}\left\{2n_m\frac{\partial r}{\partial j}\left(X_i\frac{\partial r}{\partial j}+X_j\frac{\partial r}{\partial i}\right)+\frac{1}{1-\mu}\left[\delta_{ij}\mu\left(2n_mX_s\frac{\partial r}{\partial m}\frac{\partial r}{\partial s}+\left(1-2\ln\frac{1}{r}\right)X_mn_m\right)-X_m\frac{\partial r}{\partial_m}\left(n_i\frac{\partial r}{\partial j}+n_j\frac{\partial r}{\partial i}\right)+\frac{1-2\mu}{2}\left(1-2\ln\frac{1}{r}\right)(X_in_j+X_jn_i)\right]\right\} \tag{6-81a}$$

如果是离心力作用，即

$$X_i=\rho\omega^2\delta_{ij}y_j=g_{ij}y_j \tag{6-82}$$

则式（6-80）中

$$b_k=\frac{\rho\omega^2}{8\pi G}\left\{\left(2\ln\frac{1}{r}-1\right)\left[n_my_s\frac{\partial r}{\partial m}-\frac{\dfrac{\partial r}{\partial m}y_sn_k}{2(1-\mu)}\right]-\frac{1-2\mu}{2(1-\mu)}n_mr\ln\frac{1}{r}\right\} \tag{6-83}$$

应力表达式（6-81）中

$$S_{ij}=\frac{\rho\omega^2}{8\pi}\left\{2n_m\frac{\partial r}{\partial m}\left(y_s\frac{\partial r}{\partial j}+y_s\frac{\partial r}{\partial i}\right)+\frac{1}{1-\mu}\left\{r\delta_{ij}\left[2n_my_q\frac{\partial r}{\partial m}\frac{\partial r}{\partial s}+(1-2\ln\frac{1}{r}\right)\left(y_mn_s+n_mr\frac{\partial r}{\partial s}\right)+\frac{1-2\mu}{2}\left(1-2\ln\frac{1}{r}\right)(y_mn_j+y_mn_i)-\left(n_m\frac{\partial r}{\partial j}+n_m\frac{\partial r}{\partial i}\right)r\right]-\frac{\partial r}{\partial m}y_s\left(n_i\frac{\partial r}{\partial j}+n_j\frac{\partial r}{\partial i}\right)\right\}\right\} \tag{6-84}$$

6.5 轴对称问题

6.5.1 基本解

轴对称问题的基本解可以由布希涅斯克问题解给出。文献［10］的作者直接从求解基本方程也得到一种不同形式的基本解。

文献［11］直接给出了积分方程（6-35）中 u_{lk}^* (S, Q) 和 P_{lk}^* (S, Q) 的表达式分别为

$$\left.\begin{aligned}u_{lk}^*&=\frac{1}{16\pi G(1-\mu)}\left[(3-4\mu)\delta_{lk}+\frac{\partial r}{\partial l}\frac{\partial r}{\partial k}\right]\\P_{lk}^*&=\frac{-1}{8\pi(1-\mu)r^2}\left\{\frac{\partial r}{\partial n}\left[(1-2\mu)\delta_{lk}+3\frac{\partial r}{\partial l}\frac{\partial r}{\partial k}\right]-(1-2\mu)\left(\frac{\partial r}{\partial l}n_k-\frac{\partial r}{\partial k}n_l\right)\right\}\end{aligned}\right\} \tag{6-85}$$

式中，l，k=1、2、3 或 x、y、z。

6.5.2 边界积分方程

将边界积分方程（6-35）转换到轴对称情况下的柱坐标系，则对于域内点有

$$\left.\begin{aligned}u_r(S)=&2\pi\int_\Gamma u_{rr}^*(S,Q)P_r(Q)r_Q\mathrm{d}\Gamma+2\pi\int_\Gamma u_{rz}^*(S,Q)P_z(Q)r_Q\mathrm{d}\Gamma-\\&2\pi\int_\Gamma P_{rr}^*(S,Q)u_r(Q)r_Q\mathrm{d}\Gamma-2\pi\int_\Gamma P_{rz}^*(S,Q)u_z(Q)r_Q\mathrm{d}\Gamma\\u_z(S)=&2\pi\int_\Gamma u_{zr}^*(S,Q)P_r(Q)r_Q\mathrm{d}\Gamma+2\pi\int_\Gamma u_{zz}^*(S,Q)P_z(Q)r_Q\mathrm{d}\Gamma-\\&2\pi\int_\Gamma P_{zr}^*(S,Q)u_r(Q)r_Q\mathrm{d}\Gamma-2\pi\int_\Gamma P_{zz}^*(S,Q)u_z(Q)r_Q\mathrm{d}\Gamma\end{aligned}\right\} \tag{6-86}$$

式中，Γ 为轴对称体母线和两端正半径（r 正方向）所组成的积分边

界，如图 6-17 所示。

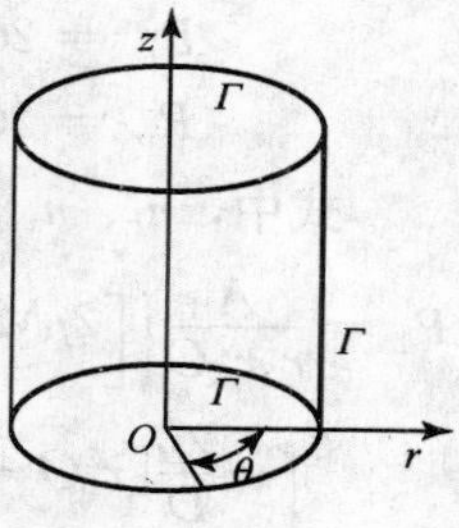

令积分方程（6-86）中的 $S\to Q$，即对于域内点 S 取极限使其趋近于边界点 Q，则可得到轴对称问题的边界积分方程

图 6-17　Γ边界

$$
\left.\begin{aligned}
&C_{rr}u_r(S)+C_{rz}u_z(S)\\
&=2\pi\int_\Gamma u_{rr}^*(S,Q)P_r(Q)r_Q\mathrm{d}\Gamma+2\pi\int_\Gamma u_{rz}^*(S,Q)P_z(Q)r_Q\mathrm{d}\Gamma-\\
&\quad 2\pi\int_\Gamma P_{rr}^*(S,Q)u_r(Q)r_Q\mathrm{d}\Gamma-2\pi\int_\Gamma P_{rz}^*(S,Q)u_z(Q)r_Q\mathrm{d}\Gamma\\
&C_{zr}u_r(S)+C_{zz}u_z(S)\\
&=2\pi\int_\Gamma u_{zr}^*(S,Q)P_r(Q)r_Q\mathrm{d}\Gamma+2\pi\int_\Gamma u_{zz}^*(S,Q)P_z(Q)r_Q\mathrm{d}\Gamma-\\
&\quad 2\pi\int_\Gamma P_{zr}^*(S,Q)u_r(Q)r_Q\mathrm{d}\Gamma-2\pi\int_\Gamma P_{zz}^*(S,Q)u_z(Q)r_Q\mathrm{d}\Gamma
\end{aligned}\right\}\tag{6-87}
$$

式中，r_Q 为边界点的坐标；而 C_{rr}、C_{rz}、C_{zr}、C_{zz} 仍由边界的几何形状确定。

积分方程（6-86）中的基本解表达式分别为

$$
\left.\begin{aligned}
u_{rr}^*&=\frac{A}{r_Sr_QC}\Big\{\left[(3-4\mu)(r_S^2+r_Q^2)+4(1-\mu)(z_S-z_Q)^2\right]k(m)+\\
&\qquad\left[-c^2(3-4\mu)-\frac{(z_S-z_Q)^2\left[r_S^2+r_Q^2+(z_S-z_Q)^2\right]}{D}\right]E(m)\Big\}\\
u_{rz}^*&=\frac{A(z_S-z_Q)}{r_SC}\left[k(m)-\frac{r_Q^2-r_S^2+(z_S-z_Q)^2}{D}E(m)\right]\\
u_{zr}^*&=\frac{A(z_S-z_Q)}{r_QC}\left[-k(m)+\frac{r_S^2-r_Q^2+(z_S-z_Q)^2}{D}E(m)\right]\\
u_{zz}^*&=\frac{2A}{C}\left[(3-4\mu)k(m)+\frac{(z_S-z_Q)^2}{D}E(m)\right]
\end{aligned}\right\}\tag{6-88}
$$

式中，

$$
\left.\begin{aligned}
k(m)&=\int_0^{\pi/2}(1-m^2\sin^2\varphi)^{\frac{1}{2}}\,\mathrm{d}\varphi\qquad |m|<1\\
E(m)&=\int_0^{\pi/2}(1-m^2\sin^2\varphi)^{-\frac{1}{2}}\,\mathrm{d}\varphi\qquad |m|<1
\end{aligned}\right\}\tag{6-89}
$$

而面力分量基本解

$$\left.\begin{aligned}P_{rr}^{*} &= 2G(P_1 n_r + P_2 n_z) \quad , \quad P_{rz}^{*} = 2G(P_3 n_r + P_4 n_z) \\ P_{zr}^{*} &= 2G(P_5 n_r + P_6 n_z) \quad , \quad P_{zz}^{*} = 2G(P_7 n_z + P_8 n_r)\end{aligned}\right\} \tag{6-90}$$

式中，n_r、n_z 分别为边界 Q 点的外法线，且

$$\left.\begin{aligned}
P_1 &= \frac{A}{r_S r_Q^2 C}\left\{\left[2\mu M - \frac{3}{2}N + \frac{1}{2}\frac{BF}{DC^2}(z_S - z_Q)^2\right]K + \right. \\
&\quad \left[-\frac{2\mu}{D}[r_S^2 O + (z_S - z_Q)^2 R + r_Q^4] + \frac{3}{D}[r_S^2 F + (z_S - z_Q)^2 M] - \right. \\
&\quad \left.\left.\frac{2B^2 F}{D^2 C^2}(z_S - z_Q)^2\right]\right\} \\
P_2 &= P_4 = \frac{A(z_S - z_Q)}{r_S r_Q CD}\left\{\left[D(2\mu - 3) + \frac{B}{C^2}(z_S - z_Q)^2\right]K + \right. \\
&\quad \left.\left[3(z_S - z_Q)^2 - (2\mu - 3)B - \frac{4B}{DC^2}(z_S - z_Q)^2\right]E\right\} \\
P_3 &= \frac{A}{r_S CD}\left\{\left[D(2\mu - 1) + \frac{H}{C^2}(z_s - z_Q)^2\right]K + \left[-(z_S - z_Q)^2 + \right.\right. \\
&\quad \left.\left.(1 - 2\mu)H + \frac{8Fr_s^2(z_S - z_Q)^2}{DC^2}\right]E\right\} \\
P_5 &= \frac{A(z_S - z_Q)}{CD}\left\{\left[\frac{D}{r_Q^2} + \frac{2(z_S - z_Q)^2}{p^2}\right]K + \left[4(1 + \mu) - \frac{B}{r^2} - \right.\right. \\
&\quad \left.\left.\frac{8B}{DC^2}(z_S - z_Q)^2\right]E\right\} \\
P_6 &= P_8 = \frac{A}{r_Q CD}\left\{\left[D(2\mu - 1) + \frac{F}{C^2}(z_S - z_Q)^2\right]K + \right. \\
&\quad \left.\left[-3(z_S - z_Q)^2 - (1 - 2\mu)F - \frac{4BF}{DC^2}(z_S - z_Q)^2\right]E\right\} \\
P_7 &= \frac{2A(z_S - z_Q)}{DC}\left\{-\frac{(z_S - z_Q)^2}{C^2}K + \left[1 - 2\mu + \frac{4B}{DC^2}(z_S - z_Q)^2\right]E\right\}
\end{aligned}\right\} \tag{6-91}$$

其中常数

$$A = \frac{1}{16\pi^2 G(1 - \mu)}$$

$$\left.\begin{aligned}
B &= r_S^2 + r_Q^2 + (z_S - z_Q)^2 \\
C &= [(r_S + r_Q)^2 + (z_S - z_Q)^2]^{1/2} \\
D &= (r_S - r_Q)^2 + (z_S - z_Q)^2 \\
F &= r_S^2 - r_Q^2 + (z_S - z_Q)^2 \\
H &= r_Q^2 + r_S^2 + (z_S - z_Q)^2
\end{aligned}\right\}$$

$$
\left.\begin{aligned}
M &= 2r_S^2 + r_Q^2 + 2(z_S - z_Q)^2 \\
N &= 2r_S^2 + 3(z_S - z_Q)^2 \\
O &= 2r_S^2 - 3r_Q^2 + 4(z_S - z_Q)^2 \\
R &= 3r_Q^2 + 2(z_S - z_Q)^2 \\
E &= E(m) \\
K &= K(m)
\end{aligned}\right\} \tag{6-91a}
$$

当源点位于对称轴上时，则有

$$
\left.\begin{aligned}
&u_{rr}^*(S,Q) = u_{rz}^*(S,Q) = 0 \\
&u_{zr}^*(S,Q) = -\frac{\pi A r_Q (z_S - z_Q)}{C^3} \\
&u_{zz}^*(S,Q) = \frac{\pi A}{C}\left[(3-4\mu) + \frac{1}{C^2}(z_S - z_Q)^2\right]
\end{aligned}\right\} \tag{6-92}
$$

$$
\left.\begin{aligned}
P_{zr}^*(S,Q) &= 2G\left\{\frac{\pi A(z_S - z_Q)}{C^3}\left[2(1+\mu) - \frac{3}{C^2}(z_S - z_Q)^2\right]n_r - \right. \\
&\qquad \left.\frac{\pi A r_Q}{C^3}\left[(1-2\mu) + \frac{3}{C^2}(z_S - z_Q)^2\right]n_z\right\} \\
P_{zz}^*(S,Q) &= 2G\left\{\frac{\pi A(z_S - z_Q)}{C^3}\left[(1-2\mu) + \frac{3}{C^2}(z_S - z_Q)^2\right]n_z - \right. \\
&\qquad \left.\frac{\pi A r_Q}{C^3}\left[(1-2\mu) + \frac{3}{C^2}(z_S - z_Q)^2\right]n_r\right\} \\
P_{rr}^*(S,Q) &= P_{rz}^*(S,Q) = 0
\end{aligned}\right\} \tag{6-93}
$$

6.5.3 单元形函数与系数矩阵

轴对称问题的边界元内的位移及面力表述形式仍如式（6-37）所示，其中形函数根据不同的单元类型分别定义。

对于线性单元，形函数同式（6-55），积分方程（6-87）变成

$$
\begin{bmatrix} C_{rr} & C_{rz} \\ C_{zr} & C_{zz} \end{bmatrix}\begin{Bmatrix} u_r \\ u_z \end{Bmatrix} = \sum_{j=1}^{N}\begin{bmatrix} g_{rr\mathrm{L}} & g_{rz\mathrm{L}} & g_{rr\mathrm{R}} & g_{rz\mathrm{R}} \\ g_{zr\mathrm{L}} & g_{zz\mathrm{L}} & g_{zr\mathrm{R}} & g_{zz\mathrm{R}} \end{bmatrix}\begin{Bmatrix} P_{r\mathrm{L}} \\ P_{z\mathrm{L}} \\ P_{r\mathrm{R}} \\ P_{z\mathrm{R}} \end{Bmatrix} -
$$

$$
\sum_{j=1}^{N}\begin{bmatrix} h_{rr\mathrm{L}} & h_{rz\mathrm{L}} & h_{rr\mathrm{R}} & h_{rz\mathrm{R}} \\ h_{zr\mathrm{L}} & h_{zz\mathrm{L}} & h_{zr\mathrm{R}} & h_{zz\mathrm{R}} \end{bmatrix}\begin{Bmatrix} u_{r\mathrm{L}} \\ u_{z\mathrm{L}} \\ u_{r\mathrm{R}} \\ u_{z\mathrm{R}} \end{Bmatrix} \tag{6-94}
$$

式中，

$$\left.\begin{aligned}g_{ij\mathrm{L}} &= 2\pi\int_{\Gamma_j} u_{ij}^{*}\Psi_1 r\mathrm{d}\Gamma \quad , \quad g_{ij\mathrm{R}} = 2\pi\int_{\Gamma_j} u_{ij}^{*}\Psi_2 r\mathrm{d}\Gamma \\ h_{ij\mathrm{L}} &= 2\pi\int_{\Gamma_j} P_{ij}^{*}\Psi_1 r\mathrm{d}\Gamma \quad , \quad h_{ij\mathrm{R}} = 2\pi\int_{\Gamma_j} P_{ij}^{*}\Psi_2 r\mathrm{d}\Gamma\end{aligned}\right\} \quad (i,j=r,z) \tag{6-94a}$$

上述各积分公式，当源点不在 Γ_j 单元上时，可用标准高斯积分法直接积出，即

$$\left.\begin{aligned}h_{ijl} &= 2\pi\sum_{k=1}^{m} P_{ij}^{*}\Psi_1(\xi_k)r(\xi_k)\omega_k\frac{l_i}{2}, h_{ijR} = 2\pi\sum_{k=1}^{m} P_{ij}^{*}\Psi_2(\xi_k)r(\xi_k)\omega_k\frac{li}{2} \\ g_{ijl} &= 2\pi\sum_{k=1}^{m} u_{ij}^{*}\Psi_1(\xi_k)r(\xi_k)\omega_k\frac{l_i}{2}, g_{ijR} = 2\pi\sum_{k=1}^{m} u_{ij}^{*}\Psi_2(\xi_k)r(\xi_k)\omega_k\frac{li}{2}\end{aligned}\right\}$$

$$(i,j=r,z) \tag{6-95}$$

当源点落在 Γ_j 单元上时，必须区分源点落在左、右两端点情况，通过坐标变换分离出奇异积分因子，然后采用相应的数值积分方法求积。

对于二次等参元，形函数仍由式（6-64）给出，代入积分方程（6-87）后有

$$\begin{bmatrix} C_{rr} & C_{rz} \\ C_{zr} & C_{zz}\end{bmatrix}\begin{Bmatrix} u_r \\ u_z\end{Bmatrix} = \sum_{j=1}^{N}\begin{bmatrix} g_{rr\mathrm{L}} & g_{rz\mathrm{L}} & g_{rr\mathrm{M}} & g_{rz\mathrm{M}} & g_{rr\mathrm{R}} & g_{rz\mathrm{R}} \\ g_{zr\mathrm{L}} & g_{zz\mathrm{L}} & g_{zr\mathrm{M}} & g_{zz\mathrm{M}} & g_{zr\mathrm{R}} & g_{zz\mathrm{R}}\end{bmatrix}\begin{Bmatrix} P_{r\mathrm{L}} \\ P_{z\mathrm{L}} \\ P_{r\mathrm{M}} \\ P_{z\mathrm{M}} \\ P_{r\mathrm{R}} \\ P_{z\mathrm{R}}\end{Bmatrix} -$$

$$\sum_{j=1}^{N}\begin{bmatrix} h_{rr\mathrm{L}} & h_{rz\mathrm{L}} & h_{rr\mathrm{M}} & h_{rz\mathrm{M}} & h_{rr\mathrm{R}} & h_{rz\mathrm{R}} \\ h_{zr\mathrm{L}} & h_{zz\mathrm{L}} & h_{zr\mathrm{M}} & h_{zz\mathrm{M}} & h_{zr\mathrm{R}} & h_{zz\mathrm{R}}\end{bmatrix}\begin{Bmatrix} u_{r\mathrm{L}} \\ u_{z\mathrm{L}} \\ u_{r\mathrm{M}} \\ u_{z\mathrm{M}} \\ u_{r\mathrm{R}} \\ u_{z\mathrm{R}}\end{Bmatrix} \tag{6-96}$$

式中，各个系数定义为

$$\left.\begin{aligned}h_{ij(\mathrm{L,M,R})} &= 2\pi\int_{\Gamma_j} P_{ij}^{*}\Psi_{(1,2,3)} r\mathrm{d}\Gamma \\ g_{ij(\mathrm{L,M,R})} &= 2\pi\int_{\Gamma_j} u_{ij}^{*}\Psi_{(1,2,3)} r\mathrm{d}\Gamma\end{aligned}\right\} \quad (i,j=r,z) \tag{6-96a}$$

当源点不在 Γ_j 单元上时，积分方程（6-96a）无奇异性，可用标准高斯积分法积出。当源点在单元 Γ_j 任一个节点上时，积分方程中将出现 $\ln r$ 和 $1/r$ 积分奇异因子，应采用专门的技术予以处理[2,11]。

6.5.4 边界应力及内部应力

根据坐标变换关系，如图 6-18 所示，则有

$$\left.\begin{aligned}\tau_s &= \sigma_z\cos\alpha - \sigma_r\sin\alpha \\ \sigma_n &= \sigma_r\cos\alpha + \sigma_z\sin\alpha\end{aligned}\right\} \tag{6-97}$$

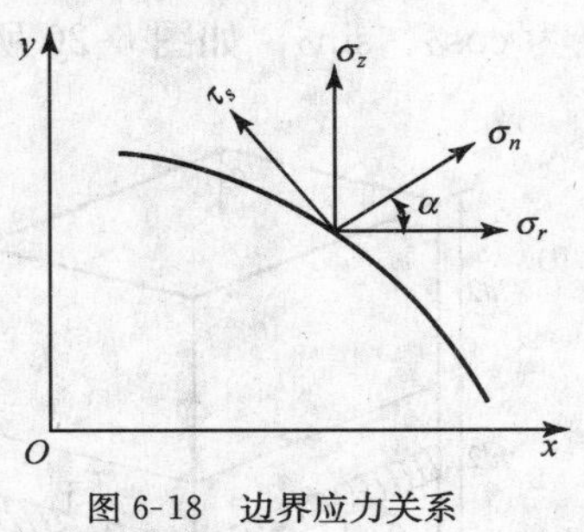

图 6-18 边界应力关系

而

$$\sigma_s = \frac{E}{1-\mu^2}\left(\frac{\partial u_s}{\partial s} + \mu\frac{u_r}{r}\right) + \frac{\mu}{1-\mu}\sigma_n \tag{6-98}$$

式中，切向应变$\frac{\partial u_s}{\partial s}$可通过对切向位移的求导得到。

域内的应力分量，可由几何方程和物理方程联立后，将通过积分方程（6-81）所求得的位移代入即可得到。

6.5.5 体积力的效应

轴对称问题的体积力对应力的效应，张量形式表示仍如式（6-74），其中取 $\alpha=1$，$\beta=2$，$\gamma=4$。而其中的积分单元 $\mathrm{d}\Omega$ 要作相应的坐标转换，且 i，$j=r$，z。

6.6 弹性薄板问题

6.6.1 弹性薄板弯曲问题的基本方程

关于弹性薄板弯曲问题的控制方程在第二章第三节中已经给出。为了推导薄板弯曲问题的边界元积分公式，我们重新考察图 6-19，应用圣维南原理，有

$$\left.\begin{aligned}M_x &= \int_{-\frac{h}{2}}^{\frac{h}{2}} \sigma_x z\,\mathrm{d}z \\ M_y &= \int_{-\frac{h}{2}}^{\frac{h}{2}} \sigma_y z\,\mathrm{d}z \\ M_{xy} = M_{yx} &= \int_{-\frac{h}{2}}^{\frac{h}{2}} \tau_{xy} z\,\mathrm{d}z\end{aligned}\right\} \tag{6-99}$$

$$Q_x = \int_{-\frac{h}{2}}^{\frac{h}{2}} \sigma_x q \mathrm{d}z \quad , \quad Q_y = \int_{-\frac{h}{2}}^{\frac{h}{2}} \sigma_y q \mathrm{d}z \tag{6-100}$$

对于任意形状板，设其边界上任一点外法线和 x、y 轴之夹角余弦分别为 $\cos\alpha$、$\sin\alpha$，如图 6-20 所示，即可推得沿边界上的弯矩 M_n 和扭矩 M_s：

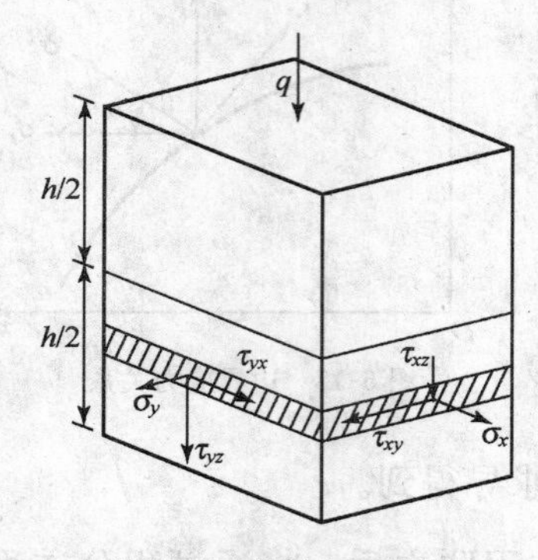

图 6-19　板的内力合成

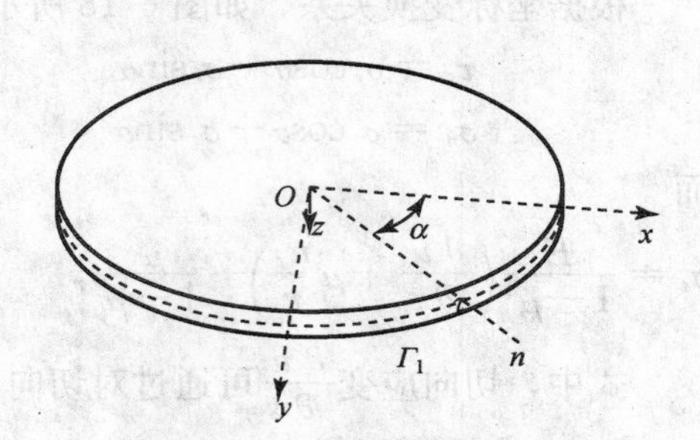

图 6-20　边界方向余弦

$$\left.\begin{aligned} M_n &= M_x \cos^2\alpha + 2M_{xy}\cos\alpha\sin\alpha + M_y \sin^2\alpha \\ M_s &= (M_y - M_x)\cos\alpha\sin\alpha + M_{xy}(\cos^2\alpha - \sin^2\alpha) \end{aligned}\right\} \tag{6-101}$$

横向剪力：

$$Q = Q_x \cos\alpha + Q_y \sin\alpha \tag{6-102}$$

考虑图 6-19 的平衡关系，有

$$\left.\begin{aligned} &\frac{\partial M_x}{\partial x} + \frac{\partial M_{xy}}{\partial y} - Q_x = 0 \\ &\frac{\partial M_y}{\partial y} + \frac{\partial M_{xy}}{\partial x} - Q_y = 0 \\ &\frac{\partial Q_x}{\partial x} + \frac{\partial Q_y}{\partial y} + q = 0 \end{aligned}\right\} \tag{6-103}$$

式中，q 为板上表面作用的荷载集度。

又从板的变形理论可知[12]，板的转角和板挠度之间的关系为

$$\beta_1 = \frac{\partial w}{\partial x} \quad , \quad \beta_2 = -\frac{\partial w}{\partial y} \tag{6-104}$$

另外，从物理方程有内力和形变的关系式

$$\left.\begin{aligned} M_x &= -D\left(\frac{\partial^2 w}{\partial x^2} + \mu \frac{\partial^2 w}{\partial y^2}\right) \\ M_y &= -D\left(\frac{\partial^2 w}{\partial y^2} + \mu \frac{\partial^2 w}{\partial x^2}\right) \end{aligned}\right\}$$

$$M_{xy} = -D(1-\mu)\frac{\partial^2 w}{\partial x \partial y}\Bigg\} \qquad (6\text{-}105)$$

边界条件分为两大类。位移条件：

$$\left.\begin{aligned} w &= \bar{w} \\ \beta_n = \bar{\beta}_n, &\quad \beta_s = \bar{\beta}_s \end{aligned}\right\} \in \Gamma_1 \qquad (6\text{-}106)$$

力的边界条件：

$$\left.\begin{aligned} Q &= \bar{Q} \\ M_n = \bar{M}_n, &\quad M_s = \bar{M}_s \end{aligned}\right\} \in \Gamma_2 \qquad (6\text{-}107)$$

6.6.2 边界积分方程

对应于加权残值方法式（6-7），将平衡方程（6-103）和边界条件式（6-106）、式（6-107）引入，则有

$$\int_{\Omega}\left(\frac{\partial Q_x}{\partial x}+\frac{\partial Q_y}{\partial y}+q\right)w^* \mathrm{d}\Omega = \int_{\Gamma_2}[(M_n-\bar{M}_n)\beta_n^* + (M_s-\bar{M}_s)B_s^* + (Q-\bar{Q})w^*]\mathrm{d}\Gamma - \int_{\Gamma_1}[(\beta_n-\bar{\beta}_n)M_n^* + (\beta_s-\bar{\beta}_s)M_s^* + (w-\bar{w})Q^*]\mathrm{d}\Gamma \qquad (6\text{-}108)$$

对上式分部积分两次，得

$$\int_{\Omega}\left[M_x^*\frac{\partial^2 w}{\partial x^2}+2M_{xy}^*\frac{\partial w}{\partial x\partial y}+M_y^*\frac{\partial^2 w}{\partial y^2}\right]\mathrm{d}\Omega - \int_{\Omega} q w^* \mathrm{d}\Omega$$

$$= \int_{\Gamma_1}(M_n\beta_n^* + M_s\beta_s^* + Qw^*)\mathrm{d}\Gamma + \int_{\Gamma_2}(\bar{M}_n\beta_n^* + \bar{M}_s\beta_s^* + \bar{Q}w^*)\mathrm{d}\Gamma +$$

$$\int_{\Gamma_1}[(\beta_n-\bar{\beta}_n)M_n^* + (\beta_s-\bar{\beta}_s)M_s^* + (w-\bar{w})Q^*]\mathrm{d}\Gamma \qquad (6\text{-}109)$$

式中，w^*为基本解。

如果将w^*取为虚位移，则方程（6-109）就是关于薄板弯曲问题的虚功方程。事实上加权残值方程（6-7）和虚功方程完全等价，只是引入物理概念就行了。

如果选取的虚位移w^*，使得位移齐次边界条件

$$\beta_n^* = 0, \qquad \beta_s^* = 0, \qquad w^* = 0 \quad \in \Gamma_1 \qquad (6\text{-}110)$$

均满足，则积分方程（6-109）蜕化为

$$\int_{\Omega}\left(M_x^*\frac{\partial^2 w}{\partial x^2}+2M_{xy}^*\frac{\partial^2 w}{\partial x\partial y}+M_y^*\frac{\partial^2 w}{\partial y^2}\right)\mathrm{d}\Omega - \int_{\Omega} q w^* \mathrm{d}\Omega$$

$$= \int_{\Gamma_2}(\bar{M}_n\beta_n^* + \bar{M}_s\beta_s^* + \bar{Q}w^*)\mathrm{d}\Gamma \qquad (6\text{-}111)$$

将方程（6-105）代入到式（6-109），分部积分两次后即得到求解薄板弯曲问题的边界元积分方程

$$\int_{\Omega}\left(\frac{\partial Q_x^*}{\partial x}+\frac{\partial Q_y^*}{\partial y}\right)w\,\mathrm{d}\Omega+\int_{\Omega}qw^*\,\mathrm{d}\Omega$$

$$=-\int_{\Gamma_1}(M_n\beta_n^*+M_s\beta_s^*+Qw^*)\,\mathrm{d}\Gamma-\int_{\Gamma_2}(\overline{M}_n\beta_n^*+\overline{M}_s\beta_s^*+\overline{Q}w^*)\,\mathrm{d}\Gamma+$$

$$\int_{\Gamma_1}(M_n{}^*\bar{\beta}_n+M_s{}^*\bar{\beta}_s+Q^*w)\,\mathrm{d}\Gamma+\int_{\Gamma_2}(M_n{}^*\beta_n+M_s{}^*\beta_s+Q^*w)\,\mathrm{d}\Gamma \tag{6-112}$$

记 $\Gamma=\Gamma_1+\Gamma_2$，则上式简化为

$$\int_{\Omega}\left(\frac{\partial^2 M_x^*}{\partial x^2}+2\frac{\partial^2 M_{xy}^*}{\partial x\partial y}+\frac{\partial^2 M_y^*}{\partial y^2}\right)w\,\mathrm{d}\Omega+\int_{\Omega}qw^*\,\mathrm{d}\Omega$$

$$=-\int_{\Gamma}(M_n\beta_n^*+M_s\beta_s^*+Qw^*)\,\mathrm{d}\Gamma+\int_{\Gamma}(M_n^*\beta_n+M_s^*\beta_s+Q^*w)\,\mathrm{d}\Gamma \tag{6-113}$$

这便是薄板弯曲问题的边界积分方程的一般表达式。

再考虑积分方程（6-108）中的 w 和 β 项，即

$$\int_{\Gamma_2}[(M_s-\overline{M}_s)\beta_s^*+(Q-\overline{Q})w^*]\,\mathrm{d}\Gamma$$

$$=-(M_s-\overline{M}_s)w^*\Big|_{\Gamma_2}+\int_{\Gamma_2}\left[\left(Q+\frac{\partial M_s}{\partial s}\right)-\left(\overline{Q}+\frac{\partial \overline{M}_s}{\partial s}\right)\right]w^*\,\mathrm{d}\Gamma \tag{6-114}$$

式中，$Q+\frac{\partial M_s}{\partial s}$为等效横向剪力，可记为 V。

6.6.3 基本解

板弯曲的奇性控制方程

$$D\nabla^4 w^*-\Delta(\xi,X)=0 \tag{6-115}$$

式中，ξ 为源点，X 为域点。

很容易给出上式的基本解为

$$w^*(r)=\frac{r^2}{8\pi D}\ln r \tag{6-116}$$

有了位移便可从式（6-104）得到转角，从式（6-105）得到弯矩。

有了基本解式（6-116），并注意到式（6-114），则积分方程（6-113）变为

$$\int_{\Omega} qw^{*}\,\mathrm{d}\Omega + \int_{\Gamma}(M_n\beta_n^{*} + Vw^{*})\,\mathrm{d}\Gamma = Cw_i + \int_{\Gamma}(M_n^{*}\beta_n + V^{*}w)\,\mathrm{d}\Gamma \tag{6-117}$$

式中，C 为共点影响系数，对于光滑边界 $C=\frac{1}{2}$，内部点 $C=1$。如果 M_s 不连续或者有如图 6-21 所示的角点时，应该特别仔细研究 C 的取值。

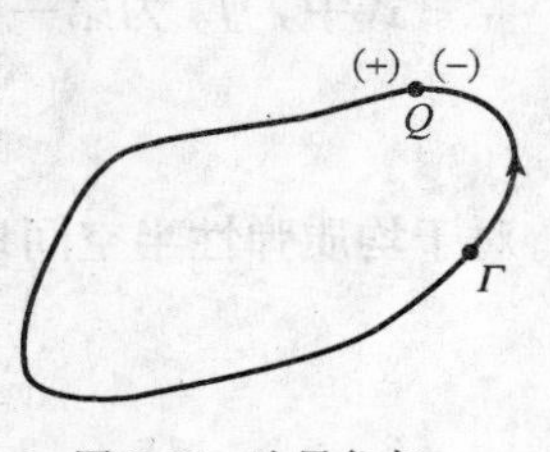

图 6-21　边界角点

对于图 6-21，公式（6-117）中必须包括由下式给出的角点力：

$$V_C = (M_s)_{Q-} - (M_s)_{Q+} \tag{6-118}$$

则方程（6-117）变成

$$Cw_i + \int_{\Gamma}(M_n^{*}\beta_n + V^{*}w)\,\mathrm{d}\Gamma + \sum V_C^{*}w$$

$$= \int_{\Gamma}(M_n\beta_n^{*} + Vw^{*})\,\mathrm{d}\Gamma + \int_{\Omega} qw^{*}\,\mathrm{d}\Omega + \sum V_C w^{*} \tag{6-119}$$

式中，求和是针对类似于图 6-21 中的角点进行。

记 M_n 为 M，β_n 为 β，同时注意到每个节点都有两个未知量，即位移 w 和等效剪力 V 或者转角 β 和弯矩 M。因此，还应再有一个求解方程。事实上，我们可以通过对积分方程（6-119）求导得到

$$C\beta_i + \int_{\Gamma}\left(\frac{\partial M^{*}}{\partial n}\beta + \frac{\partial V^{*}}{\partial n}w\right)\mathrm{d}\Gamma + \sum \frac{\partial V_C^{*}}{\partial n}w$$

$$= \int_{\Gamma}\left(M\frac{\partial \beta^{*}}{\partial n} + V\frac{\partial w^{*}}{\partial n}\right)\mathrm{d}\Gamma + \int_{\Omega} q\frac{\partial w^{*}}{\partial n}\,\mathrm{d}\Omega + \sum V_C\frac{\partial w^{*}}{\partial n} \tag{6-120}$$

方程（6-119）与方程（6-120）构成了求解弹性薄板问题的边界积分方程组。

对于弹性地基板，奇性方程（6-115）变成

$$D\nabla^{4}w^{*} - P(X) - \Delta(\xi, X) = 0 \tag{6-121}$$

式中，P（X）为地基反力，如果是文克勒地基

$$P(X) = Kw^{*}(X) \tag{6-122}$$

K 为文克勒尔反力系数。如果是弹性半空间地基，P（X）为任意分布的连续函数。

弹性地基板的基本解不像支撑板那样容易给出。但是，我们可用汉克尔积分变换法，求得方程（6-121）的基本解[13]。对于文克勒地基，

$$w^{*}=\frac{1}{2\pi Kl^{2}}\int_{0}^{\infty}\frac{J_{0}\left(\frac{r}{l}t\right)}{1+t^{4}}\mathrm{d}t \tag{6-123}$$

式中，J_0 为第一类贝塞尔函数；l 为相对刚度，即

$$l=\sqrt[4]{\frac{D}{K}} \tag{6-123a}$$

对于均质弹性半空间地基，基本解

$$w^{*}=\frac{1-\mu_{0}^{2}}{\pi E_{0}l}\int_{0}^{\infty}\frac{J_{0}\left(\frac{r}{l}t\right)}{1+t^{3}}\mathrm{d}t \tag{6-124}$$

式中，μ_0 为地基材料的泊松系数；E_0 为地基形变模量。

6.6.4 边界元数值解

类似于前述的弹性力学问题，将板的边界离散成 N 个边界单元，每个单元的力学量用单元节点处的值近似表达，即

$$\left.\begin{array}{l}\{w\}=[\Psi]\{w\}_{j}\\ \{\beta\}=[\Psi]\{\beta\}_{j}\end{array}\right\} \tag{6-125}$$

或

$$\left.\begin{array}{l}\{M\}=[\Psi]\{M\}_{j}\\ \{V\}=[\Psi]\{V\}_{j}\end{array}\right\} \tag{6-126}$$

式中，$[\Psi]$ 为形函数。

这样，积分方程（6-119）、方程（6-120）就可写成

$$\begin{aligned}&\frac{1}{2}\{w\}_{i}+\sum_{j=1}^{N}\int_{\Gamma_{j}}\{M^{*}\}_{ij}[\Psi]\{\beta\}_{j}\mathrm{d}\Gamma_{j}+\sum_{j=1}^{N}\int_{\Gamma_{j}}\{V^{*}\}_{ij}[\Psi]\{w\}_{j}\mathrm{d}\Gamma_{j}+\\&\sum_{k}\{V_{C}^{*}\}_{kj}[\Psi]\{w\}_{ik}\\=&\sum_{j=1}^{N}\int_{\Gamma_{j}}\{\beta^{*}\}_{ij}[\Psi]\{M\}_{j}\mathrm{d}\Gamma_{j}+\sum_{j=1}^{N}\int_{\Gamma_{j}}\{w^{*}\}_{ij}[\Psi]\{V\}_{j}\mathrm{d}\Gamma+\\&\sum_{k}\{w^{*}\}_{ki}[\Psi]\{V_{C}\}_{ik}+\int_{\Omega}\{q\}\{w^{*}\}_{i}\mathrm{d}\Omega\end{aligned} \tag{6-127}$$

$$\begin{aligned}&\frac{1}{2}\{\beta\}_{i}+\sum_{j=1}^{N}\int_{\Gamma_{j}}\left\{\frac{\partial M^{*}}{\partial n}\right\}_{ij}[\Psi]\{\beta\}_{j}\mathrm{d}\Gamma_{j}+\sum_{j=1}^{N}\int_{\Gamma_{j}}\left\{\frac{\partial V^{*}}{\partial n}\right\}_{ij}[\Psi]\{w\}_{j}\mathrm{d}\Gamma_{j}+\\&\sum_{k}\left\{\frac{\partial V_{C}^{*}}{\partial n}\right\}_{kj}[\Psi]\{w\}_{ik}\\=&\sum_{j=1}^{N}\int_{\Gamma_{j}}\left\{\frac{\partial \beta^{*}}{\partial n}\right\}_{ij}[\Psi]\{M\}_{j}\mathrm{d}\Gamma_{j}+\sum_{j=1}^{N}\int_{\Gamma_{j}}\left\{\frac{\partial w^{*}}{\partial n}\right\}_{ij}[\Psi]\{V\}_{j}\mathrm{d}\Gamma_{j}+\end{aligned}$$

$$\sum_k \left\{\frac{\partial w^*}{\partial n}\right\}_{ik} [\Psi]\{V_C\}_{ik} + \int_\Omega \{q\} \left\{\frac{\partial w^*}{\partial n}\right\}_i \mathrm{d}\Omega \tag{6-128}$$

令

$$\{F\} = \begin{cases} F_{1i} = \int_\Omega \{q\}\{w^*\}_i \mathrm{d}\Omega \\ F_{2i} = \int_\Omega \{q\} \left\{\frac{\partial w^*}{\partial n}\right\}_i \mathrm{d}\Omega \end{cases} \quad (i = 1, 2, \cdots, N) \tag{6-129}$$

则方程（6-127）、方程（6-128）可以合并写成代数方程组

$$[A]\{u\} = \{F\} \tag{6-130}$$

式中，$[A]$ 为系数矩阵；$\{u\}$ 为未知量列阵；$\{F\}$ 为常数项列阵。

求解方程（6-130）即可得到 w_i、θ_i，进而可作域内计算。

关于薄板弯曲问题的形函数及求解过程的一些技巧，可参考文献［14-15］，这里不再一一列出。

本章参考文献

［1］C. A. Brebbia. The boundary element method for engineers. Pentech Press，London：Halstead Press，New York，1978

［2］C. A. Brebbia，J. C. F. Telles，L. C. Wrobel. Boundary element techniques：theory and applications in engineering. Springer-Verlag，1984

［3］夏永旭．板壳力学中的加权残值法．西安：西北工业大学出版社，1994

［4］N. Phan Thien. On the image system for the Kelvin- state. J. Elasticity，1983，13：231-235

［5］J. Boussinesq. Application des potentiels a l'étude de l'équilibre et du mouvement des solides élastique . Gauthier-Villars，Paris，1885

［6］H. M. S. Westergaad. Theory of elasticity and plasticity. Harvard University Press，1952

［7］R. D. Mindlin. Force at a point in the interior of a semi- infinite solid. J. Appl. Phys，1936，7（5）：195-202

［8］M. Flamant. Sur la répartition des pressions dans un solide rectangulaire chargé transversalement. Compte，rendu ，1892，114：1465-1468

［9］N. Ghosh，H. Rajiah，Ghsoh setal. A new boundary element method formulation for linear elasticity. J. of Appl. Mech.，1986，53

［10］A. A. Bakr. The boundary integral equation method in axisymmetric stress analysis problems. Springer-Verlag，Berlin Heidelberg，New York，1985

[11] 姚寿广．边界元数值方法及其工程应用．北京：国防工业出版社，1995

[12] S. Timoshenko，S. Woinowsky-Krieger. Theory of plates and shells. McGraw-Hill，New York，1959

[13] I. N. Sneddon. Fourier transform. McGraw-Hill，New York，1951

[14] G. P Bezrne. Application of similarity of results of new boundary integral equation for plate flexure problems. Appl. Math. Modeling，1981 (5)

[15] M. Stern. Boundary integral equation for bending of thin plates. Progress in Boundary Element Method，Pentech press，London：Springer-Verlag，New York，1983，2

第7章 摄动方法

7.1 小参数摄动法的概念

摄动法最初源于天体力学中的星体进动计算，后来被逐渐引入到一般的非线性问题求解中。摄动法亦称之为小参数法，它是一种将非线性方程通过线性化过程的渐近求解方法，其基本概念简述如下。

对于典型的非线性微分方程

$$\mathrm{L_f}(w) = f \quad \in V \tag{7-1}$$

$$\mathrm{B_f}(w) = g \quad \in S \tag{7-2}$$

式中，$\mathrm{L_f}$ 为定义在求解域内的非线微分（或积分）算子；w 为待求的场函数，它可以是位移、力、应变，甚至是不同的多个待求函数；f 为已知函数；$\mathrm{B_f}$ 为定义在求解域边界上的非线性微分（或积分）算子；g 为边界 s 上的已知函数。

摄动法的第一步是将方程（7-1）、方程（7-2）无量纲化，即有

$$\mathrm{L_f}(\overline{w}) = \overline{f} \quad \in V \tag{7-3}$$

$$\mathrm{B_f}(\overline{w}) = \overline{g} \quad \in S \tag{7-4}$$

式中，$\overline{w}$、$\overline{f}$、$\overline{g}$为对应于原函数的无量纲化函数。

第二步，设待求函数$\overline{w}$和已知函数$\overline{f}$、$\overline{g}$均可以近似表示为

$$\overline{w} = \alpha\,\overline{w}_1 + \alpha^2\,\overline{w}_2 + \alpha^3\,\overline{w}_3 + \cdots = \sum_{n=1}^{\infty}\alpha^n\,\overline{w}_n \Big\}$$

$$
\left.\begin{aligned}
\bar{f} &= \alpha \bar{f}_1 + \alpha^2 \bar{f}_2 + \alpha^3 \bar{f}_3 + \cdots = \sum_{n=1}^{\infty} \alpha^n \bar{f}_n \\
\bar{g} &= \alpha \bar{g}_1 + \alpha^2 \bar{g}_2 + \alpha^3 \bar{g}_3 + \cdots = \sum_{n=1}^{\infty} \alpha^n \bar{g}_n
\end{aligned}\right\} \tag{7-5}
$$

式中，α 为远远小于 1 的非负小参数。

第三步，将表达式（7-5）代入到方程（7-3）、方程（7-4）中，分别有

$$
\mathrm{L_f}(\alpha \bar{w}_1 + \alpha^2 \bar{w}_2 + \alpha^3 \bar{w}_3 + \cdots) = \alpha \bar{f}_1 + \alpha^2 \bar{f}_2 + \alpha^3 \bar{f}_3 + \cdots \quad \in V \tag{7-6}
$$

$$
\mathrm{B_f}(\alpha \bar{w}_1 + \alpha^2 \bar{w}_2 + \alpha^3 \bar{w}_3 + \cdots) = \alpha \bar{g}_1 + \alpha^2 \bar{g}_2 + \alpha^3 \bar{g}_3 + \cdots \quad \in S \tag{7-7}
$$

第四步，略去方程（7-6）、方程（7-7）中小参数 α 二次以上（包括二次）的所有项，即有

$$
\mathrm{L'_f}(\alpha \bar{w}_1) = \alpha \bar{f}_1 \qquad \in V \tag{7-8}
$$

$$
\mathrm{B'_f}(\alpha \bar{w}_1) = \alpha \bar{g}_1 \qquad \in S \tag{7-9}
$$

这里 $\mathrm{L'_f}(\alpha \bar{w}_1)$、$\mathrm{B'_f}(\alpha \bar{w}_1)$ 均是关于 α 的线性函数。比较方程（7-8）、方程（7-9）两边的 α 因子，则有

$$
L'_{\mathrm{f}}(\bar{w}_1) = \bar{f}_1 \qquad \in V \tag{7-10}
$$

$$
B'_{\mathrm{f}}(\bar{w}_1) = \bar{g}_1 \qquad \in S \tag{7-11}
$$

显然方程（7-10）、方程（7-11）完全蜕化为线性微分（积分）问题，很容易求得 $\bar{w}$ 的第一次近似解 $\bar{w}_1$。

第五步，将已知 $\bar{w}_1$ 代入方程（7-6）、方程（7-7）中，略去小参数 α 三次（包括三次）以上的项，同样地可以求得二次近似解 $\bar{w}_2$。

类似地，可以求得 $\bar{w}_3$、$\bar{w}_4 \cdots$

第六步，将已知求得近似解 $\bar{w}_1$、$\bar{w}_2$、$\bar{w}_3 \cdots$ 代入表达式（7-5）中，即得 $\bar{w}$ 的近似解答。

可以看到，小参数摄动法的求解过程实质上是一个将非线性方程线性化后多次近似求解的过程，其关键是寻找一个合适的小参数 α。事实上，小参数 α 很容易找到，它可以是无量纲位移、无量纲应力、无量纲荷载，或者应变，只要非负小于 1 即可。当然，还应该考虑到函数展开时的简便性。

7.2 小参数法的应用

作为小双参数摄动法的应用，我们讨论一个等厚度圆形薄板的弯曲

问题。

从经典的薄板理论，已知圆形薄板的大挠度方程为

$$\left.\begin{aligned} D\frac{\mathrm{d}}{\mathrm{d}r}(D^2 w) &= \psi + \frac{h}{r}\frac{\mathrm{d}\varphi}{\mathrm{d}r}\frac{\mathrm{d}w}{\mathrm{d}r} \\ \frac{\mathrm{d}}{\mathrm{d}r}(D^2\varphi) &= -\frac{E}{2r}\left(\frac{\mathrm{d}w}{\mathrm{d}r}\right)^2 \end{aligned}\right\} \tag{7-12}$$

式中，w 为板的挠度；h 为板厚；E 为板的弹性模量；φ 为应力函数；D 为板的抗弯刚度；ψ 为荷载函数，即

$$\psi = \frac{1}{r}\int_0^r qr\,\mathrm{d}r \tag{7-13}$$

而 r 为坐标变量；q 为作用在板上的横向荷载。

引入无量纲量

$$W = \frac{w}{h},\quad p = \frac{qa^4}{Dh},\quad \rho = \frac{r^2}{a^2}$$

$$F(p) = \frac{a^2}{Eh^2}\frac{1}{r}\frac{\mathrm{d}\varphi}{\mathrm{d}r},\quad \psi(p) = \frac{\psi}{8qr}$$

则方程（7-12）变为

$$\left.\begin{aligned} \frac{\mathrm{d}^2}{\mathrm{d}\rho^2}\left(\rho\frac{\mathrm{d}w}{\mathrm{d}\rho}\right) &= \psi(\rho) + 3(1-\mu^2)F(\rho)\frac{\mathrm{d}w}{d\rho} \\ \frac{\mathrm{d}^2(\rho F)}{\mathrm{d}\rho^2} &= \frac{-1}{2}\left(\frac{\mathrm{d}w}{\mathrm{d}\rho}\right)^2 \end{aligned}\right\} \tag{7-14}$$

取无量纲荷载集度 p 为小参数，则可将 W、F 展开为

$$\left.\begin{aligned} W &= w_1(\rho)p + w_3(\rho)p^3 + \cdots = \sum_{n=1}^{\infty} w_{2n-1}(\rho)p^{2n-1} \\ F &= f_2(\rho)p^2 + f_4(\rho)p^4 + \cdots = \sum_{n=1}^{\infty} f_{2n}(\rho)p^{2n} \end{aligned}\right\} \tag{7-15}$$

这是分别利用问题的物理特点，仅将 w 展为奇次项，F 展为偶次项。

将式（7-15）代入到式（7-14）中，只取 p 的一次项，有

$$\frac{\mathrm{d}^2}{\mathrm{d}\rho^2}\left(\rho\frac{\mathrm{d}w_1}{\mathrm{d}\rho}\right) = \psi(\rho)$$

这是标准的圆板小挠度问题，很容易求得在边界条件下的挠度 $w_1(\rho)$，即问题的一次性近似解。

比较方程（7-14）中 p^2 项的系数，以及 p^3 项系数，有

$$\frac{\mathrm{d}^2}{\mathrm{d}\rho^2}(\rho f_2) = -\frac{1}{2}\left(\frac{\mathrm{d}w_1}{\mathrm{d}\rho}\right)^2 \tag{7-16}$$

$$\frac{d^2}{d\rho^2}\left(\rho\frac{dw_3}{d\rho}\right)=3(1-\mu^2)f_2\frac{dw_1}{d\rho} \tag{7-17}$$

给定边界条件，解方程（7-16）可以求得 f_2，求解方程（7-17）可以求得 w_3。以此类推，第 k 次的求解方程为

$$\left.\begin{aligned}\frac{d^2}{d\rho^2}(\rho f_{2k})&=\frac{1}{2}\sum_{n=1}^{k}\frac{dw_{2n-1}}{d\rho}\frac{dw_{2(k-n)+1}}{d\rho}\\\frac{d^2}{d\rho^2}\left(\rho\frac{dw_{2k+1}}{d\rho}\right)&=3(1-u^2)\sum_{n=1}^{k}f_{2n}\frac{dw_{2(k-n)+1}}{d\rho}\end{aligned}\right\}$$

将求得的 w_1、w_3、w_5…f_2、f_4、f_6…代入到表达式（7-15）中，即可得到圆板的近似挠度和内力。

如果取

$$w_0=\frac{w}{h}$$

为小参数，则将无量纲量 W、F、P 表示成新的小参数 w_0 的函数，即有

$$W=w_1(\rho)w_0+w_3(\rho)w_0^3+\cdots=\sum_{n=1}^{\infty}w_{2n-1}(\rho)w_0^{2n-1}$$

$$F=f_2(\rho)w_0+f_4(\rho)w_0^4+\cdots=\sum_{n=1}^{\infty}f_{2n}(\rho)w_0^{2n}$$

$$P=p_1w_0+p_3w_0^3+\cdots=\sum_{n=1}^{\infty}p_{2n-1}w_0^{2n-1}$$

将上式代入到方程（7-14）中，比较 w_0 的一次项系数，有

$$\frac{d^2}{d\rho^2}\left(\rho\frac{dw_1}{d\rho}\right)=p_1\psi(\rho) \tag{7-18}$$

二次、三次系数方程为

$$\frac{d^2}{d\rho^2}(\rho f_2)=\frac{1}{2}\left(\frac{dw_1}{d\rho}\right)^2 \tag{7-19}$$

$$\frac{d^2}{d\rho^2}\left(\rho\frac{dw_3}{d\rho}\right)=p_3\psi(\rho)+3(1-u^2)f_2\frac{dw_1}{d\rho} \tag{7-20}$$

在边界条件下解方程（7-18）可得 w_1，解方程（7-19）得 f_2，解方程（7-20）可得 w_3。

则第 k 次近似解的系数方程为

$$\frac{d^2}{d\rho^2}(\rho f_{2k})=-\frac{1}{2}\sum_{n=1}^{\infty}\frac{dw_{2n-1}}{d\rho}\frac{dw_{2(k-n)+1}}{d\rho}$$

$$\frac{d^2}{d\rho^2}\left(\rho\frac{dw_{2k+1}}{d\rho}\right)=P_{2k+1}\psi(\rho)+3(1-\mu^2)\sum_{n=1}^{k}f_{2n}\frac{dw_{2(k-n)+1}}{d\rho}$$

很显然，对于板的大挠度问题的摄动法求解，是以圆板的小挠度解为基础，然后逐次修正逼近大挠度的解。这里小挠度解，正是圆板弯曲问题的线性解。

作为一个实例，考虑一个均布荷载 q_0 作用的周边固定圆板的大挠度弯曲问题，如图 7-1。已知板的边界条件为

$$\left.\begin{aligned} w\big|_{\rho=1} = 0, \quad \frac{\mathrm{d}w}{\mathrm{d}\rho}\bigg|_{\rho=1} = 0 \\ w\big|_{\rho=0} = w_0, \quad \frac{\mathrm{d}w}{\mathrm{d}\rho}\bigg|_{\rho=1} \neq \infty \end{aligned}\right\} \tag{7-21}$$

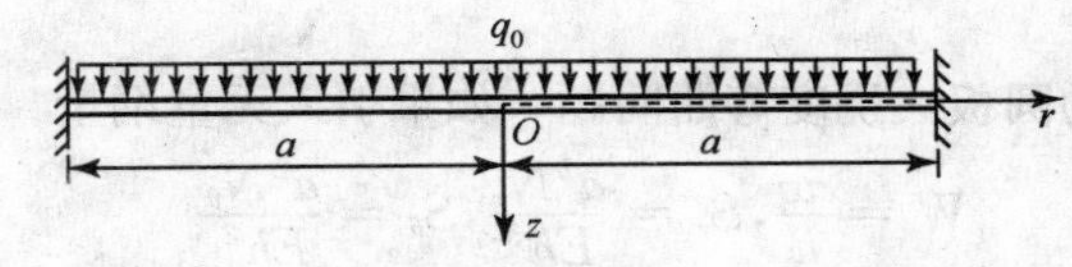

图 7-1　周边固定圆板

另外，有应力边界条件

$$2\frac{\mathrm{d}F}{\mathrm{d}\rho} + (1-\mu)F\bigg|_{\rho=1} = 0 \tag{7-22}$$

对应于方程（7-18），注意到均布荷载作用下 $\psi = \frac{1}{16}$，则有

$$\frac{\mathrm{d}^2}{\mathrm{d}\rho^2}\left(\rho\frac{\mathrm{d}w_1}{\mathrm{d}\rho}\right) = \frac{P_1}{16}$$

考虑到边界条件（7-21），求得

$$P_1 = 64, w_1(\rho) = (\rho - 1)^2$$

将上式代入到式（7-19）中，并注意到应力边界条件（7-22），求得

$$f_2(\rho) = \frac{5-3\mu}{6(1-\mu)} - \rho + \frac{2}{3}\rho^2 - \frac{1}{6}\rho^3$$

从方程（7-20）中求解得

$$p_3 = \frac{8}{45}(1+\mu)(173-73\mu)$$

$$w_3 = \frac{1+\mu}{180}\rho\Big[2(29-19\mu) - \frac{1}{2}(277-19\mu)\rho + 10(11-9\mu)\rho^2 - (1-\mu)\left(\frac{75}{2}\rho^3 - 9\rho^4 + \rho^5\right)\Big]$$

则最后得到板的二次近似解为

$$w=(\rho-1)^2w_0+\frac{1+\mu}{180}\rho\Big[2(29-19\mu)-\frac{1}{2}(227-197\mu)\rho+10(11-9\mu)\rho^2-(1-\mu)\Big(\frac{75}{2}\rho^3-9\rho^4+\rho^5\Big)\Big]w_0^3$$

$$F=\Big[\frac{5-3\mu}{6(1-\mu)}-\rho+\frac{2}{3}\rho^2-\frac{1}{6}\rho^3\Big]w_0^2$$

$$P=64w_0+\frac{8}{45}(1+\mu)(173-73\mu)w_0^3$$

7.3 载荷小参数摄动法

对于上一节的圆板大挠度弯曲问题，如果引入无量纲量

$$W=\frac{w}{h},S_r=\frac{a^2N_r}{Eh^3},S_\theta=\frac{a^2N_\theta}{Eh^3}$$

$$\rho=\frac{a^4z(1-\mu^2)}{Eh^4},\eta=1-\frac{r^2}{a^2}$$

式中，N_r 为圆板的径向力；N_θ 为环向力。

对于周边夹支圆板，如图 7-2，有边界条件

$$W|_{\eta=0}=0,2\frac{\mathrm{d}^2W}{\mathrm{d}\eta^2}-(1+\mu)\frac{\mathrm{d}w}{\mathrm{d}\eta}|_{\eta=0}=0,S_r|_{\eta=0}=0 \quad (7\text{-}23)$$

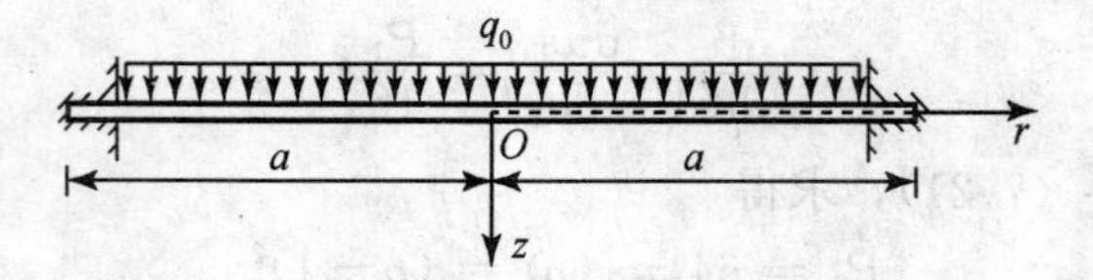

图 7-2 周边夹支圆板

对于如图 7-1 所示的固定圆板，边界条件为

$$W|_{\eta=0}=0,\quad 2\frac{\mathrm{d}^2W}{\mathrm{d}\eta^2}-(1+\mu)\frac{\mathrm{d}w}{\mathrm{d}\eta}|_{\eta=0}=0,\quad 2\frac{\mathrm{d}S_r}{\mathrm{d}\eta}-(1-\mu)S_r|_{\eta=0}=0$$

此时板的大挠度方程（7-12）变成

$$\left.\begin{aligned}&\frac{\mathrm{d}^2}{\mathrm{d}\eta^2}[(1-\eta)S_r]+\frac{1}{2}\Big(\frac{\mathrm{d}W}{\mathrm{d}\eta}\Big)^2=0\\&-\frac{\mathrm{d}^2}{\mathrm{d}\eta^2}\Big[(1-\eta)\frac{\mathrm{d}W}{\mathrm{d}\eta}\Big]=\frac{3}{4}P-3(1-\mu^2)S_r\frac{\mathrm{d}W}{\mathrm{d}\eta}\end{aligned}\right\} \quad (7\text{-}24)$$

将未知函数 W、S_r 展成荷载型小参数 P 的级数，即

$$
\left.\begin{aligned}
W(\eta,P) &= W_0(\eta)P + W_3(\eta)P^3 + W_5(\eta)P^5 + \cdots \\
S_r(\eta,P) &= S_0(\eta)P^2 + S_2(\eta)P^4 + \cdots
\end{aligned}\right\} \qquad (7\text{-}25)
$$

将式（7-25）代入到方程（7-24）中，分别取第一式含 ρ 的二次方程和第二式含 ρ 的一次方程，得到

$$
\frac{\mathrm{d}^2}{\mathrm{d}\eta^2}[(1-\eta)S_1]+\frac{1}{2}\left(\frac{\mathrm{d}W_0}{\mathrm{d}\eta}\right)^2=0
$$

$$
-\frac{\mathrm{d}^2}{\mathrm{d}\eta^2}\left[(1-\eta)\frac{\mathrm{d}W_0}{\mathrm{d}\eta}\right]-\frac{3}{4}=0
$$

而此时边界条件（7-23）变成

$$
W_0(0)=0, S_1(0)=0, 2W''_0-(1+\mu)W'_0(0)=0
$$

求得解答

$$
W_0=\frac{3}{8}\left(\frac{\eta^2}{2}+\beta\eta\right)
$$

$$
S_1=\frac{1}{1\,536}[\eta^3+(1+4\beta)\eta^2+(1+4\beta+6\beta^2)\eta]
$$

其中 $\beta=\dfrac{2}{1+\mu}$。

同理，分别对应于方程（7-24）中 P 的四次和三次方程，有

$$
\frac{\mathrm{d}^2}{\mathrm{d}\eta^2}[(1-\eta)S_1]+\frac{\mathrm{d}W_0}{\mathrm{d}\eta}\frac{\mathrm{d}W_1}{\mathrm{d}\eta}=0
$$

$$
\frac{\mathrm{d}^2}{\mathrm{d}\eta^2}\left[(1-\eta)\frac{\mathrm{d}W_1}{\mathrm{d}\eta}\right]=3(1-\mu^2)S_r\frac{\mathrm{d}W_0}{\mathrm{d}\eta}
$$

在对应力的边界条件（7-23）下求得

$$
\begin{aligned}
W_1(\eta)=&-\frac{\beta-1}{512\beta^2}\Big[\frac{1}{180}\eta^6+\frac{1}{60}(1+3\beta)\eta^5+\frac{1}{24}(1+4\beta+5\beta^2)\eta^4+\\
&\frac{1}{6}(1+5\beta+9\beta^2+6\beta^3)\left(\frac{\eta^3}{3}+\frac{\eta^2}{2}+\beta\eta\right)\Big]
\end{aligned}
$$

$$
\begin{aligned}
S_2(\eta)=&-\frac{2(\beta-1)}{8^6\times9\times7\times5\times3\beta^2}[\eta^9+(34+90\beta)\eta^7+(124+486\beta+1\,008\beta^2)\eta^6+\\
&(502+2\,628\beta+5\,418\beta^2+3\,528\beta^3)\eta^5+(880+4\,770\beta+10\,080\beta^2+\\
&8\,064\beta^3+1\,512\beta^4)\eta^4+(880+6\,660\beta+22\,054\beta^2+37\,594\beta^3+\\
&35\,532\beta^4)\eta^3+15\,126\beta^5(\eta^2+\eta)]
\end{aligned}
$$

类似地可以求得 W_3、$W_5\cdots S_4$、$S_6\cdots$当取 $\eta=1$ 时，即可得到板中心最大挠度

$$
\begin{aligned}
W(0) &= W_0 + W_1 \\
&= \frac{3}{8}\left(\beta + \frac{1}{2}\right) - \frac{\beta - 1}{184\ 321\beta^2}(73 + 388\beta + 825\beta^2 + 840\beta^3 + 360\beta^4)
\end{aligned}
$$

在求解圆板和圆壳的大挠度变形时，叶开沅[3]在小参数摄动法的基础上提出了一种修正迭代摄动法，其过程仍然是通过引入小参数将非线性方程组线性化，然后逐次线性求解，迭代逼近准确解。

本章参考文献

[1] 徐芝伦．弹性力学．北京：高等教育出版社，1978

[2] 钱伟长，林鸿荪，胡海昌，叶开沅．弹性圆薄板大挠度问题．北京：科学出版社，1954

[3] 钱伟长．奇异摄动理论及其在力学中的应用．北京：科学出版社，1981

第8章 加权残值法

8.1 基本原理及方法

8.1.1 基本原理

已知某一典型问题的控制方程和边界条件为

$$L(w)-f=0 \quad \in V \tag{8-1}$$

$$B(w)-h=0 \quad \in S \tag{8-2}$$

式中，w 为待求的场函数；L、B 分别为域内 V 上和边界 S 上的作用算子；f、h 分别为定义在域内和边界上的不含 w 的已知函数。

方程（8-1）、方程（8-2）一般很难精确求解。所以，可假设方程（8-1）的近似解

$$\overline{w}=\sum_{i=1}^{n}C_i w_i(x_1,x_2,\cdots,x_m) \tag{8-3}$$

式中，C_i（i=1，2，…，n）为待定参数；w_i（i=1，2，…，n）是一组线性无关的基函数。

由于 $\overline{w}$ 是假设的近似解，将其代入方程（8-1）和边界条件（8-2）中，一般不可能精确满足。这样方程（8-1）、方程（8-2）就出现残余值 R_V 和 R_S，简称为残数或残值、余量，即

$$R_V=L(\overline{w})-f \quad \in V \tag{8-4}$$

$$R_S=B(\overline{w})-h \quad \in S \tag{8-5}$$

式中，R_V、R_S 分别称为域内残数和边界残数。

加权残值数法的基本思想是：适当地选择两个函数 φ_V 和 φ_S，使得残数 R_V 和 R_S 分别与其相应的乘积在域内和边界上的积分为零，即

$$\int_V R_V \varphi_V \mathrm{d}V = 0 \qquad \in V \tag{8-6a}$$

$$\int_S R_S \varphi_S \mathrm{d}S = 0 \qquad \in S \tag{8-6b}$$

函数 φ_V 叫做域内权函数，φ_S 叫做边界权函数。解方程（8-6）可求得参数 C_i（$i=1$，2，3，…，n）。

如果能恰当选择试函数 $\overline{w}$，使其满足边界条件（8-2），则方程（8-6）就退化为

$$\int_V R_V \varphi_V \mathrm{d}V = 0 \qquad \in V \tag{8-7}$$

此时，称其为加权残值法的内部法。

另一方面，如果 $\overline{w}$ 满足控制方程（8-1）时，方程（8-6）就退化为

$$\int_S R_S \varphi_S \mathrm{d}S = 0 \qquad \in S \tag{8-8}$$

则称其为加权残值法的边界法

如果 $\overline{w}$ 既不满足控制方程（8-1），又不满足边界条件（8-2），则其为混合法。公式（8-6）所描述的正是这种情形。

从以上叙述可以看到，加权残值法可以分为三个步骤：（1）选取试函数；（2）代入基本方程求残数；（3）选取权函数，消除残数。这里并没有给出基本方程的具体内容，换句话讲，即对任何工程技术问题都可以按此步骤进行。

8.1.2 方法分类

前边已按试函数是否满足控制方程和边界条件，将加权残值法分为三类，即内部法、边界法和混合法。这三种方法各有自己的优点，当然也存在不足。如在内部法中，对于一般比较规则的边界，选取满足边界条件的试函数是比较容易的。并且，由于边界条件已经满足，所以计算工作量较少。但是对于较复杂的边界，这一方法就很不方便。在边界法中，由于基本控制方程已经满足，近似计算仅在边界上进行，因而计算工作量少，精度较高，不足的是，要事先求得不同问题控制方程的泛定解，比较困难。混合法的优点在于，对试函数要求不严，复杂的边界条件和复杂的控制方程都能适应，缺点是计算工作量较大。总之，对于复杂控制方程，简单边界问题，宜采用内部法；对简单控制方程，复杂边界，适合用边界法；对

控制方程和边界条件都较复杂的问题，采用混合法较好。这三种方法中，内部法一般应用较多。

下面按照权函数的不同选择，来划分加权残值法的类别。为了方便，仅以内部法为例，其他两种方法同理。

(1)子域法

如果所假设待求问题的试函数 w（为了书写方便，用 w 代 $\overline{w}$）包含 n 个待定参数，即

$$w = \sum_{i=1}^{n} C_i w_i(x_1, x_2, \cdots, x_m) \tag{8-9}$$

对应于式（8-9），将整个区域 V 任意划分为 n 个子域，在每一个子域内令残数的积分为零，即

$$\int_{V_j} R_V \mathrm{d}V_j = 0 \qquad \in V_j \quad (V_j \in V, j = 1,2,\cdots,n) \tag{8-10}$$

式中，V_j 为第 j 个子域。

这样 n 个子域可以提供 n 个方程，联立求解可得到 n 个待定参数 C_i（$i=1，2，\cdots，n$）。

从方程（8-10）可以看到，在子域法中，权函数

$$\varphi_V = \begin{cases} 1 & \in V_j \\ 0 & \bar{\in} V_j \end{cases} \tag{8-11}$$

这样公式（8-10）就可改写为（省略掉残数 R 和权函数 φ 的下标“V”）

$$\int_{V_j} R\varphi \, \mathrm{d}V_j = 0 \qquad (j = 1,2,\cdots,n; V_j \in V) \tag{8-12}$$

和公式（8-7）形式完全一样。

很显然，随着子域数目的增加，控制方程将在愈来愈小的更多子域内得到近似满足。因而求得的解答也将趋于更加精确。从理论上讲，子域划分得越小越好，当取无限个子域时，就属于精确解。但是，实际上这种划分，必须适可而止。原因不仅是随着子域数目的增多，计算工作量加大，而更重要的是很可能出现病态方程组，无法求解。

如果结构形状不规则，或者在结构的不同区域内载荷分布函数不同，则可在不同的子域内选取不同的试函数。显然这种求解形式类似于有限单元法，在加权残值法中我们称其为分区加权残值法。

(2)配点法

如果令子域法中的子域面积趋于零，则子域法就变成配点法，式（8-

10）相应变成

$$R\mid_{x=x_j}=0\qquad(j=1,2,\cdots,n)\quad x_j\in V\tag{8-13}$$

x_i（j=1，2，…，n）是配点坐标。公式（8-13）可提供 n 个代数方程，联立求解即得到参数 C_i（i=1，2，…，n）。

为了将公式（8-13）和公式（8-7）统一起来，引入狄拉克 δ 函数，则公式（8-13）改写成：

$$\int_V R\varphi\mathrm{d}V=\int_V R\delta(x-x_j)\mathrm{d}V=R\mid_{(x-x_j)}=0\qquad(j=1,2,\cdots,n)\tag{8-14}$$

由于配点法只需要在某些离散点上进行，这样就避免了冗繁的积分运算，方便计算机求解，所以它是加权残值法中最简单的一种。但一般地讲，这种方法计算精度较差。

(3)最小二乘法

最小二乘法的基本思想是：选择一个试函数，使得残值的平方和最小，如果定义残值的平方和为方差泛函，那么最小二乘法就是使方差泛函取极值。

将试函数式（8-9）代入控制方程（8-1）中，得残值方程

$$R=R(C_i,x_1,x_2,\cdots,x_m)\qquad(i=1,2,\cdots,n)\tag{8-15}$$

若用 I（C_i）表示整个域内的方差泛函，即

$$I(C_i)=\int_V R^2\mathrm{d}V\tag{8-16}$$

取极值条件

$$\frac{\partial I(C_i)}{\partial C_i}=0\qquad(i=1,2,\cdots,n)\tag{8-17}$$

将式（8-16）代入，即得最小二乘法的基本公式

$$\int_V R\,\frac{\partial R}{\partial C_i}\mathrm{d}V=0\quad(i=1,2,\cdots,n)\tag{8-18}$$

上式提供 n 个代数方程，从中求得 n 个待定参数。比较公式（8-18）和公式(8-7)，最小二乘法的权函数

$$\varphi=\frac{\partial R}{\partial C_i}\qquad(i=1,2,\cdots,n)\tag{8-19}$$

(4)伽辽金法

伽辽金法，是由俄国工程师伽辽金于 1915 年提出来的。它是里兹变分法的推广，但是仍然属于加权残值法，只不过这里所要介绍的伽辽金法，

并不像变分法中那样，要求试函数必须满足所有的位移和力的边界条件，因而适应范围更广。如果将变分法中的伽辽金法称之为传统方法，那么这里所介绍的就可以称为广义伽辽金法。

假设方程（8-1）的解函数仍然如式（8-9），伽辽金法中的权函数就正是其基函数，即

$$\varphi = w_i(x_1, x_2, \cdots, x_n) \qquad (i = 1, 2, \cdots, n) \tag{8-20}$$

这样得伽辽金法的计算公式

$$\int_V R w_i \mathrm{d}V = 0 \qquad (i = 1, 2, \cdots, n) \tag{8-21}$$

显然残值方程和试函数的每一个基函数正交。正是这一性质，保证了伽辽金法有很好的收敛性。由于伽辽金法精度较高，且计算工作量不大，所以应用十分广泛。

(5)矩法

矩法的基本公式为

$$\int_V R x^k \mathrm{d}V = 0 \qquad (k = 0, 1, 2, \cdots, n-1) \tag{8-22}$$

权函数为一个完备的函数集合，即

$$\varphi = x^k \qquad (k = 0, 1, 2, \cdots, n-1) \tag{8-23}$$

很显然，当 $k=0$ 时，就退化为子域法。

从加权残值法的基本原理出发，矩法中权函数 $\varphi = x^k$ 的指数 k 值，完全可以开拓定义到负整数域内，这样矩法的公式可统一为

$$\int_V R x^k \mathrm{d}V = 0 \qquad [k = 0, \pm 1, \pm 2, \cdots, \pm (n-1)] \tag{8-24}$$

权函数：

$$\varphi = x^k \qquad [k = 0, \pm 1, \pm 2, \cdots, \pm (n-1)] \tag{8-25}$$

现在已经证明了 $k=-1$ 时是成立的。对于整个负整数域，尚待进一步研究。类似于矩法的定义，当 k 取负值时，我们定义为负矩法。负矩毫无物理意义。这和数学分析中的负面积一样，仅是一种为了统一的人为定义。负矩法和正矩法统称为矩法。

至此，已经介绍了加权残值法的五种基本方法。然而现在一般所说的加权残值法，远不止这些，比如这五种方法相互配合使用，就产生了新的混合加权残值法。最小二乘配点法、伽辽金配点法、矩量配点法、子域配点法、子域最小二乘法等，就是这样形成的。另外，加权残值法和其他近似方法联合应用，又派生出了一些新的加权残值法。所熟知的有配线（配

面）法、分区加权残值法、康托洛维奇加权残值法、格林加权残值法、摄动加权残值法、半解析法、数学规划加权残值法等。

通过以上叙述可以看到，加权残值法具有原理统一，方法简便，适应广泛，残差可知，工作量少，精度较高等优点，将该法和计算机相结合，程序设计简短，内存不大，准备数据少，计算速度快。因此这一方法得到的广泛的应用和重视，为小机器解决大问题开辟了一个新的有效途径。

8.2 试函数和权函数的选择

如何更好地选择试函数和权函数，是加权残值法的两个重要问题。而试函数的选择，又是整个方法的关键，因为它直接影响残值的大小，权函数选择的好坏，又直接关系到残值的消除程度。

以是否满足控制方程和边界条件为判据，试函数可以分为三大类。当所选取的试函数满足边界方程（8-2），而不满足控制方程（8-1）时，称其为边界型，当试函数不满足边界方程（8-2），而满足控制方程（8-1）时，称其为内部型，当试函数既不满足边界方程（8-2），又不满足控制方程（8-1）时，称其为混合型。显然这里对试函数的分类，正好和前边对加权残值法的分类互成逆对应关系。

在低级近似计算中，试函数的选择十分重要，因为它直接影响到计算结果的精度。在多级近似计算中，试函数的优劣，对计算精度影响不大，而对解的收敛速度有直接的关系。现有的研究一致认为，要保证试函数更好地收敛于真实解，试函数必须满足以下四个条件：

(1)连续性。试函数系 $\{w_i\}$ 必须是坐标变量的连续函数。

(2)无关性。试函数系 $\{w_i\}$ 之间互相线性无关。

(3)正交性。试函数系 $\{w_i\}$ 满足正交条件

$$\int_V F(x)w_i(x)w_j(x)\mathrm{d}x = 0 \qquad (i \neq j, \quad i,j = 1,2,3,\cdots,n-1) \tag{8-26}$$

(4)完备性。试函数系 $\{w_i\}$ 构成一个完备的函数序列。

在这四个条件中，连续性是最基本的要求。无关性实质上就是要求试函数随着 i 的增加具有补充性。完备性则保证了试函数确实能收敛于真实解。而正交性是为了防止试函数系数的不安定。前三条尤为重要。

归纳目前国内外所采用的试函数，大致有以下十种。

(1)多项式

$$\{w_i\} = \{a_i x^i\} \tag{8-27}$$

(2)三角级数

$$\{w_i\} = \left\{\sin\frac{i\pi x}{l}, \cos\frac{i\pi x}{l}\right\} \tag{8-28}$$

(3)B 样条函数

$$\{w_i\}_3 = \Omega_3(x) = \frac{1}{6}\begin{cases} (x+2)^3 & x \in [-2,-1] \\ (x+2)^3 - 4(x+1)^3 & x \in [-1,0] \\ (2-x)^3 - 4(1-x)^3 & x \in [0,1] \\ (2-x)^3 & x \in [1,2] \\ 0 & |x| > 2 \end{cases} \tag{8-29}$$

$$\{w_i\}_5 = \Omega_5(x) = \frac{1}{120}\begin{cases} (x+3)^5 & x \in [-3,-2] \\ (x+3)^5 - 6(x+2)^5 & x \in [-2,-1] \\ (x+3)^5 - 6(x+2)^5 + 15(x+1)^5 & x \in [-1,0] \\ (3-x)^5 - 6(2-x)^5 + 15(1-x)^5 & x \in [0,1] \\ (3-x)^5 - 6(2-x)^5 & x \in [2,3] \\ (3-x)^5 & x \in [1,2] \\ 0 & |x| > 3 \end{cases} \tag{8-30}$$

$$\{w_i\}_9 =$$

$$\frac{1}{9!}\begin{cases} (x+5)^9 & x \in [-5,-4] \\ (x+5)^9 - 10(x+4)^9 & x \in [-4,-3] \\ (x+5)^9 - 10(x+4)^5 + 45(x+3)^9 & x \in [-3,-2] \\ (x+5)^9 - 10(x+4)^5 + 45(x+3)^9 - 120(x+2)^9 & x \in [-2,-1] \\ (x+5)^9 - 10(x+4)^5 + 45(x+3)^9 - 120(x+2)^9 + 210(x+1)^9 & x \in [-1,0] \\ (5-x)^9 - 10(4-x)^9 + 45(3-x)^9 - 120(2-x)^9 + 210(1-x)^9 & x \in [0,1] \\ (5-x)^9 - 10(4-x)^9 + 45(3-x)^9 - 120(2-x)^9 & x \in [1,2] \\ (5-x)^9 - 10(4-x)^9 + 45(3-x)^9 & x \in [2,3] \\ (5-x)^9 - 10(4-x)^9 & x \in [3,4] \\ (5-x)^9 & x \in [4,5] \\ 0 & |x| > 5 \end{cases} \tag{8-31}$$

(4)梁振动函数

$$\{w_i\} = C_1 \sin \frac{ix}{l} + C_2 \cos \frac{lx}{l} + C_3 \sinh \frac{ix}{l} + C_4 \cosh \frac{ix}{l} \tag{8-32}$$

(5)梁稳定函数

$$\{w_i\} = C_1 \sin \frac{\lambda x}{l} + C_2 \frac{\lambda x}{l} + C_3 \frac{x}{l} + C_4 \tag{8-33}$$

(6)正交函数

①勒让德（legender）多项式

$$\{w_i\} = P_i(x) = \sum_{k=0}^{[\frac{i}{2}]} \frac{i}{2} \frac{(-1)^k (2i-2k)!}{k!(i-k)!(i-2k)!} x^{i-2k} \tag{8-34}$$

②第一类切比谢夫（Chebychev）多项式

$$\{w_i\} = T_i(x) = \frac{i}{2} \sum_{k=0}^{[\frac{t}{2}]} (-1)^k \frac{(i-k)!}{k!(i-2k)!} (2x)^{i-2k} \tag{8-35}$$

③第二类切比谢夫多项式

$$\{w_i\} = V_i(x) = \sum_{k=0}^{[\frac{t}{2}]} (-1)^k \frac{(i-k)!}{k!(i-2k)!} (2x)^{i-2k} \tag{8-36}$$

④拉盖尔（Leguerre）多项式

$$\{w_i\} = L_i(x) = \sum_{k=0}^{[\frac{t}{2}]} (-1)^k \begin{Bmatrix} i \\ k \end{Bmatrix} \frac{i!}{k!} x^k \tag{8-37}$$

⑤埃尔米特（Hermite）多项式

$$\{w_i\} = H_i(x) = \sum_{k=0}^{[\frac{t}{2}]} \frac{(-1)^k i!}{k!(i-2k)!} (2x)^{i-2k} \tag{8-38}$$

⑥雅可比（Jacobi）多项式

$$\{w_i\} = P_i^{\alpha,\beta}(x) = 2^{-i} \sum_{k=0}^{t} \begin{pmatrix} i+\alpha \\ k \end{pmatrix} \begin{pmatrix} i+\beta \\ i-k \end{pmatrix} (x-1)^{i-k} (x+1)^k \tag{8-39}$$

⑦盖根堡（Gegenbauer）多项式

$$\{w_i\} = C_i^{\lambda}(x) = \frac{1}{\Gamma(\lambda)} \sum_{k=0}^{[\frac{t}{2}]} \frac{(-1)^k \Gamma(\lambda+i-k)}{k!(i-2k)!} (2x)^{i-2k} \tag{8-40}$$

(7)贝塞尔（Bessel）函数

$$\{w_i\} = J_i(x) = \sum_{k=0}^{\infty} \frac{(-1)^k}{k!\Gamma(i-2k)!} \left(\frac{x}{2}\right)^{i+2k} \tag{8-41}$$

(8)指数函数

$$\{w_i\} = \{\alpha_i e^{i\beta x}\} \tag{8-42}$$

(9)克雷洛夫（КрчΛов）函数

$$\left.\begin{aligned}
w_1(x) &= Z_1(x) = \cos x \cosh x \\
w_2(x) &= Z_2(x) = \frac{1}{2}(\sin x \cosh x + \cos x \sinh x) \\
w_3(x) &= Z_3(x) = \frac{1}{2}\sin x \sinh x \\
w_4(x) &= Z_4(x) = \frac{1}{4}(\sin x \cosh x - \cos x \cosh x)
\end{aligned}\right\} \tag{8-43}$$

(10)重调和函数

$$\{w_i\} = \{r^n\cos(n\theta), r^n\sin(n\theta), r^{n+2}\cos(n\theta), r^{n+2}\sin(n\theta)\} \tag{8-44}$$

值得指出的是，试函数远非这里所罗列的类型。通常可以根据不同的问题，将上述各类函数混合使用。从理论上讲，凡是符合前边所述四条要求的函数序列，都可以做为试函数。在具体计算过程中，为了更好地选取试函数，事先必须对所研究的问题做定性的分析，如边界条件、对称性、渐近性、奇异性、方程的通解和特解类型以及类似问题的解答等。根据这些定性的研究，尽可能地选取一个接近真实解的试函数，不仅计算工作量少，而且精度高。

权函数的选择，它不像试函数那样有明确的要求。然而，值得欣慰的是，已经有了前面给出的五种权函数。一般地讲，权函数选择的原则，就是使得残数消除为零。

试函数和权函数的选择，直接影响到加权残值法的收敛性。要使加权残值法收敛，试函数必须完备，权函数应当恰当。

关于加权残值法的收敛性，文献［1］根据对偶空间原理，构造了残值空间及检验空间一对对偶空间，证明所有线性的加权残值法均一致收敛。第一节中所给出的五种权函数均属恰当，但它们的收敛速度互不相同。

8.3 离散型加权残值法

8.3.1 混合配点法

在前边介绍的五种加权残值法中，直接配点法最为简便，但计算精度较差。其他类型加权残值法，计算精度较高，却都要进行冗繁的积分运算。那么，能否将直接配点法和其他类型加权残值法混合应用，使其既保持直接配点法的简便性，而又能提高计算精度呢？答案是肯定的。实际上从子域法导出配点法的过程，就是将域内的连续积分用某些点上的值来代替。按此思路，完全可以把前述各类型加权残值法中的连续积分运算，简化到某些有限个点上进行。这样就产生了伽辽金配点法、力矩配点法、子域配点法、最小二乘配点法等，我们将其统称为混合配点法。

如果把伽辽金法公式（8-21）中的连续积分，退化到某些离散点上进行，即得

$$Rw_i \mid_{x=x_i} = 0 \qquad (i=1,2,\cdots,n) \tag{8-45}$$

这就是伽辽金配点法公式，其中 R 为残数，w_i 为基函数。

类似地处理，可以得到子域配点法和力矩配点法的基本公式。对于子域配点法，有

$$\sum_{j=1}^{n} R_j \varphi_j \mid_{x=x_i} = 0 \qquad x_i \in V_j \qquad (i=1,2,\cdots,n) \tag{8-46}$$

或者

$$R\varphi_j \mid_{x=x_j} = 0 \qquad x_j \in V_j \qquad (j=1,2,\cdots,n) \tag{8-47}$$

式中，j 为所划分的子域标号；R_j 为子域残数；R 为全域残数；φ_j 为权函数，即

$$\varphi_j = \begin{cases} 1 & \in V_j \\ 0 & \bar{\in} V_j \end{cases} \tag{8-48}$$

力矩配点法的公式为

$$Rx^k \mid_{x=x_j} = 0 \qquad [k=0,\pm 1,\pm 2,\cdots,\pm (n-1)] \tag{8-49}$$

8.3.2 最小二乘配点法

最小二乘配点法是连续性最小二乘法和直接配点法的混合使用。前已述及，最小二乘法精度较高，但积分运算繁琐，配点法计算简单，但精度不好。最小二乘法配点法正是吸取了这两种方法的长处，摒弃了他们的不足，由这二者杂交出来的一种新方法。它具有计算精度高，方法简便，适应性强，便于计算机运算等优点，深受工程技术人员的青睐。

对于本章所提出的定解问题式（8-1）、式（8-2），可以将其近似解写成向量形式

$$W = XC \tag{8-50}$$

式中，X 为坐标向量；C 为待定参数单列矩阵向量，即

$$X = \{x_1, x_2, x_3, \cdots, x_m\} \tag{8-51}$$

$$C = \{c_1, c_2, c_3, \cdots, c_n\}^{\mathrm{T}} \tag{8-52}$$

如果在域内及边界上选取 l 个配点，则可提供 l 个方程。当 $l=n$ 时，叫做等额配点，当 $l>n$ 时，为超额配点。一般为了降低残数方程组缺秩的几率，都采用超额配点法。

这样得到残数方程组

$$\left.\begin{array}{l} \left.\begin{array}{l} R_1(C,x_1) = L(W)_1 - f(x_1) \\ R_2(C,x_2) = L(W)_2 - f(x_2) \\ \cdots\cdots \\ R_k(C,x_k) = L(W)_k - f(x_k) \end{array}\right\} \in V \\ \left.\begin{array}{l} R_{k+1}(C,x_{k+1}) = B(W)_{k+1} - h(x_{k+1}) \\ R_{k+2}(C,x_{k+2}) = B(W)_{k+2} - h(x_{k+2}) \\ \cdots\cdots \\ R_l(C,X_l) = B(W)_l - h(x_l) \end{array}\right\} \in S \end{array}\right\} \tag{8-53}$$

这是一个包含 n 个待定参数，并由 l（$l>n$）个配点方程构成的非齐次代数方程组。

如果令

$$\{R\} = \{R_1, R_2, \cdots, R_k, R_{k+1}, \cdots, R_l\}^{\mathrm{T}} \tag{8-54}$$

$$\{F\} = \{f(x_1), \cdots, f(x_k), h(x_{k+1}), \cdots, f(x_l)\}^{\mathrm{T}} \tag{8-55}$$

$$\{A\}\{C\} = \{L(W)_1, \cdots, L(W)_k, B(W)_{k+1}, \cdots, B(W)_l\}^{\mathrm{T}} \tag{8-56}$$

则方程（8-53）缩写成

$$\{R\}(x) = [A]_{(x)}\{C\}_{n\times 1} - \{F\}_{(x)} \tag{8-57}$$

令残值方程为零，即有

$$[A]\{C\} - \{F\} = \{0\} \tag{8-58}$$

上式是一个由 l 个方程求解 n（$n<l$）个待定参数的矛盾方程组。显然不可能由此求出一组 $\{C\}$，满足 l 个方程。但是，根据最小二乘法的思想，我们总可以求得一组最佳的 $\{C\}$，使得方程（8-53）中各式的残数平方和最小。

为此，首先定义方差泛函

$$\{I\} = \{R\}^{\mathrm{T}}\{R\} \tag{8-59}$$

取极小值条件

$$\frac{\partial \{I\}}{\partial \{C(c_i)\}} = 0 \qquad (i = 1,2,\cdots,n) \tag{8-60}$$

由上式可以解得 n 个特定参数 C_i（$i=1$，2，…，n）。

将方程（8-57）、方程（8-59）代入极值条件（8-60）中，即有

$$[A]^{\mathrm{T}}_{n\times l}[A]_{l\times n}\{C\}_{n\times 1} - [A]^{\mathrm{T}}_{n\times l}\{F\}_{l\times 1} = \{0\} \tag{8-61}$$

或者

$$[K]_{n\times n}\{C\}_{n\times 1} - \{G\}_{n\times 1} = \{0\} \tag{8-62}$$

式中，

$$[K] = [A]^{\mathrm{T}}[A] \tag{8-63}$$

$$[G] = [A]^{\mathrm{T}}[F] \tag{8-64}$$

$[K]$ 是 $n\times n$ 阶方阵，并且具有对称性和正定性。解方程（8-62），得

$$\{C\} = [K]^{-1}\{G\} \tag{8-65}$$

回代入式（8-50）中，即得到 W 的最佳近似表达式。

通常为了强调某些点的重要性，可以用权函数乘以对应这些点的残值。例如为了强调边界点，就可以用权函数 φ 乘以边界点的残值方程。这样方程（8-53）变成

$$\left.\begin{array}{l} \left.\begin{array}{l} R_1(C_1,x_1) = L(W)_1 - f(x_1) \\ \cdots\cdots \\ R_k(C_u,x_k) = L(W)_k - f(x_k) \end{array}\right\} \in V \\ \left.\begin{array}{l} R_{k+1}(C_{u+1},x_{k+1}) = [B(W)_{k+1} - h(x_{k+1})]\varphi_s \\ \cdots\cdots \\ R_1(C_n,x_l) = [B(W)_l - h(x_l)]\varphi_i \end{array}\right\} \in S \end{array}\right\} \tag{8-66}$$

一般情况下取 φ_s，…，$\varphi_i=1$。如果边界条件十分重要，则 φ_s，…，φ_i 可取较大的值，如 5、10、100，甚至更大。

对形状较为复杂的结构，可将其先划分为 n 个形状简单的子域，然后在每一个子域中应用最小二乘配点法，这样就构成了子域最小二乘配点法。

和直接配点法一样，方程（8-53）和方程（8-66）中的配点地位，对计算结果有较大的影响。

8.3.3 最小二乘高斯配点法

在最小二乘配点法中，有关配点的地位，仍然可以采用均匀配点法或正交配点法。但这两种方法，均需配较多的点。为了降低配点数目，减少计算工作量，同时保证计算结果精度，这里介绍最小二乘高斯配点法。

定义方差泛函

$$I(W)=\int_V \varphi_V^2 R_V^2 \mathrm{d}V+\sum_{t=1}^{r}\int_{S_t}\varphi_{S_t}^2 R_{S_t}^2 \mathrm{d}S \tag{8-67}$$

式中，

$$R_V=\mathrm{L}(W)-f \qquad \in V \tag{8-68}$$

$$\left.\begin{aligned}&R_{S_t}=\mathrm{B}_f(W)-h_i \qquad \in S_t\\&(t=1,2,\cdots,r)\end{aligned}\right. \tag{8-69}$$

其中已设定

$$W(x)=\sum_{i=1}^{n} C_i w_i(x)=\overline{W}\cdot C \tag{8-70}$$

$$\left.\begin{aligned}\overline{W}&=\{w_1(x),\ w_2(x),\cdots,w_n(x)\}\\C&=\{c_1(x),c_2(x),\cdots,c_n(x)\}^{\mathrm{T}}\end{aligned}\right\} \tag{8-71}$$

通过对方差泛函的研究，得到：

(1)方差泛函有极小数，且极值为零；

(2)方差泛函的一阶变分

$$\delta I(W)=\int_V 2\varphi_V^2 R_V \delta R_V \mathrm{d}V+2\sum_{t=1}^{r}\int_{S_t} R_{S_t}\delta R_{S_t} \mathrm{d}S=0 \tag{8-72}$$

所得到的欧拉方程，正是控制方程（8-1）及边界条件（8-2）。

将式（8-70）代入泛函式（8-67）中，同时注意到方程（8-68）、方程（8-69），则有

$$I(W)=C^{\mathrm{T}}KC-2C^{\mathrm{T}}P+L_1 \tag{8-73}$$

式中，

$$K=\int_V 2\varphi_V^2 L(W^{\mathrm{T}}W)\mathrm{d}V+\sum_{t=1}^{r}\int_{S_t}\varphi_{S_t}^2 B_t(W_{S_t})\mathrm{d}S \tag{8-74}$$

$$P=\int_V 2\varphi_V^2 L(W^{\mathrm{T}})\mathrm{d}V+\sum_{t=1}^{r}\int_{S_t}\varphi_{S_t}^2 h_t B_t(W_{S_t})\mathrm{d}S \tag{8-75}$$

$$L_1=\int_V \varphi_V^2 f^2 \mathrm{d}V+\sum_{t=1}^{r}\int_{S_t}\varphi_{S_t}^2 h_t^2 \mathrm{d}S \tag{8-76}$$

式中，L_1 是常数项。

根据变分条件（8-72），得

$$KC=P \tag{8-77}$$

如果 L、B 是线性算子，方程（8-77）就是线性代数方程组。L、B 如果是非线性算子，方程（8-77）就是非线性代数方程组。矩阵 K 叫做广义刚度

矩阵；P 为广义荷载列阵；C 为待求参数列阵。

式（8-74）～式（8-76）中的积分运算比较麻烦，不便于写成通用程序。为此可以用数值计算中的高斯—勒让德积分公式：

一维积分

$$\int_a^b f(x)\mathrm{d}x = \frac{b-a}{2}\sum_{i=1}^{m} H_i f\left(\frac{b+a}{2} + \frac{b-a}{2}\xi_i\right) \tag{8-78}$$

二维积分

$$\int_{x_1}^{x_2}\int_{y_1(x)}^{y_2(x)} f(x,y)\mathrm{d}x\mathrm{d}y = \frac{x_2-x_1}{2}\sum_{i=1}^{m}\frac{y_2(x_i)-y_1(x_i)}{2}\sum_{j=1}^{n} H_i H_j f(x_i,y_i) \tag{8-79}$$

其中

$$\left.\begin{aligned} x_i &= \frac{x_2+x_1}{2} + \frac{x_2+x_1}{2}\xi_i \\ y_i &= \frac{y_2(x_i)+y_1(x_i)}{2} + \frac{y_2(x_i)-y_1(x_i)}{2}\xi_j \end{aligned}\right\} \tag{8-80}$$

上述公式中，m、n 是积分点数；ξ_i、ξ_j 是高斯积分点位置；H_i、H_j 为权系数。

表 8-1 给出了一些常用的积分点值及权系数值。

ξ_i 及 H_i 的数值表 表 8-1

n	ξ_i	H_i
2	±0.577 350 269 189 626	1
3	0	0.888 888 888 888 889
	±0.774 596 669 241 488	0.555 555 555 555 556
4	±0.339 981 043 584 856	0.625 145 154 862 546
	±0.861 136 311 594 053	0.347 854 845 137 454
5	0	0.568 888 9
	±0.538 469 3	0.478 628 7
	±0.906 179 8	0.236 926 9
6	±0.238 619 2	0.467 913 9
	±0.662 109 4	0.360 761 6
	±0.932 469 5	0.171 324 5
	0	0.417 959 2
	±0.405 845 2	0.381 830 1

续上表

n	ξ_i	H_i
7	$\pm$0.741 531 2 $\pm$0.949 107 9	0.279 705 4 0.129 485 0
8	$\pm$0.183 434 6 $\pm$0.525 532 4 $\pm$0.796 666 5 $\pm$0.960 289 9	0.361 683 8 0.313 706 6 0.222 381 0 0.101 228 5
9	0 $\pm$0.324 253 4 $\pm$0.613 371 4 $\pm$0.836 031 1 $\pm$0.968 160 2	0.330 239 6 0.312 347 1 0.260 610 7 0.180 648 2 0.081 274 4
10	$\pm$0.148 874 3 $\pm$0.433 395 4 $\pm$0.679 409 6 $\pm$0.865 063 4 $\pm$0.973 906 5	0.295 524 2 0.269 266 7 0.219 086 4 0.149 451 3 0.066 671 3
12	$\pm$0.125 233 4 $\pm$0.367 831 5 $\pm$0.587 318 0 $\pm$0.769 902 7 $\pm$0.904 117 3 $\pm$0.981 563 4	0.249 147 0 0.233 492 5 0.203 116 7 0.160 078 3 0.106 939 3 0.047 175 3

于是积分（8-74）～积分（8-76）的近似表达式为

$$K=\sum_{i=1}^{m}\sum_{j=1}^{n}b_x b_{ji}H_iH_j\varphi_{Vij}^2L[w(x_i,y_j)]^{\mathrm T}L[w(x_i,y_j)]+\sum_{t=1}^{r}\sum_{i=1}^{m}b_{tl}H_i\varphi_{Sti}^2B_t[w(l_{ti})]^{\mathrm T}\beta[w(l_{ti})] \tag{8-81}$$

$$P=\sum_{i=1}^{m}\sum_{j=1}^{n}b_x b_{ji}H_iH_j\varphi_{Vij}^2L[w(x_i,y_j)]^{\mathrm T}f(x_i,y_j)+\sum_{t=1}^{r}\sum_{i=1}^{m}b_{tl}H_i\varphi_{Sti}^2B_t[w(l_{ti})]^{\mathrm T}B[w(l_{ti})] \tag{8-82}$$

$$L_1=\sum_{i=1}^{m}\sum_{j=1}^{n}b_x b_{ji}H_iH_j\varphi_{Vj}^2f^2(x_i,y_j)+\sum_{t=1}^{r}\sum_{i=1}^{m}b_{tl}H_i\varphi_{St}^2h_t(l_{ti}) \tag{8-83}$$

式中，

$$
\left.\begin{aligned}
&b_x = \frac{x_2 - x_1}{2}, \quad b_{yi} = \frac{y_2(x_i) - y_1(x_i)}{2} \\
&b_{tl} = \frac{l_{t2} - l_{t1}}{2}, \quad x_i = \frac{x_2 + x_1}{2} + \frac{x_2 + x_1}{2}\xi_i \\
&y_i = \frac{y_2(x_i) + y_1(x_i)}{2} + \frac{y_2(x_i) - y_1(x_i)}{2}\xi_j \\
&l_{ti} = \frac{l_{t2} + l_{t1}}{2} + \frac{l_{t2} - l_{t1}}{2}\xi_j
\end{aligned}\right\} \tag{8-84}
$$

这样就把比较复杂的积分运算，用配点坐标（勒让德多项式的根）的函数值和权系数的乘积求和取代。不仅配点数目少，处理简便，精度很高，而且便于计算机运算。

完成了方程（8-74）～方程（8-76）的积分运算，对于线性算子，很容易从方程（8-77）中求得参数列阵

$$
C = K^{-1}P \tag{8-85}
$$

如果 L、B 为非线性算子，就必须用非线性代数方程组的牛顿（Newton）迭代法或快速下降法求解。

比较最小二乘配点法和最小二乘高斯配点法，差别有三点：一是前者的方差泛函由配点后的残数方程组成，属于离散型，而后者的方差泛函直接由残数方程和权函数的乘积积分得到，为连续型；第二是前者的配点地位不确定，虽然可以用均匀配点或者正交配点，但仍带有一定的盲目性，而后者的配点地位是确定的，配点坐标就是高斯积分点；第三是前者先配点后取极值，而后者则是先求极值后配点。正是由于这三点差别，使得最小二乘高斯配点法，成为目前配点法中所公认的精度最高的一种。原因除了它的方差泛函连续且完备外，更重要的是在诸多数值积分法中，高斯积分法精度最高。

8.4 矩形薄板弯曲的最小二乘法

有一四边简支矩形薄板，承受均布荷载 q_0 作用，几何尺寸如图 8-1 所示。设板的挠度

$$
w(x,y) = C\sin\frac{\pi x}{a}\sin\frac{\pi y}{b} \tag{8-86}
$$

式中，C 为待定参数。

显然上式满足板的边界条件

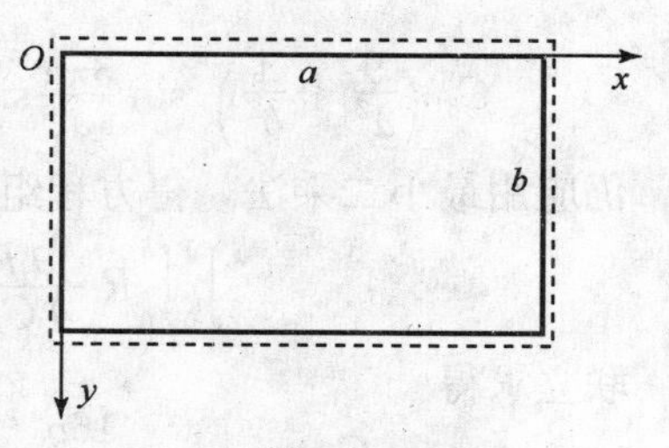

图 8-1 矩形简支薄板

$$\left.\begin{array}{ll} w\big|_{\substack{x=0\\x=a}}=0, & \left.\dfrac{\partial^2 w}{\partial x^2}\right|_{\substack{x=0\\x=a}}=0 \\ w\big|_{\substack{y=0\\y=b}}=0, & \left.\dfrac{\partial^2 w}{\partial y^2}\right|_{\substack{y=0\\y=b}}=0 \end{array}\right\}$$

将试函数（8-86）代入板的控制微分方程（2-38）中，得域内残值方程

$$R(x,y)=CD\left[\left(\frac{\pi}{a}\right)^2+\left(\frac{\pi}{b}\right)^2\right]^2\sin\frac{\pi x}{a}\sin\frac{\pi y}{b}-q$$

式中，C 为待定参数。

应用最小二乘法公式（8-18）消除残值，则有

$$\int_V R\frac{\partial R}{\partial C}\mathrm{d}V=\int_0^a\int_0^b\left\{CD\left[\left(\frac{\pi}{a}\right)^2+\left(\frac{\pi}{b}\right)^2\right]^2\sin\frac{\pi x}{a}\sin\frac{\pi y}{b}-q_0\right\}D\left[\left(\frac{\pi}{a}\right)^2+\left(\frac{\pi}{b}\right)^2\right]\sin\frac{\pi x}{a}\sin\frac{\pi y}{b}\mathrm{d}x\mathrm{d}y=0$$

完成积分运算，求得

$$C=\frac{16q_0}{\left[\left(\frac{\pi}{a}\right)^2+\left(\frac{\pi}{b}\right)^2\right]^2\pi^2 D}$$

代入式（8-86）中，得板的挠度一级的近似式

$$w(x,y)=\frac{16q_0a^4b^4\sin\frac{\pi x}{a}\sin\frac{\pi y}{b}}{(a^2+b^2)^2D\pi^6}$$

对于正方形，$a=b$，有

$$w(x,y)=\frac{4q_0a^4}{D\pi^6}\sin\frac{\pi x}{a}\sin\frac{\pi y}{b}$$

当 $x=y=a/2$ 时，板中心挠度

$$w_{\max}=0.004\,146\frac{q_0a^4}{D}$$

和精确解[2] $w_{\max}=0.004\,168q_0a^4/D$ 相对误差 2.5%。

为了提高精度，将试函数（8-86）扩展为

$$w(x,y)=\sum_{1,3}^{\infty}\sum_{1,3}^{\infty}C_{mn}\sin\frac{m\pi x}{a}\sin\frac{n\pi y}{b}$$

代入控制方程，得残值

$$R(x,y)=D\pi^4\left[C_{11}\left(\frac{1}{a^2}+\frac{1}{b^2}\right)^2\sin\frac{\pi x}{a}\sin\frac{\pi y}{b}+C_{13}\left(\frac{1}{a^2}+\frac{9}{b^2}\right)\sin\frac{\pi x}{a}\sin\frac{3\pi y}{b}+\right.$$

$$C_{31}\left(\frac{9}{a^2}+\frac{1}{b^2}\right)^2\sin\frac{3\pi x}{a}\sin\frac{\pi y}{b}+C_{33}\left(\frac{9}{a^2}+\frac{9}{b^2}\right)^2\sin\frac{3\pi x}{a}\sin\frac{3\pi y}{b}\Bigg]-q_0$$

仍应用最小二乘法，得方程组

$$\int_0^a\int_0^b R\,\frac{\partial R}{\partial C_{mn}}\mathrm{d}x\mathrm{d}y=0\quad(m,n=1,3)$$

联立求得

$$C_{11}=\frac{16q_0}{\pi^6 D\left(\frac{1}{a^2}+\frac{1}{b^2}\right)^2},\quad C_{13}=\frac{16q_0}{3\pi^6 D\left(\frac{1}{a^2}+\frac{9}{b^2}\right)^2}$$

$$C_{31}=\frac{16q_0}{3\pi^6 D\left(\frac{9}{a^2}+\frac{1}{b^2}\right)^2},\quad C_{33}=\frac{16q_0}{729\pi^6 D\left(\frac{1}{a^2}+\frac{1}{b^2}\right)^2}$$

于是得板的挠度

$$w(x,y)=$$

$$\frac{16q_0a^4b^4}{\pi^6 D}\left[\frac{\sin\frac{\pi x}{a}\sin\frac{\pi y}{b}}{(a^2+b^2)^2}+\frac{\sin\frac{\pi x}{a}\sin\frac{\pi y}{b}}{3(9a^2+b^2)^2}+\frac{\sin\frac{3\pi x}{a}\sin\frac{\pi y}{b}}{3(a^2+9b^2)^2}+\frac{\sin\frac{3\pi x}{a}\sin\frac{3\pi y}{b}}{729(a^2+b^2)^2}\right]\tag{8-87}$$

当 $a=b$ 时，板中最大挠度

$$w_{\max}=0.004\,055q_0a^4/D$$

和精确解误差 0.11%。

当在薄板任意一点（ξ，η）作用集中荷载 p 时，板的控制方程变成

$$D\nabla^4 w(x,y)-p\delta(x-\xi)\delta(y-\eta)=0\tag{8-88}$$

式中，$\delta(x-\xi)$、$\delta(y-\eta)$ 为狄拉克 δ 函数。仍取一级近似式（8-86），得残值

$$R(x,y)=DC\left[\left(\frac{\pi}{a}\right)^2+\left(\frac{\pi}{b}\right)^2\right]^2\sin\frac{\pi x}{a}\sin\frac{\pi y}{b}-p\delta(x-\xi)\delta(y-\eta)$$

应用最小二乘法，同时注意到 δ 函数的性质

$$\int_a^b f(x)\delta(x-\xi)\mathrm{d}x=\begin{cases}f(\xi) & \xi\in(a,b)\\ 0 & \xi\bar{\in}(a,b)\end{cases}\tag{8-89}$$

求得

$$C=\frac{4Pa^3b^3}{\pi^4 D(a^2+b^2)^2}\sin\frac{\pi\xi}{a}\sin\frac{\pi\eta}{b}$$

则得集中荷载作用下板的挠度

$$w(x,y)=\frac{4Pa^3b^3}{\pi^4 D(a^2+b^2)^2}\sin\frac{\pi\xi}{a}\sin\frac{\eta\pi}{b}\sin\frac{\pi x}{a}\sin\frac{\pi y}{b}\tag{8-90}$$

对于方板，当 $\xi=\eta=a/2$ 时，中点最大挠度

$$w_{\max}=0.010\,27pa^2/D$$

和精确解 $w_{\max}=0.020\,76pa^2/D$ 相对误差 11.3%。若作二级近似计算，相对误差降低到 3.36%。

上述表明，三角级数有很好的逼近性。如果根据具体问题，将三角级数和多项式联合使用，效果将更佳。

如图 8-2 所示矩形薄板，一边固定，三边简支，承受均布荷载 q_0。板的边界条件为

$$w\big|_{\substack{x=0\\x=a}}=0,\quad M_x\big|_{\substack{x=0\\x=a}}=0$$

$$w\big|_{\substack{y=0\\y=b}}=0,\quad \left.\frac{\partial w}{\partial y}\right|_{y=0}=0$$

$$M_y\big|_{y=b}=0$$

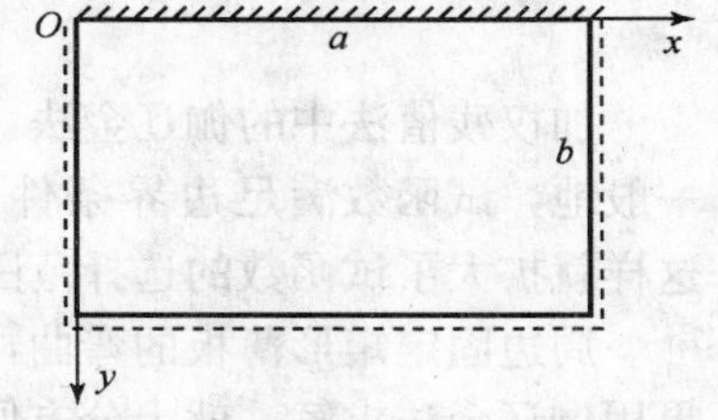

图 8-2 矩形固定、简支薄板

设满足所有边界条件的函数为[3]

$$w(x,y)=\sum_{m=1}^{\infty}\sum_{n=1}^{\infty}C_{mn}\sin\frac{m\pi x}{a}\left[\sin\frac{n\pi y}{b}-\frac{n\pi}{2}\left(\frac{y^3}{b^3}-3\frac{y^2}{b^2}+2\frac{y}{b}\right)\right] \tag{8-91}$$

代入板的控制微分方程，将其中非三角因子展成相应的三角级数，有

$$R(x,y)=\sum_{m=1}^{\infty}\sum_{n=1}^{\infty}C_{mn}A_{mn}\sin\frac{m\pi x}{a}\sin\frac{n\pi y}{b}-\frac{q_0}{D}$$

其中

$$A_{mn}=\left(\frac{m^2\pi^2}{a^2}+\frac{n^2\pi^2}{b^2}\right)^2-6\left(\frac{m\pi}{a}\right)^2\left(\frac{m^2}{a^2n^2}+\frac{2}{b^2}\right)$$

按照最小二乘法原理，有

$$\int_0^a\int_0^b R\frac{\partial R}{\partial C_{mn}}\mathrm{d}x\mathrm{d}y=0\quad(m,n=1,2,3,\cdots)$$

求得

$$C_{mn}=\frac{16q_0}{mn\pi^2D}\frac{1}{A_{mn}}\quad(m,n=1,2,3,\cdots)$$

代入式（8-91）中，并将式中多项式展成三角级数，整理后得板的挠度表达式

$$w(x,y)=\sum_{m=1,3,5}^{\infty}\sum_{n=1,3,5}^{\infty}C_{mn}\frac{16q_0}{\pi^2mnDA_{mn}}\left(1-\frac{6}{n^2\pi^2}\right)\sin\frac{m\pi x}{a}\sin\frac{n\pi y}{b} \tag{8-92}$$

对于正方形板，$a=b$，取 $m=n=1$，3，求得板中心挠度

$$w_{\max}=0.002\,896\,9\frac{q_0a^4}{D}$$

与精确解相差3.46%。

可以看到，用最小二乘法求解板的弯曲问题，工作量少，收敛速度快。更重要的是无需将荷载项展成无穷级数，这对于复杂荷载分布问题的求解，带来了极大的方便。

8.5 矩形薄板弯曲的伽辽金法

加权残值法中的伽辽金法，不像能量法中那样对试函数有严格的要求。一般地，试函数满足边界条件也行，不满足也行，或者部分满足都可以。这样就扩大了试函数的选择范围，因此该方法适应性更广。

周边固定矩形薄板的弯曲，是一个较为困难的课题，如图8-3。但是如果用伽辽金法求解，就十分方便。

根据对称性，设弯曲试函数

$$w(x,y)=(x^2-a^2)^2(y^2-b^2)^2(c_1+c_2x^2+c_3y^2+\cdots)$$

边界条件

$$w\big|_{x=\pm a}=0,\quad \left.\frac{\partial w}{\partial x}\right|_{x=\pm a}=0,\quad w\big|_{y=\pm b}=0,\quad \left.\frac{\partial w}{\partial y}\right|_{y=\pm b}=0$$

完全满足。为了简便计算，取一级近似

$$w(x,y)=C_1(x^2-a^2)^2(y^2-b^2)^2 \tag{8-93}$$

代入板弯曲微分方程，得残值

$$R(x,y)=8C_1[3(y^2-b^2)^2+3(x^2-a^2)^2+4(3x^2-a^2)(3y^2-b^2)]-\frac{q_0}{D}$$

应用伽辽金公式（8-21），有

$$\int_0^a\int_0^b\left\{8C_1[3(y^2-b^2)^2+3(x^2-a^2)^2+4(3x^2-a^2)(3y^2-b^2)]-\frac{q_0}{D}\right\}(x^2-a^2)^2(y^2-b^2)^2\mathrm{d}x\mathrm{d}y=0$$

注意到荷载均布，积分求得

$$C_1=\frac{7q_0}{128(a^4+b^4+\frac{4}{7}a^2b^2)D}$$

代入式（8-93），求得挠曲函数

$$w(x,y)=\frac{7q_0}{128\left(a^4+b^4+\frac{4}{7}a^2b^2\right)D}(x^2-a^2)^2(y^2-b^2)^2 \tag{8-94}$$

当 $a=b$ 时，得四边固定正方形板挠度

$$w(x,y)=\frac{7q_0}{2\,304D}\left(1-\frac{x^2}{a^2}\right)^2\left(1-\frac{y^2}{a^2}\right)^2 \tag{8-95}$$

中心挠度

$$w_{\max}\Big|_{\substack{x=0\\y=0}}=0.021\,3q_0a^4/D$$

和精确解[4] $w_{\max}=0.020\,2q_0a^4/D$ 比较，误差为 5%。

用一般多项式做试函数，求导、积分都比较方便，不足的是收敛速度较慢。如果改用正交多项式，收敛速度就大为改进。

如图 8-4 所示矩形薄板，两邻边固定，另外两邻边简支，边界条件为

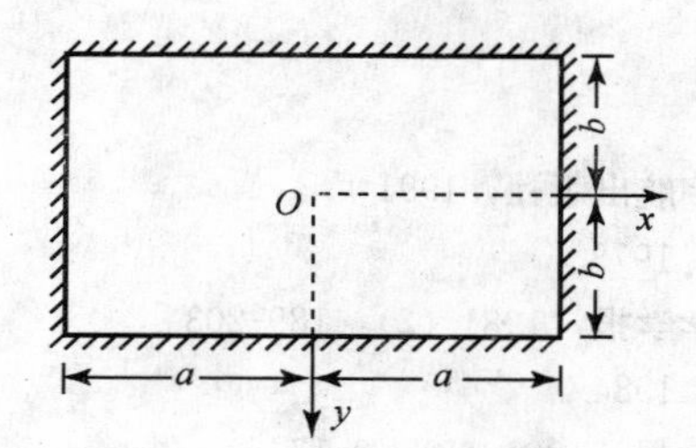

图 8-3 周边固定矩形薄板

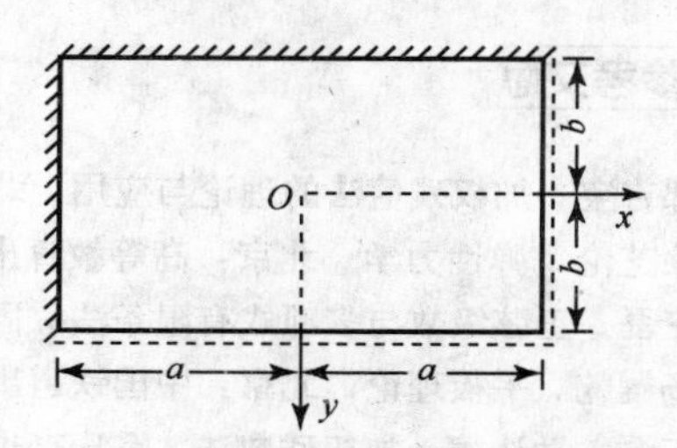

图 8-4 两边简支、两边固定矩形薄板

$$w\big|_{x=\pm a}=0,\quad w\big|_{y=\pm b}=0$$

$$\left.\frac{\partial w}{\partial x}\right|_{x=-a}=0,\quad \left.\frac{\partial^2 w}{\partial x^2}\right|_{x=+a}=0$$

$$\left.\frac{\partial w}{\partial y}\right|_{y=-b}=0,\quad \left.\frac{\partial^2 w}{\partial y^2}\right|_{y=b}=0$$

取满足边界条件的双重勒让德多项式为挠度试函数[5]。

$$w(x,y)=C[5.25P_0(\bar{x})+1.75P_1(\bar{x})-6.25P_2(\bar{x})-1.75P_3(\bar{x})+P_4(\bar{x})]$$
$$[5.25P_0(\bar{y})+1.75P_1(\bar{y})-6.25P_2(\bar{y})-1.75P_3(\bar{y})+P_4(\bar{y})]$$

式中，

$$\left.\begin{aligned}&P_0(\bar{x})=1,\quad P_1(\bar{x})=\bar{x},\quad P_2(\bar{x})=\frac{1}{2}(3\,\bar{x}-1)\\&P_3(\bar{x})=\frac{1}{2}(5\,\bar{x}-3\,\bar{x}),\quad P_4(\bar{x})=\frac{1}{8}(35\,\bar{x}^4-30\,\bar{x}^2+3)\end{aligned}\right\} \tag{8-96}$$

仍用伽辽金法解此问题，求得

$$C=\frac{abq_0}{\left[738.89\dfrac{b}{a^3}+800\dfrac{1}{ab}+738.89\dfrac{a}{b^3}\right]D}$$

当 $a=b$ 时，

$$C = 0.000\ 439\ 025\ \frac{q_0 a^4}{D}$$

板中最大挠度

$$w_{\max} = 0.002\ 028\ 1\ \frac{q_0 a^4}{D}$$

相对于精确解 $w_{\max}=0.002\ 021 q_0 a_4/D$，误差为 3.42%。

本章参考文献

[1] 邱吉宝．加权残值法的理论与应用．北京：宇航出版社，1991
[2] 徐芝伦．弹性力学．北京：高等教育出版社，1978
[3] 王磊．正弦级数与多项式有限条法．固体力学学报，1981（2）：189-203
[4] 杨耀乾．平板理论．北京：中国铁道出版社，1984
[5] 王磊．勒让德一加权残数法．重庆交通学院学报，1984（2）：9-17
[6] 徐次达．固体力学加权残值法．上海：同济大学出版社，1982
[7] 夏永旭．板壳力学中的加权残值法．西安：西安工业大学出版社，1994

第 9 章

杂交加权残值法

随着对加权残值法研究的进一步深入，人们不仅将各类加权残值法混合使用，产生了诸如第八章所介绍的最小二乘子域法、最小二乘配点法、等离散型加权残值法。另外还将加权残值法和其他一些近似方法联合使用，派生出了一些新的加权残值法。如果说各类加权残值法的混合应用，所产生的离散型方法是一种近亲繁殖的话，那么加权残值法和其他近似方法的联合应用，派生出来的新的加权残值法，便是远源杂交的产物。这些杂交加权残值法，既保持了原近似方法的基本原理，又吸收了加权残值法的优点，因而适应范围更广，使用更方便，效果更佳。

9.1 配线法

配线法是首先由我国学者提出来的一种新的加权残值法[1-2]，它是子域法的退化，配点法的扩展，因而介于子域法和配点法之间。其主要优点是，比子域简化了计算，比配点法提高了精度。

对板的弯曲问题，设挠度函数

$$w(x,y) = \sum_{i=1}^{m} \sum_{j=1}^{n} C_{ij} w_{ij}(x,y) \tag{9-1}$$

式中，C_{ij} 为待定参数，共 $n \times m$ 个。

将上式代入控制方程(8-1)和边界方程(8-2)，得残数方程

$$R_V = \mathrm{L}(w) - f \qquad \in V$$
$$R_B = \mathrm{B}(w) - h \qquad \in S$$

又设

$$x=P_k(y) \qquad (k=1,2,\cdots,n-r) \tag{9-2}$$

为板域内给定的任意一条曲线，它和板边界的交点为 $P_{k1}(x_{k1},y_{k1})$、$P_{k2}(x_{k2},y_{k2})$，如图 9-1。我们称其为配线。如果再沿配线 $x=P_k(y)$ 离散，则配线法的基本公式为

$$\iint_V \{R_V\varphi_V\}_{x=P_k(y)}\mathrm{d}x\mathrm{d}y=\int_{y_1}^{y_{1+l}} R_V\{P_k(y),y\}\mathrm{d}y=0$$

$$(k=1,2,\cdots,m;l=1,2,\cdots,n-r) \tag{9-3}$$

权函数

$$\varphi_V=\begin{cases}1 & \in \quad x=P_k(y), \quad V_l\\ 0 & \overline{\in} \quad x=P_k(y), \quad V_l\end{cases}$$

式中，k 表示在板域内所取的配线数目；l 表示沿每一配线离散的段数。r 为一变数，视具体问题而定。对于板 $r=4$，对于壳 $r=8$，对于扭转问题 $r=2$，对于内部法 $r=0$。如果 $l=1$，则上述积分沿配线连续进行，积分限从 y_{k1} 到 y_{k2}。这样就将两维积分化成了一维积分。对于板的弯曲问题，所提供的方程数目为 $m\times(n-4)$。

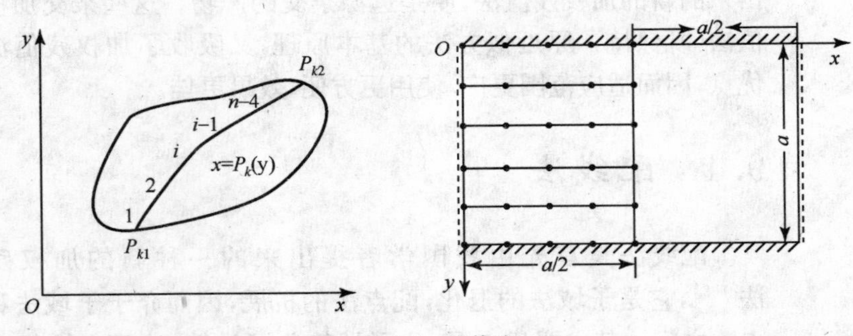

图 9-1　配线法

假如沿配线的离散不是分段进行，而是在有限个点上，那么方程(9-3)就退化为

$$R_V[P_k(y),\ y]|_{y=y_1}=0 \qquad (k=1,2,\cdots,m;l=1,2,3,\cdots,n-4) \tag{9-4}$$

这和前边所介绍的配点法相似但不相同，前者配点在域内任意选取，而后者的配点必须选在配线 $P_k(y)$上。

另外，取配线和板的边界交点 $P_{k1}(x_{k1},y_{k1})$、$P_{k2}(x_{k2},y_{k2})$为边界配点坐标，则有边界配点方程

$$\left.\begin{aligned} R_{BS}|_{P_{k1}}=0 \\ R_{BS}|_{P_{k2}}=0 \end{aligned}\right\} \quad (k=1,2,\cdots,m) \tag{9-5}$$

S 为边界条件个数，对于板 $S=2$，则上式可提供 $4m$ 个方程，连同公式(9-3)共提供的方程数目为

$$m\times(n-4)+4m=m\times n$$

联立可求得待定参数 $C_{ij}(i=1,2,\cdots,m;j=1,2,\cdots,n)$。

显然这里所采用的是等额配线法。如果配线数目和离散数目都增加，而待定参数个数不变，那么所提供的方程数目大于 $m\times n$，此时可用最小二乘配线法确定参数 C_{ij}。方法和最小二乘配点法相同。

另外可以看到，这里是以混合法为例。如果采用内部法，方程(9-5)自动失效，而方程(9-3)中 l 的上限相应取为 n。

9.2 分区加权残值法

在子域法中，为了求得待定参数 $C_i(i=1,2,\cdots,n)$，将结构分为 n 个子域，然后应用公式(8-10)求得参数 C_i。当时对每个子域的划分没有什么特别的要求，并且在整个结构的计算中选取同一个试函数。显然这种处理方法，对于复杂的结构形状，或者对于在结构的不同区域分布不同的荷载函数，演算非常复杂，而且收敛性不好。为了克服这一不足，文献[3]提出了分区加权残值法。

对于一复杂形状结构 V，按形状的不同或者荷载分布的不同，将其分为 m 个分区。在每个分区内，根据外边界的形状或者荷载的分布，选取不同的试函数

$$W_j(x,y)=\sum_{i=1}^{n}C_{ij}W_{ij}(x,y) \quad (j=1,2,3,\cdots,m) \tag{9-6}$$

原结构的外边界 S 相应被分成 r 个分界面或线 $S_k(k=1,2,\cdots,r)$，同时还产生了 P 个交界 $L_q(q=1,2,\cdots,P)$，L_g 为 V_{i-1} 分区与 V_j 分区的交界线，在此交界线上有广义连续条件

$$F(w_j)-F(w_{j-1})=0 \quad (j=1,2,\cdots,m) \tag{9-7}$$

$$D_0(w_j)-D_0(w_{j-1})=0 \quad (j=1,2,\cdots,m) \tag{9-8}$$

式中，$F(w)$—一般代表广义应力条件；$D_0(w)$代表广义变形条件。

现将试函数式(9-6)代入控制方程(8-1)及边界条件(8-2)中，连同协调条件式(9-7)、式(9-8)组成残数方程组：

$$
\left.\begin{aligned}
R_{V_j} &= \mathrm{L}(w_j) - f_j && \in V_j(j=1,2,\cdots,m) \\
R_{Bk} &= \mathrm{B}(w_j) - h_k && \in S_k(j=1,2,\cdots,r) \\
R_{Fq} &= F(w_j) - F(W_{j-1}) && \in L_q(q=1,2,\cdots,p) \\
R_{Dq} &= D_0(w_j) - D_0(w_{j-1}) && \in L_q(q=1,2,\cdots,p)
\end{aligned}\right\} \tag{9-9}
$$

应用最小二乘配点法。在域内、边界和交界处分别选取一定数目的配点,代入上式中组成 $t(>m\times n)$ 个代数方程,然后根据方差泛函极值条件,得

$$[K]\{C\}-\{G\}=\{0\} \tag{9-10}$$

解此方程可得待定参数 $C_{ij}(i=1,2,\cdots,n;j=1,2,\cdots,m)$。

从以上叙述可以看到,分区加权残值法有些类似于有限单元法,不同的是各个单元(分区)内的形函数不同,另外还考虑到单元和单元之间的所有连续条件,所以它比有限单元法计算工作量小,精度高。

9.3 康托洛维奇加权残值法

在处理多变量函数的泛函变分问题时,康托洛维奇提出了一种近似变分方法。它的基本原理简述如下。

对于方程(8-1)、方程(8-2)所描述的问题,可以将其近似解写成

$$w(x_1,x_2,\cdots,x_n)=\sum_{k=1}^{m}A_k(x_n)\varphi_k(x_1,x_2,\cdots,x_{n-1}) \tag{9-11}$$

式中,$\varphi_k(x_1,x_2,\cdots,x_{n-1})$为满足边界条件的已知函数序列,$A_k(x_n)$为待定函数。

取式(9-11)为基本宗量,可写出某一具体问题的能量泛函 $\pi(w)$,由于 $\varphi_k(x_1,x_2,\cdots,x_{n-1})$已知,则泛函退化为 $\pi[A_k(x_n)]$。对泛函变分求极值,得到关于待定函数 $A_k(x_n)$的欧拉方程及相应的边界条件,这些欧拉方程一般都是常微分方程,求解可得 $A_k(x_n)$。回代入式(9-11),即得到问题的近似解答。

康托洛维奇加权残值法,正是在康托洛维奇近似变分法的基础上,引入加权残值法来求解欧拉变分方程。因之它实质上是一种变分法和加权残值法的杂交方法。

例如对于板的弯曲问题,设一级挠度近似解[4]

$$w(x,y)=u(x)v(y) \tag{9-12}$$

其中 $u(x)$或 $v(y)$中的一个是满足边界条件的已知函数。则板的能量泛函

$$\pi(w)=\iint\left[\frac{D}{2}(\nabla^2 w)^2-q(x,y)w\right]\mathrm{d}x\mathrm{d}y \tag{9-13}$$

或

$$\pi(w)=\iint\left\{\frac{D}{2}(\nabla^2 w)^2-2(1-\mu)\left[\frac{\partial^2 w}{\partial x^2}\frac{\partial^2 w}{\partial y^2}-\left(\frac{\partial^2 w}{\partial x\partial y}\right)^2\right]\right\}\mathrm{d}x\mathrm{d}y-\iint q(x,y)w\mathrm{d}x\mathrm{d}y \quad \text{（含自由边）} \tag{9-14}$$

当荷载为集中力时

$$\pi(w)=\iint\left[\frac{D}{2}(\nabla^2 w)^2-Pw\delta(x-x_j)\delta(y-y_i)\right]\mathrm{d}x\mathrm{d}y \tag{9-15}$$

将式(9-12)代入能量泛函中，完成一个方向的积分运算（例如当 u 满足边界条件时，就沿 x 方向做积分运算），然后再由泛函的极值条件

$$\delta\pi=0$$

可得关于另一个函数 $v(y)$ 的欧拉变分方程

$$\frac{\partial\pi}{\partial v}-\frac{\mathrm{d}}{\mathrm{d}y}\frac{\partial\pi}{\partial v'}+\frac{\mathrm{d}^2}{\mathrm{d}y^2}\frac{\partial\pi}{\partial v''}=0 \tag{9-16}$$

亦即

$$f[v^{(4)}(y),v''(y),v(y),C]=0 \tag{9-17}$$

式中，C 为常数项。

再设

$$v(y)=\sum_{i=1}^{n}C_i v_i(y)u'' \tag{9-18}$$

代入微分方程(9-17)，得域内残数

$$R=f[v^{(4)}(y),v''(y),v(y),C]$$

应用加权残值法

$$\int_V R\varphi\mathrm{d}V=0$$

可求得参数 $C_i(i=1,2,3,\cdots,n)$。由于每次的运算都是沿着一个方向进行，所以就将二维降成了一维，使得问题的求解非常方便。

9.4 格林加权残值法

格林函数法，又叫做虚源法或域外法。它的基本原理是：先求得某一问题的相应虚拟域 V_1 的奇性控制方程的基本解，并将其作为格林函数，然后将实际域 V 嵌入到虚拟域 V_1 中，再利用格林函数，使实际结构域 V 的每一个边界单元上的所有边界条件，在给定荷载及一组虚拟的集度未知的广义源共同

作用下，得到近似满足。每个点源的集度，可由这些边界条件确定。这里所谓的广义源，它可以是虚拟的集中力或者弯矩、位移、能量等。每个边界单元上的函数值，可用函数沿单元边界积分的平均值代替。

将加权残值法引入格林函数法后，原格林函数法中的求基本解，布置虚源仍然不变。所不同的是，将原来对每个单元的边界积分改为边界配点。这样使得原来的方法大为简化，而精度基本保持不变。

下面以薄板的弯曲为例说明这种方法的原理，平面问题完全一样[5-6]。设无限大板 V_1 上有一单位集中力作用，则弯曲奇异性控制方程为

$$D\nabla^4 W(x,y)+\delta(x-\xi)\delta(y-\eta)=0 \tag{9-19}$$

式中，(ξ,η)为荷载作用点。

很容易求得此问题的基本解——格林函数

$$G(x,y,\xi,\eta)=\frac{1}{16\pi D}r_1^2\ln\left(\frac{r_1}{a}\right)^2 \tag{9-20}$$

式中，a 为以(ξ,η)为圆心的足够大半径，它可以将要研究的实际板域 V 包括在内；r_1 为矢量长度，即

$$r_1^2=(x-\xi)^2+(y-\eta)^2 \tag{9-21}$$

现在将所要研究的实际板 V 嵌入到无限大板内，板的边界条件，不失一般性，分为三类，固定、简支、自由，见图 9-2。

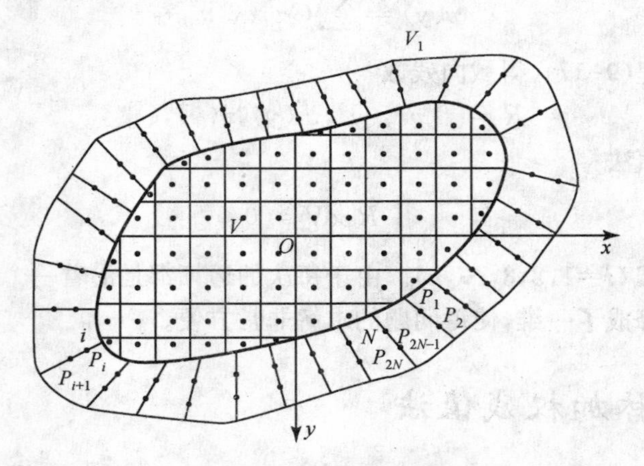

图 9-2 格林加权残值法

为了满足板的边界条件，在板 V 的边界上选取 N 个考察点，在每个考察点的外法线上配置两个虚点源。这样就按照板的形状，在板外组成了两排共 $2N$ 个虚点源——集中荷载，荷载集度 $P_i(i=1,2,\cdots,2N)$未知。同时将板 V

上的已知荷载也离散成 M 个集中荷载 $Q_j(j=1,2,\cdots,M)$。利用所求得的格林函数，使板边的 N 个考察点，在未知虚源力 $P_i(i=1,2,3,\cdots,2N)$ 和已知荷载 $Q_j(j=1,2,\cdots,M)$ 的共同作用下，满足所给定的边界条件。由于每一个考察点可以提供两个边界方程，所以 N 个边界所提供的边界方程数和未知荷载数 $P_i(i=1,2,\cdots,2N)$ 相等，即有

$$[A]_{2N\times 2N}\{P\}_{2N\times 1}-[B]_{2N\times M}\{Q\}_{M\times 1}=\{0\} \tag{9-22}$$

式中，$[A]$ 为影响系数矩阵，它是由域外 $2N$ 个未知点源力的格林函数对边界考察点的影响系数组成；$\{P\}$ 为未知点源力列向量；$\{B\}$ 是域内荷载影响系数矩阵；$\{Q\}$ 为已知荷载列阵。

解方程(9-22)，即可求得域外虚源力 $P_i(i=1,2,\cdots,2N)$

$$\{P\}=[A]^{-1}[B]\{Q\} \tag{9-23}$$

显然，这里采用了直接配点法消除边界残数，配点地位即为边界考察点。

为了进一步提高计算精度，可以增加边界考察点的数目，而无需增加域外虚源的个数，方程的求解毋庸置疑用最小二乘边界配点法。

最后指出三点。一，虚源点到板边的距离，不能太远也不能太近，太近影响过量，太远贡献不足，二者都影响解的收敛速度。一般地取相应边界段的同量级长度即可。二，如果在域外仅布置一排虚源点（N 个），而每个点源上包含两个力学量（力与弯矩、位移与形变，或者交叉存在），可同样推得方程(9-22)，所要求的是基本解也要相应增加。三，格林函数的选取，应尽量使更多的边界条件自行满足，这样不仅使边界未知量大为减少，而且精度也提高。

9.5 分步迭代加权残值法

从以前的分析可以看到，在计算具体问题时，为了提高精度，一方面要根据问题的对称性、荷载分布、边界条件等选择适当的试函数，另一方面要适当地增加试函数的项数。但后者随之带来计算工作量的增加。特别是对于非线性问题，计算量增加更快。这里介绍一种分步迭代加权残值法[7]，不仅计算量较小，而且可以直接利用现有的近似计算结果。

第一步，设方程(8-1)的近似解为

$$w^{(1)}(x)=\sum_{t=1}^{n_1}C_{1t}w_t^{(1)}(x) \tag{9-24}$$

代入控制方程及边界条件中，得残数

$$R_V^{(1)}=\mathrm{L}[w^{(1)}]-f \quad \in V \tag{9-25}$$

$$R_S^{(1)}=\mathrm{B}[w^{(1)}]-h \quad \in S \tag{9-26}$$

选取权函数 $\varphi_V^{(1)}$ 及 $\varphi_S^{(1)}$，列出消除残数方程

$$\int_V R_V^{(1)}\varphi_V^{(1)}\,\mathrm{d}V=0 \quad \in V \tag{9-27}$$

$$\int_S R_S^{(1)}\varphi_S^{(1)}\,\mathrm{d}S=0 \quad \in S \tag{9-28}$$

求解上两式可得参数 $C_{1i}(i=1,2,\cdots,n_1)$。

第二步，设试函数

$$w^{(2)}(x)=w^{(1)}(x)+\sum_{t=n_1+1}^{n_2}C_{2t}w_i^{(2)}(x) \tag{9-29}$$

取权函数 $\varphi_V^{(2)}$、$\varphi_S^{(2)}$，又有

$$\int_V\{\mathrm{L}[w^{(2)}]-f\}\varphi_V^{(2)}\,\mathrm{d}V=0 \quad \in V \tag{9-30}$$

$$\int_S\{\mathrm{B}[w^{(2)}]-h\}\varphi_S^{(2)}\,\mathrm{d}S=0 \quad \in S \tag{9-31}$$

由上述两方程又解得 $C_{2t}(t=n_1+1,n_1+2,\cdots,n_2)$。

以此类推，可以迭代到 k 次，则试函数

$$w^{(k)}(x)=\sum_{l=1}^{k}\sum_{i=n_{l-1}+1}^{n_l}C_{li}w_i^{(l)}(x) \tag{9-32}$$

式中，跑标 l 代表迭代次数，且 $n_0=1$。方程(9-30)的一般式为

$$\int_V\{\mathrm{L}[w^{(l)}]-f\}\varphi_V^{(l)}\,\mathrm{d}V=0 \quad \in V \tag{9-33}$$

$$\int_S\{\mathrm{B}[w^{(l)}]-h\}\varphi_S^{(l)}\,\mathrm{d}S=0 \quad \in S \tag{9-34}$$

$$(l=1,2,\cdots,n)$$

最后求得待定参数 $C_{lt}(t=1,2,\cdots,n_k)$。

从以上叙述可见，每一次迭代均独立地进行。这样就将大量的计算化整为零，分步实施，便于小机器解决大问题。正是由于这种独立性，使得每次迭代中，基函数 $w_i^{(l)}$ 可以灵活选择，不尽相同。但是为了保证解的收敛性，仍然要求每一个 $w_i^{(l)}$ 为一组正交完备（至少是相对完备）序列。同样，每一步迭代中的权函数，也可以任意选择。这样就构成了最小二乘分步迭代法、伽辽金分步迭代法、子域分步迭代法、矩量分步迭代法、配点分步迭代法或者混合分步迭代的加权残值法。当然也可以推导出最小二乘配点分步迭代法。

9.6 变率配点法

变率配点法是基于这样一个事实:如果在给定边界条件下求得了方程(8-1)的精确解答,则域内和边界上的残数都为零。这样域内残数 R_V 和边界残数 R_S 的任何阶导数也必然都为零[8]。根据这一事实,反过来可以在域内及边界上选取 n 个配点,使得近似解答的残数 R_V 和 R_S 的各阶导数在配点坐标上为零,得到一组关于参数 $C_i(i=1,2,\cdots,n)$ 的 n 个代数方程,解此方程组,可求得未知系数 $C_i(i=1,2,3,\cdots,n)$。

如果采用内部法,边界方程(8-2)自动满足,而域内残数为

$$R_V=\mathrm{L}(w)-f \qquad \in V$$

设总体算子矩阵

$$T_V=[T_{V1},T_{V2},\cdots,T_{Vk}]^{\mathrm{T}} \tag{9-35}$$

$$T_{Vp}=[D_0,D_1,\cdots,D_x]^{\mathrm{T}} \tag{9-36}$$

式中,$D_j=\frac{\mathrm{d}^j}{\mathrm{d}r^j}(j=1,2,\cdots,x)$ 为定义在域 V 内的 j 阶微分算子,且 $r=r_p$,r_p 为域内 V 中的已知矢量;k 为所选取的已知矢端数。

将算子矩阵作用残数 R_V,并令其为零

$$T_VR_V=[T_{V1}R_V,T_{V2}R_V,\cdots,T_{Vk}R_V]^{\mathrm{T}}=0 \tag{9-37}$$

其中元素

$$T_{Vp}R_V=[D_0R_V,D_1R_V,\cdots,D_xR_V] \tag{9-38}$$

方程(9-37)提供 $k\times x=n$ 个线性代数方程,求解可得 $C_i(i=1,2,\cdots,n)$。

如果应用边界法,则需要在边界上确定参数。此时边界残数

$$R_S=\mathrm{B}(w)-h \qquad \in S$$

类似于前边,定义算子矩阵

$$T_S=[T_{S1},T_{S2},\cdots,T_{Sl}]^{\mathrm{T}} \tag{9-39}$$

$$T_{Sq}=[d_0,d_1,\cdots,d_y]^{\mathrm{T}} \tag{9-40}$$

其中 $\mathrm{d}_j=\frac{\mathrm{d}^j}{\mathrm{d}r^j}(j=1,2,3,\cdots,y)$ 为定义在边界上的 j 阶微分算子;$r=r_q$ 为边界上的已知矢量;l 为所选取的已知矢端总数。

将算子(9-39)作用于残数(8-5),有

$$T_SR_S=[T_{S1}R_S,T_{S2}R_S,\cdots,T_{Sl}R_S]=0 \tag{9-41}$$

其中元素

$$T_{S_l}R_S=[d_0R_S,d_1R_S,\cdots,d_yR_S] \tag{9-42}$$

由式(9-41)的 $l\times y=n$ 个代数方程，可求得参数 $C_i(i=1,2,\cdots,n)$。

对于混合法，方程(8-1)、方程(8-2)均不能精确满足，综合上述两种情况，即得方程组

$$TR=\begin{Bmatrix}T_VR_V\\T_SR_S\end{Bmatrix}=\begin{Bmatrix}0\\0\end{Bmatrix} \tag{9-43}$$

求解即得参数 $C_i(i=1,2,\cdots,n)$。

可以看到，上述三个算子矩阵，由纯几何意义的各阶导数所组成。它们除了基于前边所叙述的事实外，更广泛的是基于残值方程高阶连续可导这个前提。如果把算子矩阵中的各阶导数适当地组合，就可构成具有一定物理意义的算子矩阵，如方程(8-1)中的 L 和方程(8-2)中的 B。

另外，当矩阵式(9-35)、式(9-39)中的元素由导数的非线性项所组成时，方程(9-37)、方程(9-41)、方程组(9-43)将表现为非线性代数方程组。

可以看到，在上述的推导及计算中，均采用了等额配点法。为了提高计算精度，可以应用变率最小二乘配点法。

不失一般性，设方程(8-1)的近似解

$$w=\sum_{i=1}^{n}C_iw_i(x_1,x_2,\cdots,x_m)$$

代入方程(8-1)及边界条件式(8-2)，得残数方程

$$R_V=\mathrm{L}(w)-f \qquad \in V$$

$$R_S=\mathrm{B}(w)-h \qquad \in S$$

分别将算子矩阵式(9-35)、式(9-39)作用于残数 R_V 和 R_S，即得变率配点方程

$$\left.\begin{aligned}T_VR_V=[T_{V1}R_V,T_{V2}R_V,\cdots,T_{Vk}R_V]^{\mathrm{T}}_{k\times x}=0\\T_SR_S=[T_{S1}R_S,T_{S2}R_S,\cdots,T_{sl}R_S]^{\mathrm{T}}_{l\times y}=0\end{aligned}\right\} \tag{9-44}$$

上式是由 $x\times k+l\times y$ 个包含参数 $C_i(i=1,2,\cdots,n)$ 的代数方程组成的非齐次代数方程组，并且 $x\times k+l\times y=e>n$。

将方程(9-44)中的待定参数 $C_i(i=1,2,\cdots,n)$ 和常数项分开，可统一缩写成

$$\{\overline{R}\}_{e\times l}=[A]_{e\times 1}\{C\}_{n\times 1}-\{G\}_{e\times l}=\{0\} \tag{9-45}$$

$\{\overline{R}\}$定义为变率残数。上式是由 e 个方程求解 n 个参数的矛盾方程组。但是，根据最小二乘法的思想，可以求得一组最佳的$\{C\}$，使得方程(9-45)中的变率残数最小。

定义变率方差泛函

$$\{\bar{I}\}=\{\bar{R}^2\}=\{\bar{R}\}^{\mathrm{T}}\{\bar{R}\} \tag{9-46}$$

根据最小二乘极值原理有

$$\frac{\partial\{\bar{I}\}}{\partial\{C(C_i)\}}=0 \quad (i=1,2,\cdots,n) \tag{9-47}$$

由此式可求得 n 个待定参数 $C_i(i=1,2,3,\cdots,n)$。

值得指出的是，虽然变率配点法比直接配点法的计算精度高，但仍然存在两个方面的问题。一是和直接配点法一样，配点地位的选取十分关键。换句话讲，取不同的配点坐标，从方程(9-37)、方程(9-41)、方程(9-43)可求得不同的解答。在具体计算时，一般可以采用均匀配点。当然，在荷载变化急剧或者边界条件复杂的地方，可适当地加密配点。如果试函数为正交多项式时，不妨采用正交配点法；二是算子矩阵式(9-35)、式(9-39)中的元素，也有不同的选法。比如 D_1 既可取$\frac{\partial}{\partial x}$，又可以取$\frac{\partial}{\partial y}$；$D_2$ 可取$\frac{\partial^2}{\partial x^2}$，又可以取做$\frac{\partial^2}{\partial y^2}$或$\frac{\partial^2}{\partial x\partial y}$。对同一配点坐标，应用不同的导数算子，求得的结果也不相同。为了解决这一矛盾，我们建议在组成算子矩阵式(9-35)、式(9-39)时，可以像有限单元法中选取位移形函数那样，使得导数算子关于坐标轴对称，而不偏惠于任何一方。例如 D_2，如果取一项，就取$\frac{\partial^2}{\partial x\partial y}$；如果取两项，就取$\frac{\partial^2}{\partial x^2}$、$\frac{\partial^2}{\partial y^2}$；三项则取$\frac{\partial^2}{\partial x^2}$、$\frac{\partial^2}{\partial x\partial y}$、$\frac{\partial^2}{\partial y^2}$。对于 D_1 应该尽可能地取两项，即$\frac{\partial}{\partial x}$和$\frac{\partial}{\partial y}$。根据这一思想，可以把算子矩阵的元素写成以下形式：

$$\begin{array}{lcccccc}
D_0 & & & 1 & & & \\
D_1 & & & \frac{\partial}{\partial x} \quad \frac{\partial}{\partial y} & & & \\
D_2 & & & \frac{\partial^2}{\partial x^2} \quad \frac{\partial^2}{\partial x\partial y} \quad \frac{\partial^2}{\partial y^2} & & & \\
D_3 & & & \frac{\partial^3}{\partial x^3} \quad \frac{\partial^3}{\partial x^2\partial y} \quad \frac{\partial^3}{\partial x\partial y^2} \quad \frac{\partial^3}{\partial y^3} & & & \\
D_4 & & & \frac{\partial^4}{\partial x^4} \quad \frac{\partial^4}{\partial x^3\partial y} \quad \frac{\partial^4}{\partial x^2\partial y^2} \quad \frac{\partial^4}{\partial x\partial y^3} \quad \frac{\partial^4}{\partial y^4} & & & \\
D_5 & & & \frac{\partial^5}{\partial x^5} \quad \frac{\partial^5}{\partial x^4\partial y} \quad \frac{\partial^5}{\partial x^3\partial y^2} \quad \frac{\partial^5}{\partial x^2\partial y^3} \quad \frac{\partial^5}{\partial x\partial y^4} \quad \frac{\partial^5}{\partial y^5} & & &
\end{array} \tag{9-48}$$

我们称此三角形为巴斯卡导数三角形。

9.7 矩形薄板大挠度弯曲的摄动加权残值法

摄动加权残值法是加权残值法和摄动法的混合应用,因而也属于一种杂交加权残值法。它吸取了摄动法能将非线性问题线性化的特点和加权残值法近似求解微分方程的优点。因而既无需像摄动法那样逐级精确求解线性微分方程,又不必像一般加权残值法那样处理非线性代数方程组。

摄动加权残值法可分为两大类。第一类[9]从基本方程出发,引入摄动参数,将方程先线性化,然后用加权残值法求解。第二类是先从加权残值法入手,构造出问题的非线性残值泛函,然后再引入摄动参数,将问题线性化,予以求解。

对于非线性边值问题,基本方程及边界条件可统一写成

$$\left.\begin{aligned} &\mathrm{L}_p(w)-f_p=0 \quad \in V(p=1,2,3,\cdots,P)\\ &\mathrm{B}_m(w)-g_m=0 \quad \in S(m=1,2,3,\cdots,M)\end{aligned}\right\} \tag{9-49}$$

引入适当的试函数及权函数,从方程(9-49)可以构造问题的残值泛函(不是方差泛函)

$$J_k(w)=\sum_{p=1}^{P}\int_{t_1}^{t_2}[\mathrm{L}_p(w)-f_p,\varphi_p]\mathrm{d}t+\sum_{m=1}^{M}\int_{t_1}^{t_2}[\mathrm{B}_m(w)-g_m,\varphi_m^S]\mathrm{d}t \tag{9-50}$$

式中,φ_p、φ_m^S 为域内及边界上的权函数;积分参量 t 为时间变量。

取某一特征量为摄动参数 ε,并将有关量展成参数 ε 的级数:

$$\left.\begin{aligned} &w=\sum_{i=1}^{\infty}w_i\varepsilon^i,\quad f_p=\sum_{i=1}^{\infty}F_{p(i)}\varepsilon^i,\varphi_m^S=\sum_{i=1}^{\infty}\varphi_{m(i)}^S\varepsilon^i\\ &g_m=\sum_{i=1}^{\infty}G_{m(i)}\varepsilon^i,\varphi_p=\sum_{i=1}^{\infty}\varphi_{p(i)}^S\varepsilon^i\end{aligned}\right\} \tag{9-51}$$

将式(9-51)代入泛函(9-50)中,即得

$$J_k(w)=\sum_{i=1}^{\infty}\sum_{j=1}^{\infty}J_{k(ij)}(w)\varepsilon^{i+j} \tag{9-52}$$

其中

$$J_{k(ij)}(w)=\sum_{p=1}^{P}\int_{t_1}^{t_2}[\mathrm{L}_p(w_{(i)})-f_{p(i)},\varphi_{p(j)}]\mathrm{d}t+\sum_{m=1}^{M}\int_{t_1}^{t_1}[\mathrm{B}_m(w_{(i)})-g_{m(i)},\varphi_{m(j)}^S]\mathrm{d}t \tag{9-53}$$

令残值泛函为零,即

$$J_{k(ij)}(w)=0 \qquad i+j=2,3,4,\cdots \tag{9-54}$$

即对每一个 $k=i+j(k\geqslant 2)$ 的幂次，所有项之和为零。方程(9-54)称为问题的摄动残值方程组，它的每一级方程都是线性的，很容易求解。

关于摄动参数的选取，仍然遵循两个原则：它既能表征所研究问题的物理特征，又应是一个小于 1 的参数。

另外，权函数的取法不同，将产生不同的摄动加权残值法。如果取权函数 $\varphi_{pj}=w_j$，$\varphi_{mj}^{S}=w_j$，则构成摄动伽辽金法；当取 $\varphi_{pj}=\mathrm{L}_p(w_j)-f_{pj}$，$\varphi_{mj}^{S}=\mathrm{B}_m(w_j)-g_{mj}$，构成摄动最小二乘法；当取 $\varphi_{pj}=x_j^{\pm l}(x_1,x_2,\cdots,x_r)$，$\varphi_{mj}^{S}=x_j^{\pm l}(x_1,x_2,\cdots,x_r)(l=0,1,2,3,\cdots)$，则构成摄动力矩法；当我们取 $\varphi_{pj}^{V}=1,\in V_\alpha$，$\varphi_{mj}^{S}=1,\in S_\alpha$，($V_\alpha$、$S_\alpha$ 分别代表域内及边界上的第 α 个子域)，即构成摄动子域加权残值法，显然如果令 V_α、S_α 缩小为一点，就构成了摄动配点法。

顺便一提的是，如果将方程(9-50)中的权函数取为未知函数的变分，即 $\varphi_{pj}=\delta w_j$，$\varphi_{mj}^{S}=\delta w_j$，即又产生一个新的方法——摄动里兹法，对此读者可阅读文献[10]。

在薄板的大挠度弯曲中，引入位移分量 $\bar{u}$、$\bar{v}$、$\bar{w}$ 作为未知函数，则基本控制方程为

$$
\left.\begin{aligned}
&\frac{\partial^2\bar{u}}{\partial x^2}+\frac{1-\mu}{2}\frac{\partial^2\bar{u}}{\partial y^2}+\frac{1+\mu}{2}\frac{\partial^2\bar{v}}{\partial x\partial y}+\frac{\partial\bar{w}}{\partial x}\left(\frac{\partial^2\bar{w}}{\partial x^2}+\frac{1-\mu}{2}\frac{\partial^2\bar{w}}{\partial y^2}\right)+\\
&\frac{1+\mu}{2}\frac{\partial\bar{w}}{\partial y}\frac{\partial^2\bar{w}}{\partial x\partial y}=0\\
&\frac{1+\mu}{2}\frac{\partial^2\bar{u}}{\partial x\partial y}+\frac{\partial^2\bar{v}}{\partial y^2}+\frac{1-\mu}{2}\frac{\partial^2\bar{v}}{\partial x^2}+\frac{\partial\bar{w}}{\partial y}\left(\frac{\partial^2\bar{w}}{\partial y^2}+\frac{1-\mu}{2}\frac{\partial^2\bar{w}}{\partial x^2}\right)+\\
&\frac{1+\mu}{2}\frac{\partial\bar{w}}{\partial x}\frac{\partial^2\bar{w}}{\partial x\partial y}=0\\
&D\nabla^4\bar{w}-\frac{E}{1-\mu^2}\left\{\frac{\partial^2\bar{w}}{\partial x^2}\left[\frac{\partial\bar{u}}{\partial x}+\frac{1}{2}\left(\frac{\partial\bar{w}}{\partial x}\right)^2+\mu\frac{\partial\bar{v}}{\partial y}+\frac{1}{2}\left(\frac{\partial w}{\partial y}\right)^2\right]+\right.\\
&(1-\mu)\frac{\partial^2\bar{w}}{\partial x\partial y}\times\left(\frac{\partial\bar{u}}{\partial y}+\frac{\partial\bar{v}}{\partial x}+\frac{\partial\bar{w}}{\partial x}\frac{\partial\bar{w}}{\partial y}\right)+\frac{\partial^2\bar{w}}{\partial y^2}\left[\frac{\partial\bar{v}}{\partial y}+\frac{1}{2}\left(\frac{\partial\bar{w}}{\partial y}\right)^2+\right.\\
&\left.\left.\mu\frac{\partial\bar{u}}{\partial x}+\frac{1}{2}\left(\frac{\partial\bar{w}}{\partial x}\right)^2\right]\right\}-q(x,y)=0
\end{aligned}\right\}\tag{9-55}
$$

引入无量纲量

$$
\left.\begin{aligned}
&\xi=\frac{x}{l},\quad \eta=\frac{y}{l},\quad p^*=\frac{l^4q}{Eh^4}(1-\mu)\\
&\{u,v\}=\frac{1}{h^2}\{\bar{u},\bar{v}\},\quad w=\frac{\bar{w}}{h}
\end{aligned}\right\}\tag{9-56}
$$

式中，l 为特征尺寸。

则方程(9-55)的无量纲形式

$$\left.\begin{aligned}&L_{11}(u)+L_{12}(v)+L_{13}(w)=0\\&L_{21}(u)+L_{22}(v)+L_{23}(w)=0\\&L(u,v,w)-p^{*}=0\end{aligned}\right\}\tag{9-57}$$

式中，算子格式为

$$L_{11}=\frac{\partial^2}{2\xi^2}+\frac{1-\mu}{2}\frac{\partial^2}{\partial\eta^2}$$

$$L_{12}=L_{21}=\frac{1+\mu}{2}\frac{\partial^2}{\partial\xi\partial\eta}$$

$$L_{22}=\frac{\partial^2}{\partial\eta^2}+\frac{1-\mu}{2}\frac{\partial^2}{\partial\xi^2}$$

$$L_{13}=\frac{\partial}{\partial\xi}\left(\frac{\partial^2}{2\xi^2}+\frac{1-\mu}{2}\frac{\partial^2}{\partial\eta^2}\right)+\frac{1+\mu}{2}\frac{\partial}{\partial\eta}\frac{\partial^2}{\partial\xi\partial\eta}$$

$$L_{23}=\frac{\partial}{\partial\eta}\left(\frac{\partial^2}{\partial\eta^2}+\frac{1-\mu}{2}\frac{\partial^2}{\partial\xi^2}\right)+\frac{1+\mu}{2}\frac{\partial}{\partial\eta}\frac{\partial^2}{\partial\xi\partial\eta}$$

$$\begin{aligned}L(u,v,w)=&\frac{1}{12}\nabla^4w-\left\{\frac{\partial^2w}{\partial\xi^2}\left[\frac{\partial u}{\partial\xi}+\frac{1}{2}\left(\frac{\partial w}{\partial\xi}\right)^2+\mu\left(\frac{\partial v}{\partial\eta}+\frac{1}{2}\frac{\partial w\partial w}{\partial\xi\partial\eta}\right)\right]+\right.\\&\left.(1-\mu)\frac{\partial^2w}{\partial\xi\partial\eta}\left(\frac{\partial u}{\partial\eta}+\frac{\partial v}{\partial\xi}+\frac{\partial w\partial w}{\partial\xi\ \partial\eta}\right)+\frac{\partial^2w}{\partial\eta^2}\left[\frac{\partial v}{\partial\eta}+\frac{1}{2}\left(\frac{\partial w}{\partial\eta}\right)^2+\mu\left(\frac{\partial u}{\partial\xi}+\frac{1}{2}\frac{\partial w\partial w}{\partial\xi\ \partial\eta}\right)\right]\right\}\end{aligned}\tag{9-58}$$

取无量纲挠度 w_0 为摄动参数，把各量都展成如下形式：

$$\left.\begin{aligned}&u=\sum_{m=1}^{\infty}u_mw_0^m,\quad v=\sum_{m=1}^{\infty}v_mw_0^m\\&w=\sum_{m=1}^{\infty}w_mw_0^m,\quad p^{*}=\sum_{m=1}^{\infty}p_mw_0^m\end{aligned}\right\}\tag{9-59}$$

由虚功原理可以证明，当 m 为奇数时，$u_m=v_m=0$，当 m 为偶数时，$w_m=p_m=0$。从而可得摄动伽辽金方程组

$$\left.\begin{aligned}&[L_{11}(u_k)+L_{12}(v_k)+L_{13}^k(w),u_r]=0\\&[L_{21}(u_k)+L_{22}(v_k)+L_{23}^k(w),v_r]=0\\&[L_k(u,v,w)-p_k,w_r]=0\end{aligned}\right\}\quad(r<k)\tag{9-60}$$

其中

$$\left.\begin{aligned}L_{13}^k&=\sum_{m=1}^{k}\left[\frac{\partial w_{k-m}}{\partial\xi}\left(\frac{\partial^2w_m}{\partial\xi^2}+\frac{1-\mu}{2}\frac{\partial^2w_m}{\partial\eta^2}\right)+\frac{1+\mu}{2}\frac{\partial w_{k-m}}{\partial\eta}\frac{\partial^2w_m}{\partial\xi\partial\eta}\right]\\L_{23}^k&=\sum_{m=1}^{k}\left[\frac{\partial w_{k-m}}{\partial\eta}\left(\frac{\partial^2w_m}{\partial\eta^2}+\frac{1-\mu}{2}\frac{\partial^2w_m}{\partial\xi^2}\right)+\frac{1+\mu}{2}\frac{\partial w_{k-m}}{\partial\xi}\frac{\partial^2w_m}{\partial\xi\partial\eta}\right]\end{aligned}\right\}$$

$$
\begin{aligned}
L_k(u,v,w) = &\frac{1}{12}\nabla^4 w_k - \sum_{m=1}^{k}\left\{\frac{\partial^2 w_{k-m}}{\partial \xi^2}\left[\left(\frac{\partial u_m}{\partial \xi}+\frac{1}{2}\sum_{n=1}^{m}\frac{\partial w_n}{\partial \xi}\frac{\partial w_{m-n}}{\partial \xi}\right)+\right.\right.\\
&\mu\left(\frac{\partial v_m}{\partial \eta}+\frac{1}{2}\sum_{n=1}^{m}\frac{\partial w_{m-n}}{\partial \eta}\frac{\partial w_n}{\partial \eta}\right)\Bigg]+(1-\mu)\frac{\partial^2 w_{k-m}}{\partial \xi \partial \eta}\left(\frac{\partial u_m}{\partial \eta}+\frac{\partial v_m}{\partial \xi}+\sum_{n=1}^{m}\frac{\partial w_{m-n}}{\partial \xi}\frac{\partial w_n}{\partial \eta}\right)+\\
&\left.\frac{\partial^2 w_{k-m}}{\partial \eta^2}\left[\left(\frac{\partial w_m}{\partial \eta}+\frac{1}{2}\sum_{n=1}^{m}\frac{\partial w_n}{\partial \eta}\frac{\partial w_{m-n}}{\partial \eta}\right)+\mu\left(\frac{\partial u_m}{\partial \xi}+\frac{1}{2}\sum_{n=1}^{m}\frac{\partial w_{m-n}}{\partial \xi}\frac{\partial w_n}{\partial \xi}\right)\right]\right\}
\end{aligned}
\tag{9-61}
$$

设有一边长为 $2a\times 2b$ 的周边固定矩形板，坐标轴在对称轴上，特征尺寸 $l=1$，且记 $\beta=a/b$。边界条件

$$
\left.
\begin{aligned}
&w|_{\xi=\pm 1}=0,\quad \left.\frac{\partial w}{\partial \xi}\right|_{\xi=\pm 1}=0,\quad u|_{\xi=\pm 1}=0,\quad v|_{\xi=\pm 1}=0\\
&w|_{\eta=\pm\frac{1}{\beta}}=0,\quad \left.\frac{\partial w}{\partial \eta}\right|_{\eta=\pm\frac{1}{\beta}}=0,\quad u|_{\eta=\pm\frac{1}{\beta}}=0,\quad v|_{\eta=\pm\frac{1}{\beta}}=0
\end{aligned}
\right\}
$$

根据边界条件，取试函数

$$
\left.
\begin{aligned}
w_1 &= A_1[1+\cos(\pi\xi)][1+\cos(\beta\pi\eta)],\ u_2 = A_2\sin(\pi\xi)\cos\left(\frac{\beta\pi}{2}\eta\right)\\
w_3 &= p_3[\cos(2\pi\xi)-1][\cos(2\beta\pi\eta)-1],\ v_2 = A_3\cos\frac{\pi\xi}{2}\sin(\beta\pi\eta)
\end{aligned}
\right\}
\tag{9-62}
$$

式中，A_1、A_2、A_3 为待定系数。

将试函数(9-62)代入方程(9-60)，运算后得

$$
\left.
\begin{aligned}
&A_1=\frac{1}{4},\quad A_2=\frac{(1-\mu)\beta}{24}\left(\frac{1}{\beta}+\frac{1-\mu}{8}\beta\right)\\
&A_3=\frac{1-\mu}{24}\left(\beta+\frac{1-\mu}{8\beta}\right),\quad p_1=\frac{\pi^4}{192}(3+2\beta^2+3\beta^4)\\
&p_3=p_3(A_2,A_3)
\end{aligned}
\right\}
$$

从而得弯曲特征方程

$$
p^*=\frac{\pi^4(3+2\beta^2+3\beta^4)}{192}w_0+p_3w_0^3
$$

对于正方形板，$\beta=1$，取 $\mu=0.3$，则有

$$
p^*=4.058\ 712\ 125w_0+2.019\ 365w_0^3 \tag{9-63}
$$

和文献[11]的结果基本一致。

文献[12]提出了一种半解析摄动加权残值法，该方法与第一类摄动加权残值法相似，但又不尽相同。相似的是同样首先引入摄动参数，将非线性方

程组线性化。不同的是在求解各级线性方程时,采用了半解析法,即部分精确求解,部分配点近似求解。

摄动加权残值法除了用于这里的非线性方程组求解外,对于不易求解的线性耦合方程组也同样适用[13]。具体思路是,首先引入摄动参数,将耦合方程组解耦,然后应用加权残值法求解每一级的非耦合方程组。

9.8 数学规划加权残值法

(1)数学规划加权残值法的概念

数学规划加权残值法是将数学规划方法和加权残值法的混合运用,其主要的优点是对于要求的问题可以很方便地求得其解域[14]。

对于方程(8-1)、方程(8-2)的残值方程

$$R_V = \mathrm{L}(w) - f \qquad \in V$$
$$R_S = \mathrm{B}(w) - h \qquad \in S$$

通常情况下,残值 R_V、R_S 要么大于零,要么小于零,很少有凑巧等于零。数学规划加残值法的思想是:对于 R_V、R_S 大于零时,应用数学规划方法求其最小值,对于 R_V、R_S 小于零时,求其最大值。而求得的最小值解即为问题的上限解,最大值解即为问题的下限解。即

$$\max w_{\mathrm{L}} \leqslant w \leqslant \min w_{\mathrm{u}} \tag{9-64}$$

式中,$\max w_{\mathrm{L}}$ 为问题的下限解(残值小于零时的最大解);$\min w_{\mathrm{u}}$ 为上限解(残值大于零时的最小解);w 为精确解。

很显然,式(9-64)为我们提供了一个求解任何问题的解域保障。换句话讲,数学规划加权残值法可以给出待求问题近似解的上、下限。

数学规划加权残值法求解的前提是残值方程(8-4)、方程(8-5)在其定义域内必须是一致单调的。值得欣慰的是,一般恰当的工程问题,即满足解的存在性、唯一性、稳定性条件的微分方程,都是一致单调的。另外,数学规划加权残值法中的残值求解和残值优化求解可以用所熟知的任一方法实现。

(2)梁的弯曲问题

图 9-3 为一简支梁,长度为 l,承受均布荷载 q 作用。已知梁的弯曲微分方程为

$$\frac{\mathrm{d}^2 w}{\mathrm{d}x^2} = \frac{1}{2EI}qx^2 - \frac{1}{2EI}qlx \tag{9-65}$$

边界条件：

$$w|_{x=0}=0, w|_{x=l}=0 \tag{9-66}$$

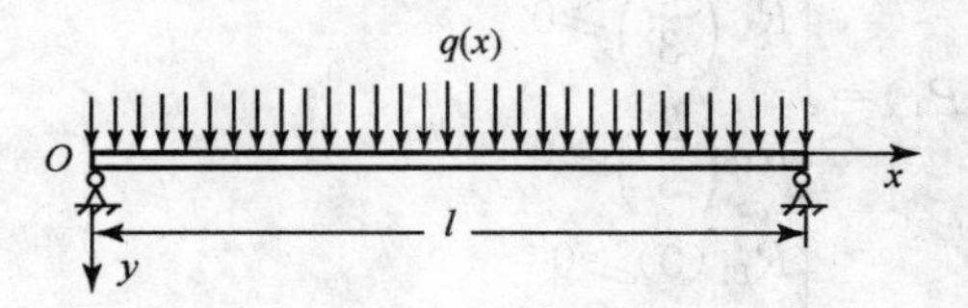

图 9-3　梁的弯曲

引入无量纲量

$$\bar{w}=\frac{w}{l}, \bar{x}=\frac{x}{l}, \bar{q}=\frac{q}{q_0}$$

且令

$$q_0=\frac{N}{m}, h=\frac{\bar{q}q_0}{EI}l$$

则方程(9-65)及边界条件(9-66)变为

$$\begin{cases}\dfrac{\mathrm{d}^2\bar{w}}{\mathrm{d}\bar{x}}=\dfrac{1}{2}\bar{x}^2h-\dfrac{1}{2}\bar{x}h \\ \bar{w}|_{\bar{x}=0}=0, \bar{w}|_{\bar{x}=l}=0\end{cases} \tag{9-67}$$

按照加权残值法的思想，设梁的挠度试函数

$$\bar{w}(\bar{x})=a_0+a_1\bar{x}+a_2\bar{x}^3+a_3\bar{x}^4 \tag{9-68}$$

式中，a_0、a_1、a_2、a_3 均为待定常数。

将试函数(9-68)代入到控制方程及边界条件(9-67)中，即得残值方程

$$\left.\begin{aligned}R_V&=6a_2\bar{x}+12a_3\bar{x}^2-\frac{1}{2}\bar{x}^2h+\frac{1}{2}\bar{x}h \\ R_{B1}&=a_0, \quad R_{B2}=a_0+a_1+a_2+a_3\end{aligned}\right\} \tag{9-69}$$

上述方程包含四个未知的待定常数。为此采用加权残值法中的配点法，取配点坐标为

$$\bar{x}_1=\frac{1}{3}, \bar{x}_2=\frac{2}{3}$$

代入式(9-69)中，连同边界条件(9-67)，则可以得四个关于待定参数 a_0、a_1、a_2、a_3 的非齐次一元四次代数方程，求解可以得到待定参数 a_0、a_1、a_2、a_3。

为了采用数学规划加权残值法，假设方程(9-69)的残值全大于零，以梁的中点挠度为目标，构成数学规划问题，即可有

$$
(LP_1)=\begin{cases}\min\left[a_0+a_1\dfrac{1}{2}+a_2\left(\dfrac{1}{2}\right)^3+a_3\left(\dfrac{1}{2}\right)^4\right]\\ R_V\left(\dfrac{1}{3}\right)\geqslant 0\\ R_V\left(\dfrac{2}{3}\right)\geqslant 0\\ R_{B1}(0)\geqslant 0\\ R_{B2}(1)\geqslant 0\end{cases}
$$

采用单纯形法求解，即可得到梁中点挠度的最小边界近似解

$$
\min w\left(\frac{1}{2}\right)=0.013\ 020\ 834h
$$

同样，可以构成线性规划问题

$$
(LP_2)=\begin{cases}\max\left[a_0+a_1\dfrac{1}{2}+a_2\left(\dfrac{1}{2}\right)^3+a_3\left(\dfrac{1}{2}\right)^4\right]\\ R_V\left(\dfrac{1}{3}\right)\leqslant 0\\ R_V\left(\dfrac{2}{3}\right)\leqslant 0\\ R_{B1}(0)\leqslant 0\\ R_{B2}(1)\leqslant 0\end{cases}
$$

采用单纯形法求得梁中点挠度的最大下边界近似解

$$
\max w\left(\frac{1}{2}\right)=0.013\ 020\ 749h
$$

由材料力学已知梁中点挠度的精确解为

$$
w\left(\frac{1}{2}\right)=0.013\ 020\ 833h
$$

显然有

$$
\min w\left(\frac{1}{2}\right)>w\left(\frac{1}{2}\right)>\max w\left(\frac{1}{2}\right)
$$

因此，可以给出梁的中点挠度近似解

$$
w\left(\frac{1}{2}\right)=\frac{1}{2}\left[\min w\left(\frac{1}{2}\right)+\max w\left(\frac{1}{2}\right)\right]=0.013\ 020\ 791h
$$

和精确解几乎完全一样。

(3)薄板的弯曲问题

如图 9-4 为一周边固定薄板，板承受均布荷载 q 作用，试用数学规划加权

残值法求板的弯曲。

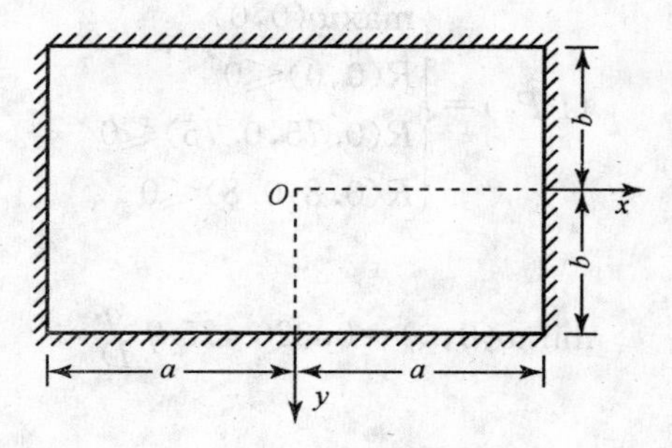

图 9-4　薄板的弯曲

已知板的弯曲方程为

$$D\nabla^4 w(x,y)=q(x,y)$$

边界条件：

$$\left.\begin{aligned} w\big|_{x=\pm\frac{a}{2}}=0,\quad \left.\frac{\partial w}{\partial x}\right|_{x=\pm\frac{a}{2}}=0 \\ w\big|_{y=\pm\frac{b}{2}}=0,\quad \left.\frac{\partial w}{\partial y}\right|_{y=\pm\frac{b}{2}}=0 \end{aligned}\right\} \tag{9-70}$$

取试函数

$$w(x,y)=a_1\left(x^2-\frac{a^2}{4}\right)^2\left(y^2-\frac{b^2}{4}\right)^2+a_2\left(x^2-\frac{a^2}{4}\right)^2\left(y^2-\frac{b^2}{4}\right)^2(x^2+y^2) \tag{9-71}$$

式中，a_1、a_2 为待定参数。

可以看到试函数(9-71)完全满足板的所有边界条件(9-70)。将试函数(9-71)代入到板的控制方程中，即得残值方程

$$R_V=D\nabla^4 w(x,y)-q$$

仍然采用配点法求解(当 $a=b=4$ 时)。取配点坐标(0,0)、(0.75,0.75)、(0.8,0.8)。以板中挠度为目标最优函数，则有线性规划问题

$$(LP_1)=\begin{cases}\min w(0,0)\\ R(0,0)\geqslant 0\\ R(0.75,0.75)\geqslant 0\\ R(0.8,0.8)\geqslant 0\end{cases}$$

采用单纯形法求得板中挠度偏大的近似解

$$\max w(0,0)=0.325\,032\,1\frac{q}{D}$$

同样有线性规划

$$(LP_2)=\begin{cases}\max w(0,0)\\ R(0,0)\leqslant 0\\ R(0.75,0.75)\leqslant 0\\ R(0.8,0.8)\leqslant 0\end{cases}$$

求解

$$\min w(0,0)=0.320\,475\,9\,\frac{q}{D}$$

则得板中近似解

$$w(0,0)=\frac{1}{2}[\min w(0,0)+\max w(0,0)]=0.322\,754\,\frac{q}{D}$$

与经典解

$$w(0,0)=0.322\,56\,\frac{q}{D}$$

相差 0.060 14%。

本章参考文献

[1] 杨海元,赵志岗,加权残值法的一种混合法//全国计算力学学术交流会论文集．北京：北京大学出版社,1960

[2] 许永林,何福保．一种加权残值法配线方法——分段配线法．应用力学学报,1984,1(1)

[3] 钱国桢．分区函数法在加权残值法中的应用．应用数学和力学,1986,7(12)

[4] 谢秀松．康托洛维奇——加权残值法．计算结构力学及其应用,1985,2(1)

[5] 金梦石,黄玉盈．源像法在平板弯曲边界元法中的应用．应用力学学报,1985,2(1)

[6] 金梦石．应用嵌入法分析板的弯曲问题．应用力学学报,1986,3(3)

[7] 房营光,潘纪浩．分步迭代加权残值法．上海力学,1989,10(4)

[8] 姜开春,王德满．变率配点法——加权残值法(MWR)的一种新方法．固体力学学报,1988,9(4)

[9] 王朝伟,谭国强．摄动加权残值法及其在非线性问题中的应用．长沙:长沙铁道学院学位论文,1984

[10] 孙博华．摄动权余法在薄板大挠度问题上的应用．固体力学学报,1986(4)

[11] A. C. 沃耳密耳．柔韧板与柔韧壳．卢文达,译．北京:科学出版社,1959

[12] 管昌生，成鸿学．圆板大挠度弯曲的半解析摄动法．长沙：湖南大学出版社，1989

[13] Xia Yong, Chen Shuifu, Deng Yongkun. Double perturbation solution of the large deformation bending problems of elasto－plastic shallow conical shells. 4th IESCA, Dalian, China, July, 1992：28-31

[14] 朱宝安．力学问题优化计算．天津：天津科学技术出版社，1992

[15] 夏永旭．板壳力学中的加权残值法．西安：西北工业大学出版社，1994

第10章 半解析半数值法

10.1 基本概念及方法分类

10.1.1 基本概念

半解析半数值法的概念是相对于纯解析法和纯数值法而言，其主要特征是在分析问题过程中，部分采用解析解部分采用数值计算。一般说来，纯解析法得到的是一种理论解，其表达式明确，易于推演，计算量小，结果准确。但是其解题范围很有限，且问题性质不同，求解方法就不同，没有统一的模式。而纯数值方法正相反，其优点是适应范围很广，对于复杂的几何形状，突变荷载、任意边界条件和不同的材料特征均可处理。更为重要的是，方法统一，易于掌握，计算过程程序化。不足的是计算量较大，对计算工具和程序软件依赖性强，计算结果近似。半解析半数值法正是在这两类方法的基础上，吸取二者之优，摒去二者不足，逐渐发展起来的一类求解方法。经过近二十年来的发展，半解析半数值方法已经成为仅次于有限单元数值方法的十分活跃和有效的工程问题求解方法。并且极大地刺激了纯解析方法的发展，同时对纯数值方法也有很大的改善和促进。

半解析半数值方法在应用过程中包含两个方面的工作：一是如何选取适当的解析解或解析函数，由此帮助数值计算减少自由度并尽可能地提高计算精度；二是如何通过离散技术将解析和数值方法很好地结合起来，并建立适合于计算机运行的计算格式，使求解过程简便易行，精度不差。这显然与纯解析方法中的完全“人为”行为和纯数值方法中的完全“机器”行为截然不同，而是将人与机器有机地结合在一起，充分地发挥二者的功能，得到了以前纯解析法和纯数值法所不能达到的预期效果。

10.1.2　方法的分类

半解析半数值法分类，主要是取决于不同形式的解析解和不同的数值计算过程。大致可以分为以下三类：

(1)分向半解析法。即对于多维问题，在某些方向上采用解析函数，而在另外方向采用离散和插值技术，如有限条法、有限棱柱法、有限层法等。此类方法也称之为半解析有限元法。

(2)分域半解析法。即在所解问题的域内或边界上分别采用解析与数值方法来处理。比较典型的就是边界单元法，在域内解析求解，边界上数值求解。上一章所介绍的加权残值法中的内部法和边界法也属于分域半解析法。

(3)分区半解析法。即将计算域在几何上分为不同的区域，分别采用纯数值或纯解析方法。常见的有有限元和边界元耦合法，有限元和半无限元耦合法，有限元和加权残值法的耦合法等。前边所介绍的分区加权残值法也应该划归于这一类。

上述这三类形式概括了目前所有的半解析半数值方法，虽然也有文献将无限元法、样条半解析法单独叙述，但无限元仍属于分向半解析法。因为沿着单元两端延伸方向是一解析函数，而在横向离散插值处理。样条半解析法，仍然是一般的半解析法，只不过是用样条函数作为数值方法中的插值函数，方法本身并没有改变。所谓的样条有限元法、样条边界元法、样条加权残值法、样条无限元法、样条耦合法等，严格地讲这些叫法均不太恰当。

10.2　有限棱柱、有限层及有限条法

10.2.1　基本概念

有限棱柱法、有限层法和有限条法，同属于分向半解析法，也称之为半解析有限单元法。它和常规有限单元法的主要区别是在问题的某些方向采用解析函数，而在另外的方向采用多项式插值，由此组成求解基函数，然后按一

般的有限单元法变分，建立数值求解方程。很显然，这种方法将三维问题降成二维，将二维问题降成一维，因而要比一般常规的有限单元法工作量小，并且计算精度好。

如果解析函数仅定义在某一个方向上，则将形成有限棱柱法（三维实体问题）或有限条法（平面问题、板壳问题），如果同时定义在两个方向上，即构成有限层法（三维实体问题，厚板、厚壳问题等）。

解析函数的选取，不仅关系到此类方法的求解复杂程度，而且直接影响计算结果的精度。通常的要求是，所选取的解析函数，既要形式简单，又要尽可能完全满足其定义域内的问题的边界条件。

图 10-1 分别给出了有限棱柱法、有限层法和有限条法的简单示意图。

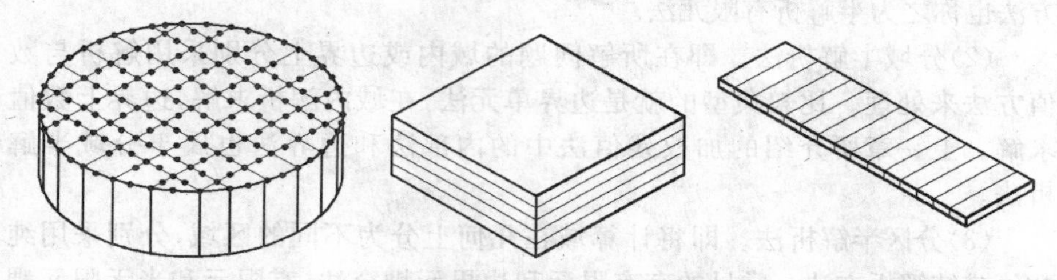

图 10-1　有限棱柱、有限层、有限条法示意图

10.2.2　有限棱柱法

有限棱柱法最早由文献[1]提出。作者应用满足两端简支条件的直线和曲线棱柱位移函数，分析了厚壁箱形梁桥，并且精度不差。

对于图 10-2 所示三维弹性体，沿 z 方向取有限个棱柱单元，并将位移函数写成

$$\left.\begin{aligned} u(x,y,z) &= \sum_m \sum_k C_k u_{km} Z_{1m}(z) \\ v(x,y,z) &= \sum_m \sum_k C_k v_{km} Z_{2m}(z) \\ w(x,y,z) &= \sum_m \sum_k C_k w_{km} Z_{3m}(z) \end{aligned}\right\} \tag{10-1}$$

式中，$Z_{1m}(z)$、$Z_{2m}(z)$、$Z_{3m}(z)$为满足 z 方向边界条件的三个解析函数；C_k 为定义在 x、y 平面的二维离散插值函数；u_{km}、v_{km}、w_{km} 为节线位移分量。

表达式(10-1)中的插值函数 C_k 根据不同的棱柱元类型有不同的定义。例如对于三节线棱柱元，如图 10-2，有

$$C_k = C_i = (\alpha_i + \beta_i x + \gamma_i y)/(2\Delta) \tag{10-2}$$

式中，

$$\left.\begin{aligned} \alpha_i &= x_j y_m - x_m y_j \\ \beta_i &= y_j - y_m \\ \gamma_i &= -(x_j - x_m) \end{aligned}\right\} \quad (i,j,m) \tag{10-2a}$$

$$2\Delta = \begin{vmatrix} 1 & x_i & y_i \\ 1 & x_j & y_j \\ 1 & x_m & y_m \end{vmatrix} \tag{10-2b}$$

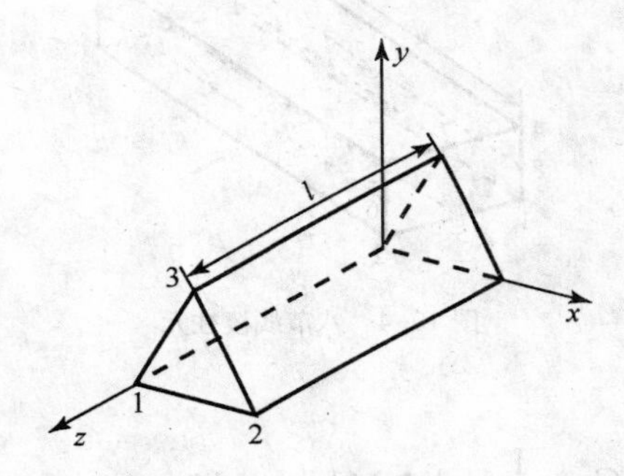

图 10-2　三节线棱柱元

矩形四节线棱柱元，如图 10-3，有

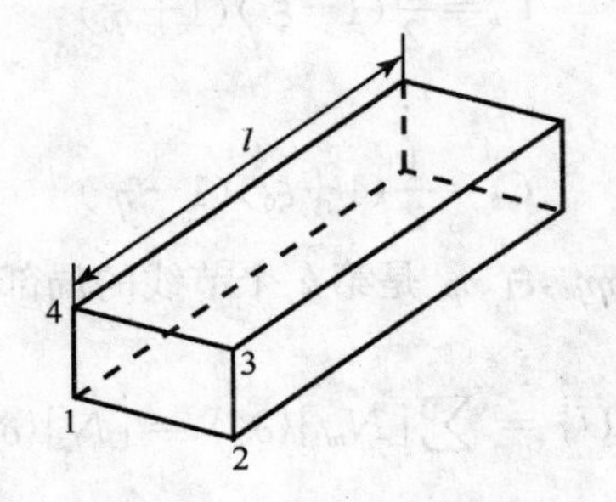

图 10-3　矩形四节线棱柱元

$$C_k = C_i = \frac{1}{4}(1+\xi\xi_i)(1+\eta\eta_i) \qquad (i=1,2,3,4) \tag{10-3}$$

式中，ξ、η 为无因次局部坐标。

对于图 10-4 所示的八节线等参元，其横截面的坐标可表示为

$$
\left.\begin{aligned} x &= \sum_{k=1}^{8} C_k x_k \\ y &= \sum_{k=1}^{8} C_k y_k \end{aligned}\right\} \tag{10-4}
$$

式中，x_k、y_k 是第 k 条节线的 x 及 y 坐标，而形函数在角节线和 $\xi_k=0$ 的边上的中节线及 $\eta_k=0$ 边上的中节线分别由下式定义。

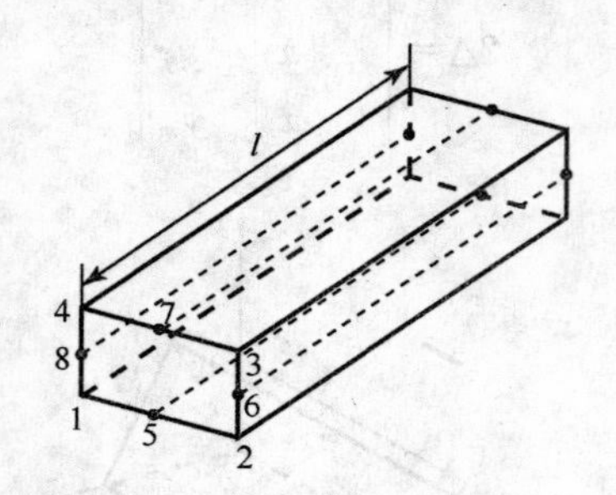

图 10-4　八节线棱柱元

角节线：

$$
C_k=\frac{1}{4}(1+\xi_0)(1+\eta_0)(\xi_0+\eta_0-1) \tag{10-5}
$$

$\xi_k=0$ 边中节线：

$$
C_k=\frac{1}{2}(1-\xi^2)(1+\eta_0) \tag{10-6}
$$

$\eta_k=0$ 边中节线：

$$
C_k=\frac{1}{2}(1+\xi_0)(1-\eta^2) \tag{10-7}
$$

式中，$\xi_0=\xi\xi_k$，$\eta_0=\eta\eta_k$，ξ_k、η_k 是第 k 个节线的局部坐标。位移表达式(10-1)可简写成

$$
\{U\} = \sum_m [N_m]\{\delta_m\} = [N]\{\delta\} \tag{10-8}
$$

式中，

$$
\{U\}=\begin{Bmatrix} u \\ v \\ w \end{Bmatrix} \tag{10-8a}
$$

$$
[N_m]=\begin{bmatrix} \{N_{1m}\} & 0 & 0 \\ 0 & \{N_{2m}\} & 0 \\ 0 & 0 & \{N_{3m}\} \end{bmatrix} \tag{10-8b}
$$

$$\{\delta_m\}=\begin{Bmatrix}\{u_m\}\\\{v_m\}\\\{w_m\}\end{Bmatrix} \tag{10-8c}$$

且有

$$\{N_{im}\}=[N_{i1},N_{i2},N_{i3},\cdots,N_{im}] \qquad (i=1,2,3) \tag{10-9}$$

$$\left.\begin{aligned}\{u_m\}&=[u_1,u_2,u_3,\cdots,u_m]\\\{v_m\}&=[v_1,v_2,v_3,\cdots,v_m]\\\{w_m\}&=[w_1,w_2,w_3,\cdots,w_m]\end{aligned}\right\} \tag{10-10}$$

必须注意，形函数$[N]$中包含了沿 z 方向的解析函数 $Z_{1m}(z)$、$Z_{2m}(z)$、$Z_{3m}(z)$ 和棱柱元端面上的插值函数 C_i。当三个位移沿 z 方向取相同的解析函数时，式(10-8b)就可以表示为

$$[N_m]=[I]\{N_m\} \tag{10-11}$$

式中，$[I]$为三阶单位矩阵；$\{N_m\}$仍如式(10-9)，但仅是一种形式。

将位移表达式代入到几何方程(2-2)中，则得应变分量

$$\{\varepsilon\}=\sum_m[B_m]\{\delta_m\}=[B]\{\delta\} \tag{10-12}$$

应变子矩阵

$$[B_i]_m=\begin{bmatrix}\dfrac{\partial C_i}{\partial x}Z_{1m} & 0 & 0\\ 0 & \dfrac{\partial C_i}{\partial y}Z_{2m} & 0\\ 0 & 0 & C_i\dfrac{\partial Z_{3m}}{\partial z}\\ \dfrac{\partial C_i}{\partial y}Z_{1m} & \dfrac{\partial C_i}{\partial x}Z_{2m} & 0\\ 0 & C_i\dfrac{\partial Z_{2m}}{\partial y} & \dfrac{\partial C_i}{\partial y}Z_{3m}\\ C_i\dfrac{\partial Z_{1m}}{\partial z} & 0 & \dfrac{\partial C_i}{\partial x}Z_{3m}\end{bmatrix} \tag{10-12a}$$

式中，i 为条元的节线编号。

应用虚位移原理，得单元刚度矩阵

$$[K]^e=\begin{bmatrix}[K]_{11} & [K]_{12} & \cdots & [K]_{1m} & \cdots & [K]_{1t} \\ [K]_{21} & [K]_{22} & \cdots & [K]_{2m} & \cdots & [K]_{2t} \\ \cdots & \cdots & \cdots & \cdots & & \cdots \\ [K]_{m1} & [K]_{m2} & \cdots & [K]_{mm} & \cdots & [K]_{mt} \\ \cdots & \cdots & \cdots & \cdots & \cdots & \cdots \\ [K]_{t1} & [K]_{t2} & \cdots & [K]_{tm} & \cdots & [K]_{tt}\end{bmatrix} \tag{10-13}$$

式中，子矩阵

$$[K]_{mn}=\begin{bmatrix}[K_{11}] & [K_{12}] & \cdots & [K_{1i}] & \cdots & [K_{1s}] \\ [K_{21}] & [K_{22}] & \cdots & [K_{2i}] & \cdots & [K_{2s}] \\ \cdots & \cdots & \cdots & \cdots & \cdots & \cdots \\ [K_{i1}] & [K_{i2}] & \cdots & [K_{ii}] & \cdots & [K_{is}] \\ \cdots & \cdots & \cdots & \cdots & \cdots & \cdots \\ [K_{s1}] & [K_{s2}] & \cdots & [K_{si}] & \cdots & [K_{ss}]\end{bmatrix}_{mn} \tag{10-13a}$$

这里式(10-13a)中的 s 为棱条元的节线数，而其中子矩阵

$$[K_{ij}]_{mn}=\int\begin{bmatrix}
(\lambda+2G)\frac{\partial C_i}{\partial x}\frac{\partial C_j}{\partial x}Z_{1m}Z_{1n}+G\frac{\partial C_i}{\partial y}\frac{\partial C_j}{\partial y}Z_{1m}Z_{1n}+G\frac{\partial Z_m}{\partial z}\frac{\partial Z_{1n}}{\partial z}C_iC_j & \lambda\frac{\partial C_i}{\partial x}\frac{\partial C_j}{\partial y}Z_{1m}Z_{2m}+G\frac{\partial C_i}{\partial y}\frac{\partial C_j}{\partial x}Z_{1m}Z_{2n} & \lambda\frac{\partial C_i}{\partial x}C_j\frac{\partial Z_{1m}}{\partial z}Z_{3n}+G\frac{\partial C_j}{\partial x}C_i\cdot\frac{\partial Z_{3n}}{\partial z}Z_{1m} \\
\lambda\frac{\partial C_i}{\partial y}C_i\frac{\partial Z_{1n}}{\partial z}Z_{2m}+G\frac{\partial C_i}{\partial x}\frac{\partial C_j}{\partial y}Z_{1m}Z_{2n} & (\lambda+2G)\frac{\partial C_i}{\partial y}\frac{\partial C_j}{\partial y}Z_{2m}Z_{2n}+G\frac{\partial C_i}{\partial x}\frac{\partial C_j}{\partial x}\cdot Z_{2m}Z_{2n}+G\frac{\partial Z_{2m}}{\partial z}\frac{\partial Z_{2n}}{\partial z}C_iC_j & \lambda\frac{\partial C_i}{\partial y}C_j\frac{\partial Z_{2m}}{\partial z}Z_{3m}+GC_iC_jZ_{2m}\frac{\partial Z_{3m}}{\partial z} \\
\lambda\frac{\partial C_i}{\partial x}C_j\frac{\partial Z_{1m}}{\partial z}Z_{3m}+GC_iC_j\cdot\frac{\partial Z_{3m}}{\partial z}\frac{\partial Z_{1m}}{\partial z} & \lambda\frac{\partial C_i}{\partial y}C_j\frac{\partial Z_{2m}}{\partial z}Z_{3m}+G\frac{\partial C_i}{\partial y}\frac{\partial C_j}{\partial x}Z_{2m}Z_{3m} & (\lambda+2G)C_iC_j\frac{\partial Z_{3m}}{\partial z}\frac{\partial Z_{3n}}{\partial z}+G\frac{\partial C_i}{\partial y}\frac{\partial C_j}{\partial y}\cdot Z_{3m}Z_{3n}+G\frac{\partial C_i}{\partial x}\frac{\partial C_j}{\partial x}Z_{3m}Z_{3n}
\end{bmatrix}dV \tag{10-14}$$

上式是有限棱柱单元刚度矩阵子矩阵的一般表达式，只要将所选取的插值函数和解析函数代入并完成积分运算，就可得到不同单元类型和两端边界条件的子矩阵表达式。式中常数

$$\lambda=\frac{\mu E}{(1+\mu)(1-2\mu)} \tag{10-15}$$

如果所选取的解析函数具有正交性，将使得子矩阵式(10-14)变得十分简单。例如取 $Z_{1m}(z)$、$Z_{2m}(z)$、$Z_{3m}(z)$分别为正弦级数或余弦级数，那么单元刚度矩阵的矩阵(10-14)变成

$$[K_{ij}]_{mn} = \begin{cases} 0 & (m \neq n) \\ \dfrac{a}{2}\iint [B_i]_m^{\mathrm{T}}[B_i]_n \mathrm{d}x\mathrm{d}y & (m = n) \end{cases} \tag{10-16}$$

则子矩阵(10-13)变成对角阵

$$[K]^e = \begin{bmatrix} [K]_{11} & & & \\ & [K]_{22} & & 0 \\ 0 & & \ddots & \\ & & & [K]_{tt} \end{bmatrix} \tag{10-17}$$

耦合交叉项全部为零,最后的求解方程也完全解耦,每一项级数可单独求解。

根据上述分析,选定了解析函数的表达形式及插值函数,就可以很方便地求出单元刚度矩阵。例如取[2]

$$\left.\begin{aligned} u(x,y,z) &= \sum_m \sum_k C_k u_{km} \sin(K_m z) \\ v(x,y,z) &= \sum_m \sum_k C_k v_{km} \cos(K_m z) \\ w(x,y,z) &= \sum_m \sum_k C_k w_{km} \sin(K_m z) \end{aligned}\right\} \tag{10-18}$$

式中,$K_m = m\pi/l$,l 为条长。

则对于三节线棱柱单元,单元刚度矩阵为

$$[K]^e = \begin{bmatrix} [K]_{ii} & [K]_{ij} & [K]_{im} \\ [K]_{ji} & [K]_{jj} & [K]_{jm} \\ [K]_{mi} & [K]_{mj} & [K]_{mm} \end{bmatrix} \tag{10-19}$$

其中的子矩阵

$$[K_{ij}]_{mn} = \frac{l}{8A}\iint [\cdots]\mathrm{d}x\mathrm{d}y \tag{10-19a}$$

而

$$[\cdots] = \begin{bmatrix} (\lambda+2G)b_i b_j + G f_i f_j k_m^2 + G C_i C_j & K_m(G b_j f_i - \lambda b_i f_j) & \lambda b_i C_j + G C_i b_j \\ K_m(f_j b_i G - \lambda b_j f_i) & (\lambda+2G)k_m^2 f_i f_j + G b_i b_j + G C_i C_j & K_m(f_j C_i G - \lambda C_j f_i) \\ \lambda C_i b_j + G b_i C_j & K_m(f_i C_j G - \lambda C_i f_j) & (\lambda+2G)C_i C_j + G K_m^2 f_i f_j + G b_i b_j \end{bmatrix}$$

$(i,j=1,2,3)$ (10-19b)

且

$$f_i = \alpha_i + \beta_i x + \gamma_i y \tag{10-19c}$$

对于四节线棱柱元,子矩阵

$$[K]^{e}_{mn}=\begin{bmatrix}[K_{11}] & [K_{12}] & [K_{13}] & [K_{14}]\\ [K_{21}] & [K_{22}] & [K_{23}] & [K_{24}]\\ [K_{31}] & [K_{32}] & [K_{33}] & [K_{34}]\\ [K_{41}] & [K_{42}] & [K_{43}] & [K_{44}]\end{bmatrix}_{mn} \tag{10-20}$$

$$[K_{ij}]_{mn}=\frac{a}{2}\iint[\cdots]\mathrm{d}x\mathrm{d}y \tag{10-20a}$$

且有

$$[\cdots]=\begin{bmatrix}(\lambda+2G)\frac{\partial C_i}{\partial x}\frac{\partial C_j}{\partial x}+G\frac{\partial C_i}{\partial y}\frac{\partial C_j}{\partial y}+GC_iC_j & \lambda\frac{\partial C_i}{\partial x}\frac{\partial C_j}{\partial y}+G\frac{\partial C_i}{\partial y}\frac{\partial C_j}{\partial x} & -\lambda\frac{\partial C_i}{\partial x}C_jK_m+GC_i\frac{\partial C_j}{\partial x}K_m\\ \lambda\frac{\partial C_i}{\partial y}\frac{\partial C_j}{\partial x}+G\frac{\partial C_i}{\partial x}\frac{\partial C_j}{\partial y} & (\lambda+2G)\frac{\partial C_i}{\partial y}\frac{\partial C_j}{\partial y}+GC_iC_jK_m^2+G\frac{\partial C_i}{\partial x}\frac{\partial C_j}{\partial x} & -\lambda C_i\frac{\partial C_j}{\partial y}K_m+GC_j\frac{\partial C_i}{\partial y}K_m\\ -\lambda\frac{\partial C_i}{\partial x}C_jK_m+GC_i\frac{\partial C_j}{\partial x}K_m & -\lambda\frac{\partial C_i}{\partial y}C_jK_m+G\frac{\partial C_j}{\partial y}C_iK_m & (\lambda+2G)C_iC_jK_m^2+G\frac{\partial C_i}{\partial x}\frac{\partial C_j}{\partial x}+G\frac{\partial C_j}{\partial y}\frac{\partial C_i}{\partial y}\end{bmatrix}$$

$(i,j=1,2,3,4)$ (10-21)

应力分量

$$\{\sigma\}=\sum_m[S]_m\{\delta\}_m=[S]\{\delta\} \tag{10-22}$$

式中，

$$[S]=[S_1,S_2,S_3,\cdots,S_m] \tag{10-22a}$$

且子矩阵

$$[S_i]_m=\begin{bmatrix}(\lambda+2G)\frac{\partial C_i}{\partial x}S_m & \lambda\frac{\partial C_i}{\partial y}S_m & -\lambda C_iK_mS_m\\ \lambda\frac{\partial C_i}{\partial x}S_m & (\lambda+2G)\frac{\partial C_i}{\partial y}S_m & -\lambda C_iK_mS_m\\ \lambda\frac{\partial C_i}{\partial x}S_m & \lambda\frac{\partial C_i}{\partial y}S_m & -(\lambda+2G)C_iK_mS_m\\ GC_iK_mC_m & G\frac{\partial C_i}{\partial x}C_m & 0\\ 0 & G\frac{\partial C_i}{\partial x}S_m & GC_iK_mC_m\\ G\frac{\partial C_i}{\partial y}S_m & 0 & G\frac{\partial C_i}{\partial y}C_m\end{bmatrix} \tag{10-23}$$

式中，$S_m=\sin(K_m z)$；$C_m=\cos(K_m y)$；$K_m=\dfrac{m\pi}{l}$，l 为棱元长度。

同理可推导八节线棱柱元的子矩阵。

关于荷载列阵的等效替换仍然应用虚功原理，其表达式完全与有限单元法相同。

10.2.3 有限层法

有限层法的解析函数定义在二维平面域内，因而它适用于求解三维空间问题或厚板和厚壳问题[3]。

对于图 10-5 所示的三维弹性体，有限层法的位移一般形式为

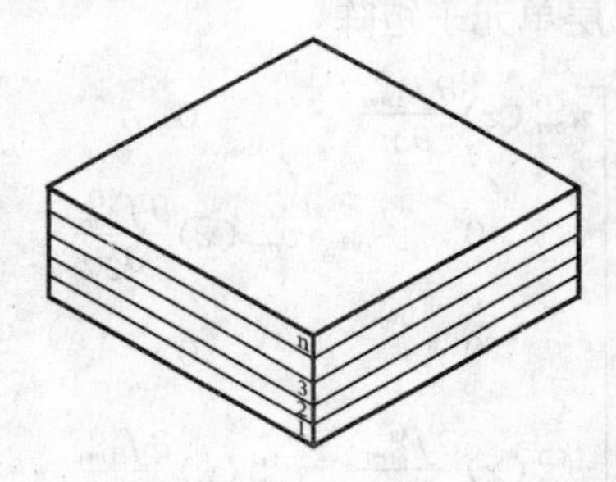

图 10-5 有限层法

$$\left.\begin{aligned}u(x,y,z)&=\sum_m\sum_n u_{mn}(z)f_{1mn}(x,y)\\v(x,y,z)&=\sum_m\sum_n v_{mn}(z)f_{2mn}(x,y)\\w(x,y,z)&=\sum_m\sum_n w_{mn}(z)f_{3mn}(x,y)\end{aligned}\right\}\tag{10-24}$$

式中，$u_{mn}(z)$、$v_{mn}(z)$、$w_{mn}(z)$分别为沿层单元厚度方向（z 方向）的插值函数；$f_{imn}(x,y)(i=1,2,3)$为二元解析函数，它们至少应满足位移边界条件。

表达式(10-24)可以写成矩阵形式

$$\{U\}^{\mathrm{e}}=\{u,v,w\}^{\mathrm{T}}=\sum_m\sum_n[N_{mn}]\{\delta_{mn}\}=[N]\{\delta\}^{\mathrm{e}}\tag{10-25}$$

式中，$[N_{mn}]$为形函数，它由沿层单元厚度方向的插值函数和平面解析函数 $f_{imn}(x,y)(i=1,2,3)$构成，即

$$[N_{mn}]=\begin{bmatrix}\{N_{1mn}\}&0&0\\0&\{N_{2mn}\}&0\\0&0&\{N_{3mn}\}\end{bmatrix}\tag{10-26}$$

$$\{N_{imn}\}=[N_{i11},N_{i12},\cdots,N_{i1n},\cdots,N_{i21},\cdots,N_{i2n},\cdots,N_{im1},\cdots,N_{imn}]$$
$$(i=1,2,3) \tag{10-27}$$

另外

$$\{\delta_{mn}\}=\{u_{11},\cdots,u_{ij},\cdots,u_{mn},v_{11},\cdots,v_{ij},\cdots,v_{mn},w_{11},\cdots,w_{ij},\cdots,w_{mn}\}^{\mathrm{T}} \tag{10-28}$$

其中各子元素为层单元的位移参数，相当于有限单元中的节点位移，均为已知量。

应变分量

$$\{\varepsilon\}=\sum_m\sum_n[B_{mn}]\{\delta_{mn}\}=[B]\{\delta\} \tag{10-29}$$

其中，$[B_{mn}]$的第 i 层单元子矩阵

$$[B_i]_{mn}=\begin{bmatrix} u_{mn}^{(i)}(z)\dfrac{\partial f_{1mn}^{(i)}}{\partial x} & 0 & 0 \\ 0 & v_{mn}^{(i)}(z)\dfrac{\partial f_{2mn}^{(i)}}{\partial y} & 0 \\ 0 & 0 & \dfrac{\mathrm{d}w_{mn}^{(i)}}{\mathrm{d}z}f_{3mn}^{(i)} \\ v_{mn}^{(i)}(z)\dfrac{\partial f_{2mn}^{(i)}}{\partial x} & v_{mn}^{(i)}(z)\dfrac{\partial f_{1mn}^{(i)}}{\partial x} & 0 \\ 0 & w_{mn}^{i}(z)\dfrac{\partial f_{3mn}^{(i)}}{\partial y} & \dfrac{\mathrm{d}v_{mn}^{(i)}}{\mathrm{d}z}f_{2mn}^{(i)} \\ w_{mn}^{(i)}\dfrac{\partial f_{3mn}^{(i)}}{\partial x} & 0 & \dfrac{\mathrm{d}u_{mn}^{(i)}}{\mathrm{d}z}f_{1mn}^{(i)} \end{bmatrix} \tag{10-29a}$$

10.2.4 有限条法

有限条法的思想源于求解微分方程的直线法，但在工程应用实践中多用于求解板壳结构问题[4]。

对于图 10-6 所示的薄板，可以取板的挠度试函数

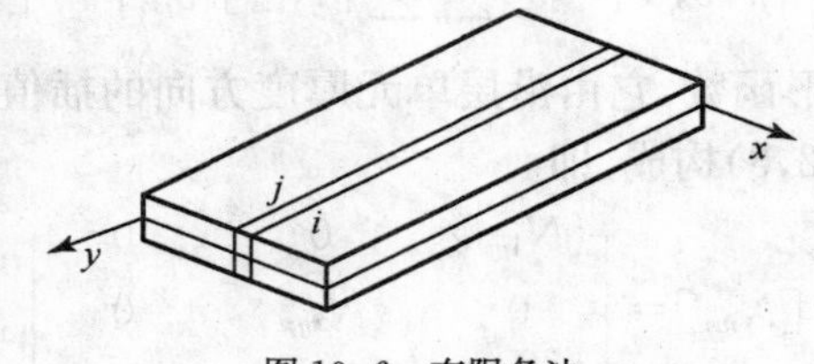

图 10-6 有限条法

$$w(x,y)=\sum_m w_m(x)Y_m(y) \tag{10-30}$$

式中，$Y_m(y)$为满足有限条条元方向边界条件的解析函数；$w_m(x)$为沿条元宽度方向的广义插值函数。

将式(10-30)写成矩阵形式

$$w=\sum_m [C]Y_m\{\delta_m\}=\sum_m [N_m]\{\delta_m\}=[N]\{\delta\} \tag{10-31}$$

式中，$[C]$为沿条宽方向的纯插值函数，表达式

$$[C]=[C_1 \quad C_2 \quad C_3 \quad C_4] \tag{10-31a}$$

它和$\{w_m(x)\}$的关系为

$$\{w_m\}=[C]\{\delta_m\} \tag{10-32}$$

而

$$\{\delta_m\}=\{w_{im},\theta_{im},w_{jm},\theta_{jm}\}^{\mathrm{T}} \tag{10-33}$$

形函数$[N_m]$包含了沿条宽方向的插值函数$[C]$和 y 方向的解析函数 $Y_m(y)$。

板的应变矩阵

$$\{\varepsilon\}^{\mathrm{e}}=-z\{\chi\}=-z\begin{Bmatrix}\dfrac{\partial^2 w}{\partial x^2}\\ \dfrac{\partial^2 w}{\partial y^2}\\ 2\dfrac{\partial^2 w}{\partial x\partial y}\end{Bmatrix}=-z\begin{Bmatrix}\dfrac{\partial^2 [N]}{\partial x^2}\\ \dfrac{\partial^2 [N]}{\partial y^2}\\ 2\dfrac{\partial^2 [N]}{\partial x\partial y}\end{Bmatrix}\{\delta\}^{\mathrm{e}} \tag{10-34}$$

亦即

$$\{\varepsilon\}^{\mathrm{e}}=\sum_m [B_m]\{\delta_m\}=z[B]\{\delta\}^{\mathrm{e}} \tag{10-35}$$

其中子矩阵

$$[B_{ij}]_m=-\begin{bmatrix}\dfrac{\partial^2 C_1}{\partial x^2}Y_m & \dfrac{\partial^2 C_2}{\partial x^2}Y_m & \dfrac{\partial^2 C_3}{\partial x^2}Y_m & \dfrac{\partial^2 C_4}{\partial x^2}Y_m\\ C_1\dfrac{\partial^2 Y_m}{\partial y^2} & C_2\dfrac{\partial^2 Y_m}{\partial y^2} & C_3\dfrac{\partial^2 Y_m}{\partial y^2} & C_4\dfrac{\partial^2 Y_m}{\partial y^2}\\ 2\dfrac{\partial C_1}{\partial x}\dfrac{\partial Y_m}{\partial y} & 2\dfrac{\partial C_2}{\partial x}\dfrac{\partial Y_m}{\partial y} & 2\dfrac{\partial C_3}{\partial x}\dfrac{\partial Y_m}{\partial y} & 2\dfrac{\partial C_4}{\partial x}\dfrac{\partial Y_m}{\partial y}\end{bmatrix} \tag{10-36}$$

板的弯矩

$$\{M\}^{\mathrm{e}}=[D]\{\chi\}=[D][B]\{\delta\}^{\mathrm{e}} \tag{10-37}$$

而弯矩

$$\{M\}=\{M_x \quad M_y \quad M_{xy}\}^{\mathrm{T}} \tag{10-38}$$

有限层法和有限条法的单元刚度矩阵，仍然可以从虚功原理推出。等效荷载的转换方法也相同于一般有限单元法，所不同的只是形函数的定义。

10.3 无限元法及半无限元法

10.3.1 基本概念

在应用有限单元法求解无限域问题时，不可能对整个无限域进行单元剖分，而是截取一定的区域进行计算，截取区域的大小和对原问题的模拟程度成正比。然而麻烦的是，随着截取区域增大，计算工作量将成倍增加。另外，在分析结构和介质相互作用问题时，对结构周围介质区域的截取也存在相类似的问题。通常的做法是，介质区域的大小应 3～5 倍于结构的尺寸。除此之外，一个非常突出的例子是对无限域动力问题的计算，由于在截断边界上出现波的反射，给分析结果带来了不能容许的误差[5]。针对上述现象，人们自然想起，能否找到某一类型单元，使其在近域分析中保持一定的大小，而在远域分析中，其效应趋于零，这就是无限单元的思想。

无限单元的概念最早由安格勒斯在 1973 年提出，他将三维空间问题的位移场表示为[6]

$$\{U\}=\{F\}\{\delta\}g(z) \tag{10-39}$$

式中，$\{U\}$为位移列向量；$\{F\}$为定义在 x、y 平面的插值函数；$\{\delta\}$为节点位移；$g(z)$为沿 z 方向的某一衰减函数。

上述各项分别定义为

$$\{U\}=\{u \quad v \quad w\}^{\mathrm{T}} \tag{10-40}$$

$$\{F\}=\{F_1(x,y) \quad F_2(x,y) \quad F_3(x,y)\}^{\mathrm{T}} \tag{10-41}$$

$$\{\delta\}=\{u_1 \quad u_2 \quad \cdots \quad u_m \quad v_1 \quad v_2 \quad \cdots \quad v_m \quad w_1 \quad w_2 \quad \cdots \quad w_m\}^{\mathrm{T}} \tag{10-42}$$

$$g(z)=\frac{1}{1+z} \tag{10-43}$$

可以看到，随着 $z\rightarrow\pm\infty$，位移场式(10-39)将衰减至零。这正描述了在局部荷载作用或其他因素变化影响下，远处效应不存在的特征。

毫无疑问，如果两个方向均无限大，那么可以在位移函数式(10-39)中设置两个衰减函数。例如

$$\{U\}=\{F(x)\}\{\delta\}g(z)g(y) \tag{10-44}$$

同样可以处理三个方向的无限大问题。

10.3.2 无限元的形函数

前边所介绍的无限元衰减函数的构造方式是最简单的。事实上衰减函数可以取指数型[7]

$$f(\xi)=\exp[(\xi_i-\xi)/l] \tag{10-45}$$

或者幂式型[8]

$$f(\xi)=\left(\frac{\xi_i-\xi_0}{\xi-\xi_0}\right)^n \tag{10-46}$$

上述式中，l 为控制衰减程度的参数；ξ_0 为虚拟的、单元以外的点；ξ_i 为衰减中心到节点 i 的距离。

为了使得无限元的映射函数和有限元的映射函数统一起来，辛柯维奇等人引进了局部坐标和整体坐标的转换关系[9]，一维映射(图 10-7)关系为

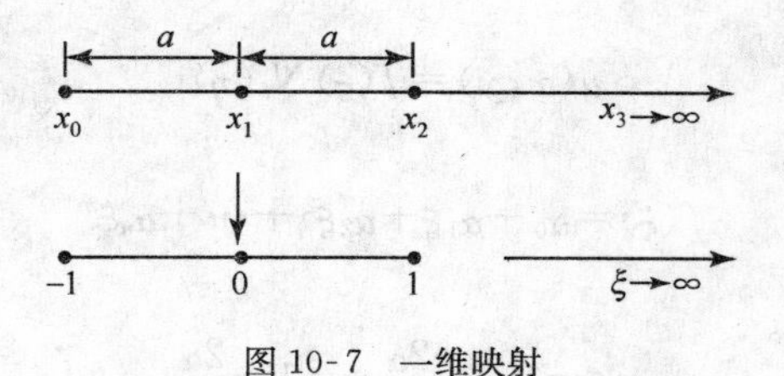

图 10-7　一维映射

$$x=\widetilde{N}_0(\xi)x_0+\widetilde{N}_2(\xi)x_2 \tag{10-47}$$

其中形函数

$$\left.\begin{aligned}\widetilde{N}_0(\xi)&=-\frac{\xi}{1-\xi}\\ \widetilde{N}_2(\xi)&=1+\frac{\xi}{1-\xi}\end{aligned}\right\} \tag{10-48}$$

从式(10-47)可见，局部坐标 $\xi=1$，就表征了整体坐标的无穷远处即 $x\to\infty$。同样可以证明 $\xi=-1$ 和 $\xi=0$ 分别对应于整体坐标系中的 x_1 和 x_2。

对于二维问题，如图 10-8，映射关系

$$\begin{aligned}x=&N_1(\eta)[(2x_1-x_2)\widetilde{N}_0(\xi)+x_2\widetilde{N}_2(\xi)]+\\ &N_2(\eta)[(2x_3-x_4)\widetilde{N}_0(\xi)+x_4\widetilde{N}_2(\xi)]+\\ &N_3(\eta)[(2x_5-x_6)\widetilde{N}_0(\xi)+x_6\widetilde{N}_2(\xi)]\end{aligned} \tag{10-49}$$

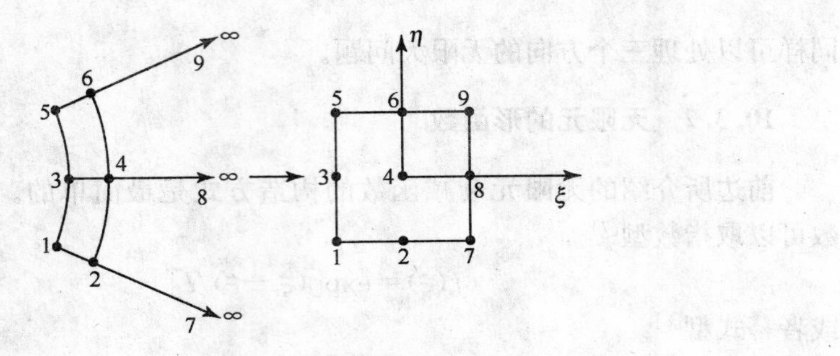

图 10-8 二维映射

式中，$\widetilde{N}_0(\xi)$、$\widetilde{N}_2(\xi)$定义式同式(10-48)；$N_1(\eta)$、$N_2(\eta)$、$N_3(\eta)$为标准的拉格朗日函数，即

$$N_i(\eta)=\prod_{\substack{j=1\\j\neq i}}^{n-1}\frac{\eta_j-\eta}{\eta_j-\eta_i} \tag{10-50}$$

位移函数：

$$u(x,y)=f(\xi)N_i(\eta) \tag{10-51}$$

式中，

$$f(\xi)=\alpha_0+\alpha_1\xi+\alpha_2\xi^2+\cdots+\alpha_n\xi^n \tag{10-51a}$$

从图 10-8 可见

$$\xi=1-\frac{2\alpha}{x-x_0}=1-\frac{2\alpha}{r} \tag{10-52}$$

则

$$f(\xi)=\beta_0+\frac{\beta_1}{r}+\frac{\beta_2}{r^2}+\cdots \tag{10-53}$$

式中，β_0、β_1、β_2…均为参数。

对于图 10-9 所计算的三维问题无限元，可用样的方法得到映射关系

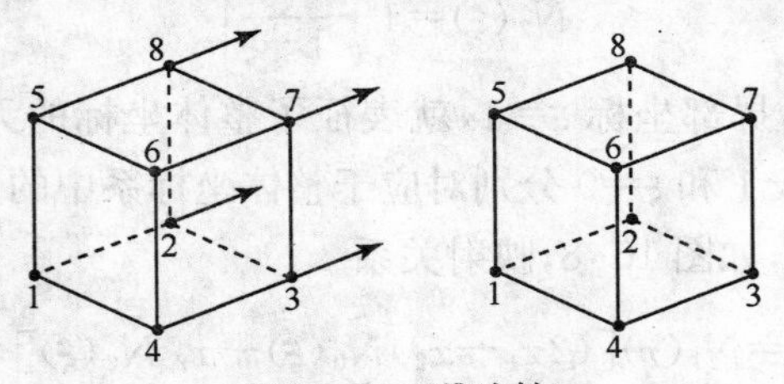

图 10-9 三维映射

$$x=N_1(\eta)N_1(\zeta)[(2x_1-x_2)\widetilde{N}_0(\xi)+x_2\widetilde{N}_2(\xi)]+$$

$$N_2(\eta)N_1(\zeta)[(2x_3-x_4)\widetilde{N}_0(\xi)+x_4\widetilde{N}_2(\xi)]+$$
$$N_2(\eta)N_2(\zeta)[(2x_7-x_8)\widetilde{N}_0(\xi)+x_8\widetilde{N}_2(\xi)]+$$
$$N_1(\eta)N_2(\zeta)[(2x_5-x_6)\widetilde{N}_0(\xi)+x_6\widetilde{N}_2(\xi)] \tag{10-54}$$

式中，$N_1(\eta)$、$N_1(\zeta)$、$N_2(\eta)$、$N_2(\zeta)$均为拉格朗日函数。

上述形函数定义中，除了在无限远方向引入衰减函数之外，在其余方向均引入了拉格朗日函数。然而实际上，构造形函数的方案可有多种。例如对于图10-10所示的三维单元体，如果在ζ方向趋于无限远，则其位移函数可表述为

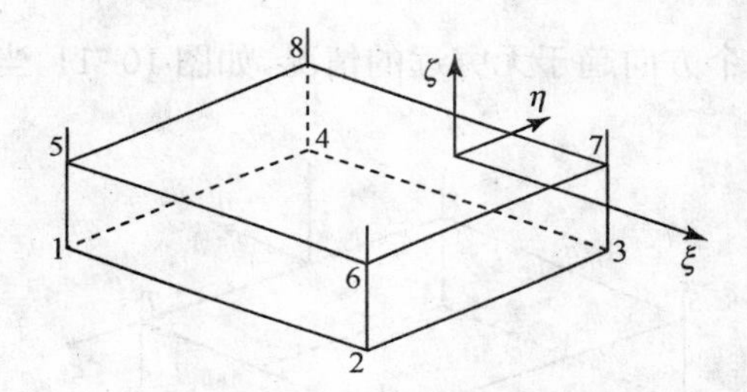

图10-10　单方向趋于无限远

$$\left.\begin{aligned} u &= \sum_i \overline{N}_i u_i \\ v &= \sum_i \overline{N}_i v_i \\ w &= \sum_i \overline{N}_i w_i \end{aligned}\right\} \tag{10-55}$$

式中，u_i、v_i、w_i为已知节点位移；$\overline{N}_i$为形函数，即

$$\overline{N}_i = f_i\left(\frac{r_i}{r}\right)N_i \tag{10-56}$$

而$f_i\left(\dfrac{r_i}{r}\right)$为衰减函数；$r_i$、$r$分别为节点$i$和计算点到衰减中心的距离；$N_i$为$\zeta\geqslant 0$时的坐标插值函数，定义式为

$$\left.\begin{aligned} N_1 &= -\frac{1}{4}(1-\xi)(1-\eta)\zeta \\ N_2 &= -\frac{1}{4}(1+\xi)(1-\eta)\zeta \\ N_3 &= -\frac{1}{4}(1+\xi)(1+\eta)\zeta \end{aligned}\right\}$$

$$
\left.\begin{aligned}
N_4&=-\frac{1}{4}(1-\xi)(1+\eta)\zeta\\
N_5&=-\frac{1}{4}(1-\xi)(1-\eta)(1+\zeta)\\
N_6&=-\frac{1}{4}(1+\xi)(1-\eta)(1+\zeta)\\
N_7&=-\frac{1}{4}(1+\xi)(1+\eta)(1+\zeta)\\
N_8&=-\frac{1}{4}(1-\xi)(1+\eta)(1+\zeta)
\end{aligned}\right\}\tag{10-57}
$$

对于 η 和 ξ 两个方向趋于无穷远的情况，如图 10-11，当 $\eta\leqslant 0,\zeta\leqslant 0$ 时，其坐标插值函数为

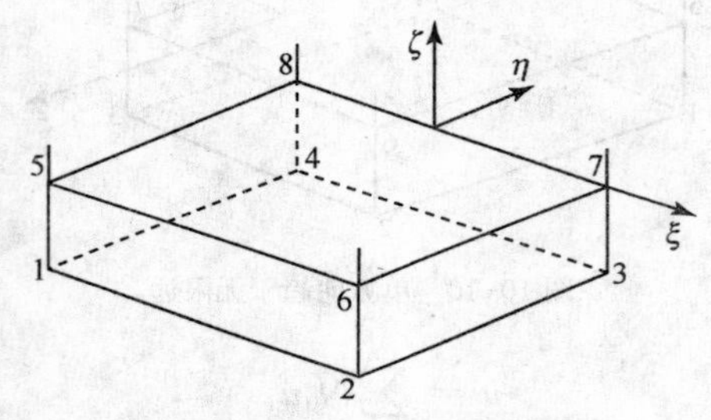

图 10-11　两个方向趋于无穷远

$$
\left.\begin{aligned}
N_1&=\frac{1}{2}(1-\xi)\eta\zeta\\
N_2&=\frac{1}{2}(1+\xi)\eta\zeta\\
N_3&=-\frac{1}{2}(1+\xi)(1+\eta)\zeta\\
N_4&=-\frac{1}{2}(1-\xi)(1+\eta)\zeta\\
N_5&=-\frac{1}{2}(1-\xi)\eta(1+\zeta)\\
N_6&=-\frac{1}{2}(1+\xi)\eta(1+\zeta)\\
N_7&=\frac{1}{2}(1+\xi)(1+\eta)(1+\zeta)\\
N_8&=\frac{1}{2}(1-\xi)(1+\eta)(1+\zeta)
\end{aligned}\right\}\tag{10-58}
$$

如果三个方向都趋于无穷远，如图 10-12，则当 $\xi、\eta、\zeta\leqslant 0$ 时，无限元模式的坐标插值函数定义为

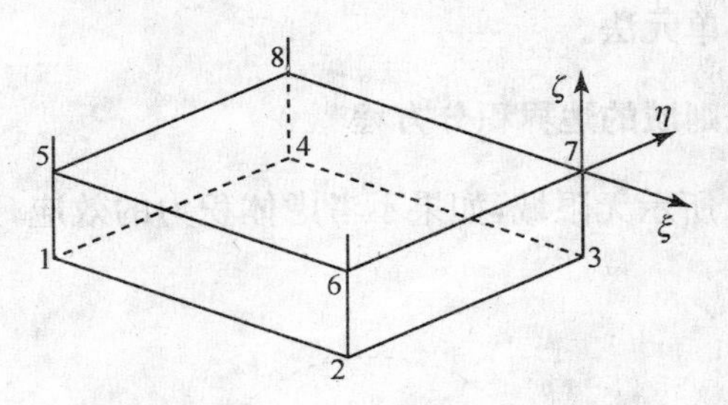

图 10-12　三个方向趋于无穷远

$$
\left.\begin{aligned}
N_1 &= -\xi\eta\zeta \\
N_2 &= (1+\xi)\eta\zeta \\
N_3 &= -(1+\xi)(1+\eta)\zeta \\
N_4 &= \xi(1+\eta)\zeta \\
N_5 &= \xi\eta(1+\zeta) \\
N_6 &= -(1+\xi)\eta(1+\zeta) \\
N_7 &= (1+\xi)(1+\eta)(1+\zeta) \\
N_8 &= -\xi(1+\eta)(1+\zeta)
\end{aligned}\right\} \tag{10-59}
$$

有了位移形函数，将位移表达式(10-55)代入到式(2-2)可求得应变分量，代入到(2-3)可求得应力分量。而单元的分析和整体分析与一般的有限单元法没有差别。

可以看到，在上述的叙述中，只考虑了对于不同的坐标沿其某一个方向趋于无穷远时的情况，因而均属于半无限元模型。如果同时考虑沿某一个坐标的正负两个方向均趋于无穷远，那么就构成了完全无限元计算模式。当然其形函数也要做相应的改变。

10.4　半无限边界单元法

在第三章中，已经看到，边界单元法对于无限域问题特别适合。这是因为作为积分方程该函数的基本解可以自动满足无限远处的边界条件，而数值计算仅需在近域边界上进行。但对于半无限域问题，由于增加了半空间自由表面，其面上的零应力条件处理起来稍嫌麻烦，尽管已经有了第六章第二节

中的基本解式(6-18)～式(6-26)。但是,对于不规则的半无限域,如路基边坡、高挡墙、大坝等,上述的基本解就无法直接采用。为此文献[10-11]介绍了一种半无限边界单元法。

10.4.1 不规则域的边界积分方程

对于图 10-13 所示无限域,如果不考虑体积力的效应,边界积分方程(6-36)可改写为

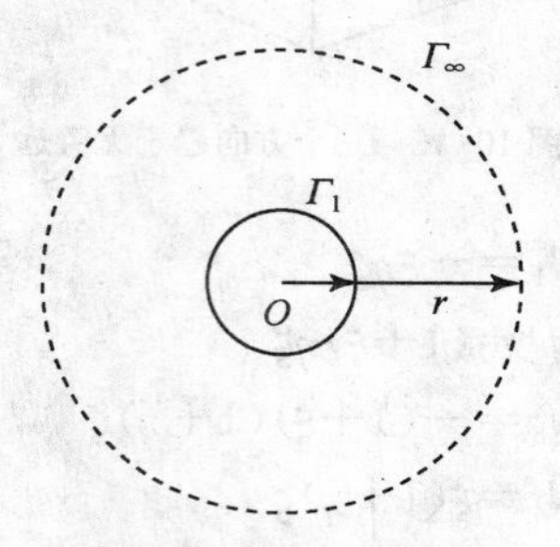

图 10-13 无限域

$$
\begin{aligned}
& C_{lk}U_k(S)+\int_{\Gamma_1}U_k(Q)P_{lk}^*(S,Q)\mathrm{d}\Gamma+\int_{\Gamma_\infty}U_k(Q)P_{lk}^*(S,Q)\mathrm{d}\Gamma \\
& =\int_{\Gamma_1}P_k(Q)U_{lk}^*(S,Q)\mathrm{d}\Gamma+\int_{\Gamma_\infty}P_k(Q)U_{lk}^*(S,Q)\mathrm{d}\Gamma
\end{aligned}
\tag{10-60}
$$

由于当 $r\to\infty$ 时,基本解 U_{lk}^* 和 P_{lk}^* 有如下特性:

$$
\left.\begin{aligned}
U_{lk}^*(S,Q)&\propto \mathrm{o}[\ln r(S,Q)] \\
P_{lk}^*(S,Q)&\propto \mathrm{o}\left[\frac{1}{r(S,Q)}\right]
\end{aligned}\right\}
\tag{10-61}
$$

当荷载外力在 x、y 方向均为平衡力系时,解域的位移 U_k 和面力 P_k 在 $r\to\infty$ 时有特性

$$
\left.\begin{aligned}
U_k(Q)&\propto \mathrm{o}\left[\frac{1}{r(S,Q)}\right] \\
P_k(Q)&\propto \mathrm{o}\left[\frac{1}{r^2(S,Q)}\right]
\end{aligned}\right\}
\tag{10-62}
$$

根据性质式(10-61)、式(10-62)很容易证明

$$
\left.\begin{aligned}
\int_{\Gamma_\infty}U_k(Q)P_{lk}^*(S,Q)\mathrm{d}\Gamma=0 \\
\int_{\Gamma_\infty}P_k(Q)U_{lk}^*(S,Q)\mathrm{d}\Gamma=0
\end{aligned}\right\}
\tag{10-63}
$$

这样积分方程(10-60)中右端第二项和左端第三项均不存在。即积分运算仅在近域边界 Γ_1 上进行。

如果外加在 x、y 方向力不平衡，则特性式(10-62)不存在。但是很容易证明

$$\int_{\Gamma_\infty}[U_k(Q)P^*_{lk}(S,Q)-P_k(Q)U^*_{lk}(S,Q)]\mathrm{d}\Gamma=0 \tag{10-64}$$

综合上述两种情况，不论外力是否满足平衡条件，则积分方程(10-60)均可蜕化为式(6-36)，无需计算无限远处的边界积分。

对于图 10-14 所示的不规则半无限域，边界积分方程(6-36)对应变成

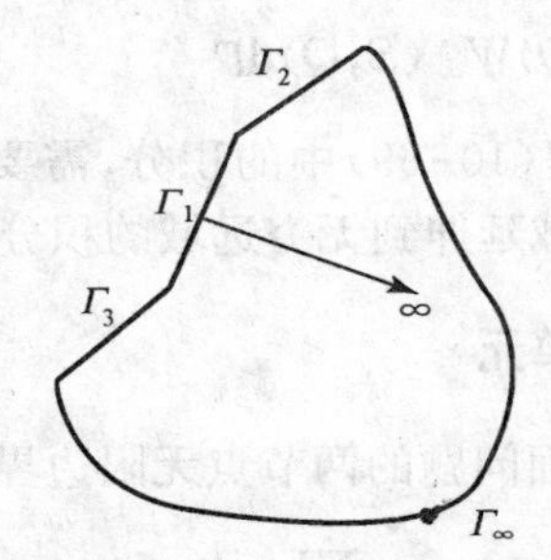

图 10-14　不规则半无限域

$$C_{lk}U_k(S)+\left(\int_{\Gamma_1}+\int_{\Gamma_2}+\int_{\Gamma_3}+\int_{\Gamma_\infty}\right)U_k(Q)P^*_{lk}(S,Q)\mathrm{d}\Gamma$$
$$=\left(\int_{\Gamma_1}+\int_{\Gamma_2}+\int_{\Gamma_3}+\int_{\Gamma_\infty}\right)P_k(Q)U^*_{lk}(S,Q)\mathrm{d}\Gamma \tag{10-65}$$

显然上述积分与式(10-60)不同的是增加了 Γ_2、Γ_3 边界上由近域趋向无限远处的积分。如果假定在 Γ_1、Γ_2 上 $P_k(Q)$满足

$$P_k\propto\mathrm{o}\left[\frac{1}{r^n(S,Q)}\right] \tag{10-66}$$

再考虑一般情况，即如果外力不满足平衡条件，则当 $n=1$ 时，积分方程(10-65)左、右端的 Γ_∞ 上的积分既不为零，又不能相互抵消，且在 Γ_2、Γ_3 上的两个积分，由于 $\ln r$ 的存在都发散。

为了使 Γ_2、Γ_3 上的积分收敛，并使得 Γ_∞ 上的积分为零。在有限域内任意选取一个基点 S_0，当在动点 S 点上作用有单位荷载时，再在基点 S_0 施加一个与之相反的单位力，选取在这一对平衡力系所产生的位移 W^*_{lk} 和面力 Γ^*_{lk} 作为基本解，即

$$\left.\begin{aligned}W^*_{lk}&=U^*_{lk}(S,Q)-U^*_{lk}(S_0,Q)\\ \Gamma^*_{lk}&=\Gamma^*_{lk}(S,Q)-\Gamma^*_{lk}(S_0,Q)\end{aligned}\right\} \tag{10-67}$$

称 W_{lk}^{*}、Γ_{lk}^{*} 为修正的开尔文基本解，当 $r\to\infty$时，它们有性质

$$\left.\begin{aligned} W_{lk}^{*} &\propto \mathrm{o}\left[\frac{1}{r(S_0,Q)}\right] \\ \Gamma_{lk}^{*} &\propto \mathrm{o}\left[\frac{1}{r^2(S_0,Q)}\right] \end{aligned}\right\} \tag{10-68}$$

利用上述特性可使得积分方程(10-65)中 Γ_∞ 上的积分为零，Γ_2、Γ_3 上的积分收敛。这样方程(10-65)蜕化为

$$C_{lk}U_k(S) - C_{lk}R(S_0)U_k(S_0) - \left(\int_{\Gamma_1} + \int_{\Gamma_2} + \int_{\Gamma_3}\right)U_k(Q)\Gamma_{lk}^{*}(S,Q)\mathrm{d}\Gamma$$

$$= \left(\int_{\Gamma_1} + \int_{\Gamma_2} + \int_{\Gamma_3}\right)P_k(Q)W_{lk}^{*}(S,Q)\mathrm{d}\Gamma \tag{10-69}$$

很显然，为了计算方程(10-69)中的积分，需要构造一种特殊单元，使得可以计算在 Γ_2、Γ_3 上由近域延伸到无穷远域的积分。

10.4.2 半无限边界单元

对于图 10-15 所示平面问题的两节点无限边界元，其坐标映射关系为

$$x = \sum_{i=1}^{2} x_i N_i(\xi) \tag{10-70}$$

式中，x_i 为整体坐标系中的节点坐标；$N_i(\xi)$为坐标映射函数，定义为

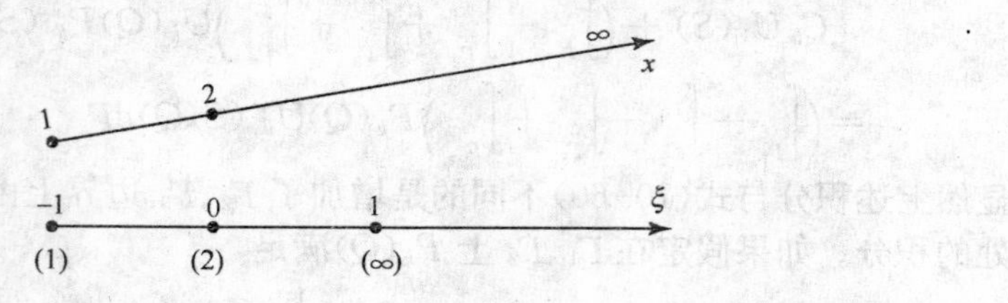

图 10-15 二节点无限边界元

$$N_1(\xi) = -\frac{2\xi}{1-\xi}, \qquad N_2 = \frac{1+\xi}{1-\xi} \tag{10-71}$$

相应的位移函数：

$$U = \sum_{i=1}^{2} U_i N_i^U(\xi) \tag{10-72}$$

式中，U_i 为节点位移值；$N_i^u(\xi)$为位移形函数，即

$$N_1^U(\xi) = -\xi, \qquad N_2{}^U(\xi) = 1+\xi \tag{10-73}$$

面力变换关系：

$$P = \sum_{i=1}^{2} P_i N_i{}^P(\xi) \tag{10-74}$$

式中，

$$\left.\begin{aligned} N_1{}^P(\xi) &= -\frac{1}{4}\xi(1-\xi)^2 \\ N_2{}^P(\xi) &= (1+\xi)(1-\xi)^2 \end{aligned}\right\} \tag{10-75}$$

对于三维问题的半无限边界元模式，可以同样方法形成。如图 10-16 所示，三维半空间的边界 Γ 可以分解为

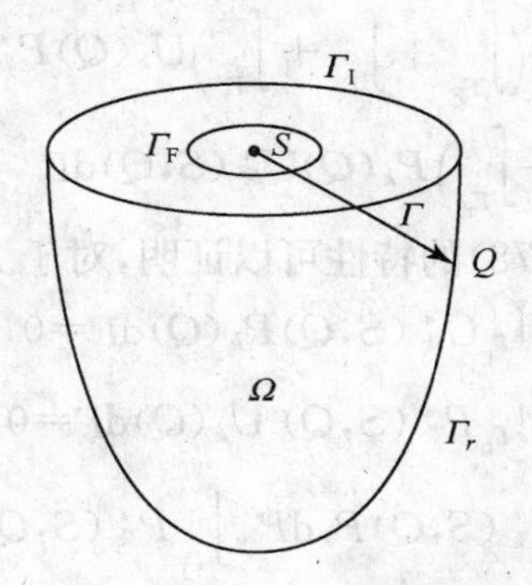

图 10-16　半无限空间

$$\Gamma = \Gamma_{\rm F} + \Gamma_{\rm I} + \Gamma_{\rm r} \quad (r \to \infty) \tag{10-76}$$

式中，$\Gamma_{\rm F}$ 为近域边界；$\Gamma_{\rm r}$ 为无限远处的虚拟边界；$\Gamma_{\rm I}$ 为连接近域和无限远域的过渡边界。

对于自由表面的半空间问题，明德林解式(6-22)～式(6-25)可以满足要求。但对于在自由表面上有变化的不同方向的高程和坡度的不规则自由表面问题，明德林解就不再适用。为此可引用开尔文解作为基本解，即

$$U_{lk}^*(S,Q) = \frac{1}{16\pi G(1-\mu) r}\left[(3-4\mu)\delta_{lk} + \frac{\partial r}{\partial k}\frac{\partial r}{\partial l}\right]$$

$$P_{lk}^*(S,Q) = \frac{1}{8\pi(1-\mu) r^2}\left[\frac{\partial r}{\partial n}(1-2\mu)\delta_{lk} + 3\,\frac{\partial r}{\partial l}\frac{\partial r}{\partial k}\right] - (1-2\mu)\left(\frac{\partial r}{\partial l}n_k - \frac{\partial r}{\partial k}n_l\right)$$

很容易证明上述基本解在无限远处有

$$\left.\begin{aligned} U_{lk}^*(S,Q) &\propto {\rm o}\left(\frac{1}{r}\right) \\ P_{lk}^*(S,Q) &\propto {\rm o}\left(\frac{1}{r^2}\right) \end{aligned}\right\} \tag{10-77}$$

通常外力是作用在有限区域上，则实际位移与面力的解可以用基本解

进行叠加而得到，因此它们随着考察点距离的变化和基本解有同阶的性态，即

$$\left.\begin{array}{l} U_l(Q) \propto o\left(\dfrac{1}{r}\right) \\ P_l(Q) \propto o\left(\dfrac{1}{r^2}\right) \end{array}\right\} \tag{10-78}$$

对于图 10-16 所表示的半无限区域，如不计体积力，则边界积分方程(6-36)可改写为

$$\begin{aligned} & C_{lk}U_k(S) + \left(\int_{\Gamma_F} + \int_{\Gamma_I} + \int_{\Gamma_r}\right) U_k(Q) P_{lk}^*(S,Q) \mathrm{d}\Gamma \\ & = \left(\int_{\Gamma_F} + \int_{\Gamma_I} + \int_{\Gamma_r}\right) P_k(Q) U_{lk}^*(S,Q) \mathrm{d}\Gamma \end{aligned} \tag{10-79}$$

由式(10-77)、式(10-78)的特性可以证明，对于 $\Gamma_r(r\to\infty)$ 上的积分

$$\left.\begin{array}{l} \lim\limits_{r\to\infty}\int_{\Gamma_r} U_{lk}^*(S,Q) P_k(Q) \mathrm{d}\Gamma = 0 \\ \lim\limits_{r\to\infty}\int_{\Gamma_r} P_{lk}^*(S,Q)\, U_k(Q) \mathrm{d}\Gamma = 0 \end{array}\right\} \tag{10-80}$$

而在 Γ_I 上的积分项。$\int_{\Gamma_I} U_{lk}^*(S,Q) P_k \mathrm{d}P$、$\int_{\Gamma_I} P_{lk}^*(S,Q) U_k \mathrm{d}\Gamma$ 均收敛。这样积分方程(10-79)蜕化为

$$C_{lk}U_k(S) + \left(\int_{\Gamma_F} + \int_{\Gamma_I}\right) U_k(Q) P_{lk}^*(S,Q) \mathrm{d}\Gamma = \left(\int_{\Gamma_F} + \int_{\Gamma_I}\right) P_k(Q) U_{lk}^*(S,Q) \mathrm{d}\Gamma \tag{10-81}$$

由于 Γ_I 是连接近域边界 Γ_F 和远域边界 Γ_r 的过渡边界，所以我们必须构造一种适应于三维问题的半无限边界单元。

对于图 10-17a)的半无限边界，可以引进坐标变换关系

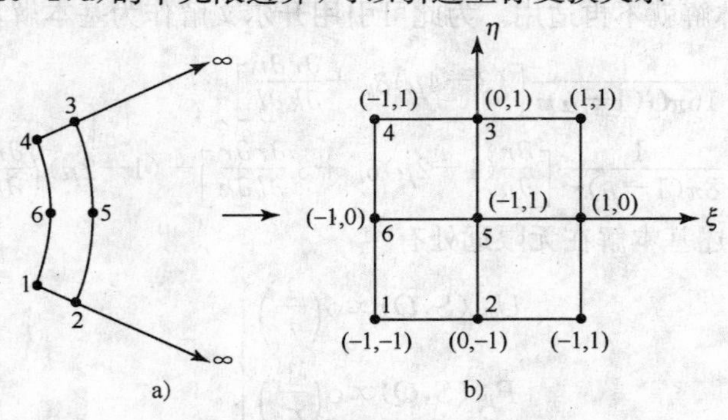

图 10-17　三维半无限边界单元映射关系

$$x_j = \sum_{j=1}^{6} x_j(i) N_i(\xi,\eta) \tag{10-82}$$

将其映射成局部坐标系下的单元形式图 10-17b)，而式(10-82)中的形函数

$$\left.\begin{aligned}
&N_5(\xi,\eta)=(1-\eta)^2(1+\xi)/(1-\xi)\\
&N_6(\xi,\eta)=-2(1-\eta^2)\xi/(1-\xi)\\
&N_1(\xi,\eta)=-2(1-\eta)\xi(1-\xi)-\frac{1}{2}N_6(\xi,\eta)\\
&N_2(\xi,\eta)=\frac{1}{2}(1-\eta)(1+\xi)/(1-\xi)-\frac{1}{2}N_5(\xi,\eta)\\
&N_3(\xi,\eta)=\frac{1}{2}(1+\eta)(1+\xi)/(1-\xi)-\frac{1}{2}N_5(\xi,\eta)\\
&N_4(\xi,\eta)=-(1+\eta)\xi/(1-\xi)-\frac{1}{2}N_6(\xi,\eta)
\end{aligned}\right\} \tag{10-83}$$

位移表达式：

$$U_j = \sum_{i=1}^{6} U_j(i) N_i^U(\xi,\eta) \tag{10-84}$$

形函数：

$$\left.\begin{aligned}
&N_5^U(\xi,\eta)=(1-\eta^2)(1+\xi)\\
&N_6^U(\xi,\eta)=-(1-\eta^2)\xi\\
&N_1^U(\xi,\eta)=-\frac{1}{2}(1-\eta)\xi-\frac{1}{2}N_6^U(\xi,\eta)\\
&N_2^U(\xi,\eta)=-\frac{1}{2}(1-\eta)(1+\xi)-\frac{1}{2}N_5^U(\xi,\eta)\\
&N_3^U(\xi,\eta)=\frac{1}{2}(1+\eta)(1+\xi)-\frac{1}{2}N_5^U(\xi,\eta)\\
&N_4^U(\xi,\eta)=-\frac{1}{2}(1+\eta)\xi-\frac{1}{2}N_6^U(\xi,\eta)
\end{aligned}\right\} \tag{10-85}$$

面力表达式：

$$P_j = \sum_{i=1}^{6} P_j(i) N_i^P(\xi,\eta) \tag{10-86}$$

形函数：

$$
\left.\begin{aligned}
N_5^P(\xi,\eta)&=(1+\eta^2)(1-\xi)^2(1+\xi)\\
N_6^P(\xi,\eta)&=-\frac{1}{4}(1-\eta^2)\xi(1-\xi)^2\\
N_1^P(\xi,\eta)&=-\frac{1}{8}\xi(1-\xi)^2(1-\eta)-\frac{1}{2}N_6^P(\xi,\eta)\\
N_2^P(\xi,\eta)&=\frac{1}{2}(1-\eta)(1+\xi)(1-\xi)^2-\frac{1}{2}N_5^P(\xi,\eta)\\
N_3^P(\xi,\eta)&=\frac{1}{2}(1+\eta)(1+\xi)(1-\xi)^2-\frac{1}{2}N_5^P(\xi,\eta)\\
N_4^P(\xi,\eta)&=-\frac{1}{8}(1+\eta)\xi(1-\xi)^2-\frac{1}{2}N_6^P(\xi,\eta)
\end{aligned}\right\}\quad(10\text{-}87)
$$

10.4.3 不规则半空间域的奇异积分计算

从第六章第三节可知,边界元方程最后统一写成

$$[H]\{u\}=[G]\{P\}$$

而$[H]$中的元素$h_{ij}(i\neq j)$和$[G]$中的元素g_{ij}均可以用高斯积分法计算出来,但$[H]$矩阵中对角线上的元素h_{ii}例外,因为从式(6-40)有

$$h_{ii}=\hat{h}_{ii}+C_i \quad(10\text{-}88)$$

式中,C_i为由于边界几何形状产生的影响系数。

当域点S无限趋近于源点时,h_{ii}具有$1/r^2$阶奇异性。对此可以用刚体位移法[12]计算。对于有限域

$$h_{ii}=\sum_{i\neq j}\hat{H}_{ij} \quad(10\text{-}89)$$

对无限域

$$h_{ii}=I-\sum_{i\neq j}\hat{H}_{ij} \quad(10\text{-}90)$$

但是对于不规则半空间域,考虑在半空间域的各个方向作用有单位刚体位移U_K',并令所有边界上的面力P_k为零,则对于图10-14所示不规则半空间边界,积分方程具有以下形式:

$$C_{lk}(S)U_k'+U_k'\int_{\Gamma_{\mathrm F}+\Gamma_{\mathrm I}}P_{lk}^*(S,Q)\mathrm{d}\Gamma+U_k'\lim_{r\to\infty}\int_{\Gamma_{\mathrm r}}P_{lk}^*(S,Q)\mathrm{d}\Gamma=0 \quad(10\text{-}91)$$

令

$$\lim_{k\to\infty}\int_{\Gamma_{\mathrm r}}P_{lk}^*(S,Q)\mathrm{d}\Gamma=\mathrm{d}_{lk}(S) \quad(10\text{-}92)$$

很显然，如果上式积分可以计算出来，则方程(10-91)便可计算。为了计算式(10-92)，首先证明 $d_{lk}(S)$ 与域点的位置无关，只是在有限区域内变化即可。假定在有限区域内有两个源点 S 与 S'，则有

$$[P_{lk}^{*}(S,Q)-P_{lk}^{*}(S',Q)]\infty o\left(\frac{1}{r^{3}}\right) \tag{10-93}$$

代入到式(10-92)中，即得

$$d_{lk}(S)-d_{lk}(S')=\lim_{r\to\infty}\int_{\Gamma_r}[P_{lk}^{*}(S,Q)-P_{lk}^{*}(S',Q)]\mathrm{d}\Gamma=0 \tag{10-94}$$

这样即证得

$$d_{lk}(S)=d_{lk}(S') \tag{10-95}$$

利用性质式(10-95)，在有限域外选择一个参考点 S'，则由式(10-91)、式(10-92)和式(10-94)可以求出 $d_{lk}(S)$ 为

$$d_{lk}(S)=d_{lk}(S')=-\int_{\Gamma_F+\Gamma_I}P_{lk}^{*}(S',Q)\mathrm{d}\Gamma \tag{10-96}$$

对所有的节点进行同样的计算，最后可得奇异积分

$$h_{ii}=d(S')-\sum_{i\neq j}\bar{h}_{ii} \tag{10-97}$$

有了半无限边界单元的位移和面力模式，将边界积分方程(10-69)或方程(10-81)离散，最终可同样推得代数方程(6-42)，求解该方程则得问题的解答。

文献[10-11]应用半无限边界单元方法分别计算了不规则斜坡问题、空腹坝体问题、重力坝问题，取得了良好效果。

10.5 有限元和边界元的耦合方法

10.5.1 基本概念及思路

有限单元法和边界单元法是两种不同的数值计算方法，各有其优点。例如边界单元法对于无限域问题、应力集中问题、接触问题应用起来尤为方便。而有限单元法，对于各向异性材料、非线性材料以及不连续介质分布问题却更显其优势。这样，就启发人们将有限单元法和边界单元法应用于同一问题，各取所长，互补所短。

边界单元法和有限单元法耦合的主要困难是保持两个应用区域在接触面上的连续性。通常处理边界单元法和有限单元法耦合的基本思路有两种：

一是以边界单元法为主体，将有限单元区域转换成一个边界单元。这个思路特别适用混合有限单元法。因为在这种情况下，两部分的未知量易于配合。第二种方法也是更为普遍的方法，即以有限单元法为主体，将边界单元区域变换成一个等价的有限单元。当然，这个过程将影响有限单元系数矩阵的对称性。所幸的是，经验证明，在精度损失不太大的情况下，该矩阵可以对称化。

10.5.2 耦合方程的推导

对应于类似于加权残值法公式(8-6)，根据弹性力学的虚位移原理，有

$$\int_{\Omega} \sigma_{ij} \delta\varepsilon_{ij} \mathrm{d}\Omega = \int_{\Gamma_1} \overline{P}_i \delta u_i \mathrm{d}\Gamma + \int_{\Omega} X_i \delta u_i \mathrm{d}\Omega \tag{10-98}$$

式中，δu_i 表示位移变分增量；σ_{ij} 为应力张量；$\delta\varepsilon_{ij}$ 是对应于位移变分增量的应变张量；$\overline{P}_i$ 是作用在 Γ_2 上的面力分量；X_i 是体积力分量。且已假定在 Γ_1 上，$u_i=\bar{u}_i$，$\delta u_i=0$。

对于方程(10-98)进行有限元离散，在每一个单元上对位移分量 u_i 选择一个插值函数，δu_i 同样插值。最后得到矩阵形式方程组

$$[K]_1\{U\}=\{F\}_1+\{D\}_1 \tag{10-99}$$

式中，$[K]_1$ 为系统的刚度矩阵；$\{U\}$是未知节点位移；$\{F\}_1$ 是由方程(10-98)右边第一项积分得到的等效节点力；$\{D\}_1$ 是体积力向量。

注意到向量$\{F\}_1$ 是用虚位移的插值函数对作用面力加权积分后得到，因此总可以找到一个分布矩阵$[N]$，使得

$$\{F\}_1=[N]\{Q\} \tag{10-100}$$

式中，$\{Q\}$包含面力的节点值；$[N]$取决于对位移和面力的插值形函数。

另外应该指出的是，刚度矩阵$[K]_1$ 的对称性是由于积分方程(10-98)的左端本身对称所致，即

$$\int_{\Omega}\sigma_{ij}\delta\varepsilon_{ij}\mathrm{d}\Omega=\int_{\Omega}\varepsilon_{ij}\delta\sigma_{ij}\mathrm{d}\Omega \tag{10-101}$$

现在，可将有限元方程(10-99)写成

$$[K]_1\{U\}=[N]\{Q\}+\{D\}_1 \tag{10-102}$$

对于边界单元区域，弹性静力学问题的控制积分方程为式(6-36)，其离散后的矩阵形式为

$$[H]\{U\}=[G]\{Q\}+\{B\} \tag{10-103}$$

式中，$\{U\}$为节点位移；$\{Q\}$为节点面力；$\{B\}$是相应于体积力的量。其中$[H]$和$[G]$通过基本解和边界未知量$\{U\}$和$\{P\}$的形函数对边界节点依次计

算得到。

如图 10-18 所示由 Ω_1 和 Ω_2 所构成的问题，Ω_1 为有限单元区域，Ω_2 为边界元区域，交界面为 Γ_1。为了将两部分连接起来，必须满足 Γ_1 上的连续条件和平衡条件，即

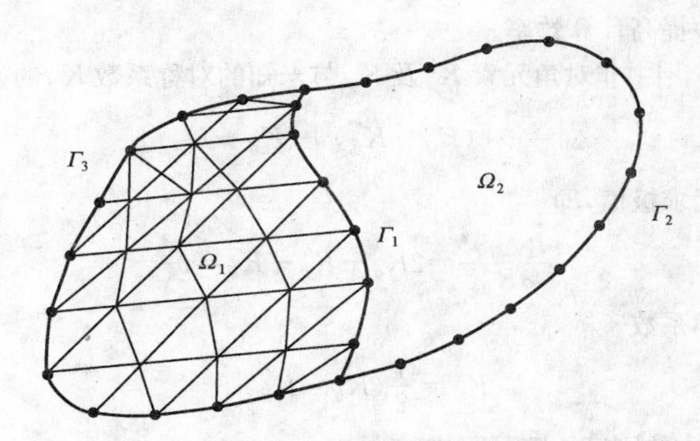

图 10-18　有限元和边界元耦合

(1)连续条件

$$u_1=u_2 \qquad \in\Gamma_1 \tag{10-104}$$

(2)平衡条件

$$Q_1+Q_2=0 \qquad \in\Gamma_1 \tag{10-105}$$

式中，u_1、Q_1 为区域 Ω_1 的位移和面力；u_2、Q_2 为区域 Ω_2 上的位移和面力。

现在，设法将 Ω_2 转化为一个等价的有限单元，然后把所得到的整体坐标的矩阵方程和有限单元的矩阵方程(10-102)总装起来，就构成了一个新的全域($\Omega_1+\Omega_2$)问题的有限元方程。

对方程(10-103)左乘$[G]^{-1}$，则有

$$[G]^{-1}([H]\{U\}-\{B\})=\{Q\} \tag{10-106}$$

两边再左乘(10-100)中的分布矩阵$[N]$，结果得

$$[N][G]^{-1}[H]\{U\}-[N][G]^{-1}\{B\}=[N]\{Q\} \tag{10-107}$$

重新定义

$$\left.\begin{aligned}&[K']=[N][G]^{-1}[H]\\&[D']=[N][G]^{-1}[B]\\&[F']=[N][Q]\end{aligned}\right\} \tag{10-108}$$

则方程(10-106)变为下列有限元形式：

$$[K'] \{U\} = [F'] + [D'] \tag{10-109}$$

需要说明的是，刚度矩阵$[K']$一般是不对称的，其原因是由于基本解中的特殊函数的存在以及在离散化和计算过程中包含了不同程度的近似处理。当然，可以用“误差极小化”的方法或能量法将$[K']$对称化，这样将使得求解过程更加简便并提高计算效率。

设矩阵$[K']$中非对角元素K'_{ij}及K'_{ji}与未知的对称系数K_{ij}的误差为

$$\Delta_{ij} = \frac{1}{2}[(K_{ij} - K'_{ij}) + (K_{ij} - K'_{ji})] \tag{10-110}$$

对其方差泛函求极值，即

$$\frac{\partial (\Delta_{ij})^2}{\partial K_{ij}} = 2K_{ij} - K'_{ji} - K'_{ij} = 0 \tag{10-111}$$

则得新的对称系数

$$K_{ij} = \frac{1}{2}(K'_{ij} + K'_{ji}) \tag{10-112}$$

这样区域Ω_2中的刚度矩阵可写成

$$[K]_2 = \frac{1}{2}([K'] + [K']^T) \tag{10-113}$$

式中，$[K]_2$代表区域Ω_2的刚度矩阵，则方程(10-109)变成

$$[K]_2 \{U\} = \{F'\} + \{D'\} \tag{10-114}$$

将方程(10-114)与有限元方程(10-99)合并写成标准的有限元求解方程

$$[K]\{U\} = \{F\} + \{D\} \tag{10-115}$$

求解上式即可得到未知的对称位移列阵$\{U\}$。

应用边界单元法和有限单元法耦合技术时，应特别注意存在边界角点情况。因为对于角点需要补充附加条件[13]。通常处理方法是将节点与角点错开，即在边界上各节点处或只在角点上采用不连续单元[14]。也可以通过一组旋转矩阵引入这些角点条件，然后再将旋转矩阵以这样的方式引入总体公式中，就像将一组线性相关的约束引入整体有限元矩阵中一样[15]。

本章参考文献

[1] J. J. M. Too. Two dimensional plate, shell and finite prism isoparametric elements and their application. Swansea; Dept, of Civil Eng. , University of Wales, Swansea, 1971

[2] 王秉纲,邓学钧．路面力学数值计算．北京:人民交通出版社,1990
[3] Y. K. Cheung, S. Chakralbarti. Analysis of simply supported thick layered plate. ASCE, 1971, 97(3): 1039-1044
[4] Y. K. Cheung. Finite strip methods in the analysis of elastic plate with two opposite simply supported ends. Proc., Institution of Civil Engineers, 1968, 40(5)
[5] 张楚汉,王光纶．无限域的数值模拟与无限单元//解析与数值结合法的理论及其工程应用．长沙:湖南大学出版社,1989
[6] R. F. Ungless. An infinite element. Columbia: University of British Columbia, 1973
[7] Y. K. Chow, I. M. Smith. Static and periodic infinite solid elements. Int. J. Numer. Meth. Eng., 1981, 17: 503-526
[8] P. Bettess. More on infinite elements. Int. J. Numer. Meth. Eng., 1980, 15: 1613-1626
[9] O. Zienkiewicz, C. Emoson, P. Bettess. A novel boundary infinite element. Int. J. Numer. Meth. Eng., 1983, 19: 393-401
[10] Zhang Chuhan, Song Chongmin. Boundary element technique in infinite and semi-infinite plane domain. Proc. of the Int. Conf. on BEM. Pergaman Press, 1986
[11] Zhang Chuhan, Song Chongmin, Wang Guanglun, Jin Feng. 3-D infinite boundary element and simulation of monolithic dam foundations. Proc. of the 2nd China-Japan Symposium on BEM, Beijing, 1988
[12] 姚寿广．边界元数值方法及其工程应用．北京:国际工业出版社,1995
[13] C. A. Brebbia, J. C. F. Tells, L. C. Wobel. Boundary element techniques: theory and applications in engineering. Springer-Verlag, 1984
[14] C. A Brebbia(Ed). Boundary element methods—in engineering. Proceedings of the 4th Int. Conf. on BEM, Springer-Verlag, Berlin, 1982
[15] P. Georgiou. The coupling of the direct boundary element method with the finite element displacement technique in elastostatics. Southampton: University of Southampton, 1981
[16] 曹志远．解析与数值结合法的发展与展望//解析与数值结合法的理论及其工程应用. 长沙:湖南大学出版社,1989
[17] 郑璐石．多方向趋于无限的无界元及其在岩土工程中的应用．西安公路交通大学学报,1997,17(增刊)

21 世纪交通版研究生教学用书

道路工程方向

高等土质学	长安大学
路线设计原理	华南理工大学　长安大学
路基设计原理	长安大学　长沙理工大学
路面设计原理	同济大学　长沙理工大学
现代道路工程材料	华南理工大学　重庆交通大学
路线 CAD 原理与方法	东南大学
道路规划与几何设计	同济大学(已出)
道路工程结构分析数值方法	长沙理工大学
路面断裂与损伤	长安大学
沥青与沥青混合料	长安大学
路面功能设计	东南大学
道路景观设计	东南大学
路面新技术	东南大学
现代加筋土理论与技术	长安大学(已出)

桥梁与隧道工程方向

高等桥梁结构理论	同济大学(已出)
高等隧道与地下工程结构理论	同济大学　长安大学　重庆交通大学
高等桥梁钢结构基本原理	同济大学
高等混凝土结构理论	湖南大学　哈尔滨工业大学
高等工程结构试验	同济大学
工程结构数值分析方法	长安大学(已出)
结构分析的有限元法与 MATLAB 程序设计	浙江大学(已出)
现代钢桥(下)	同济大学
桥梁结构电算	同济大学
箱形梁设计理论(第二版)	福州大学(已出)
桥梁施工控制与监测	长沙理工大学 湖南大学 重庆交通大学
现代预应技术理论与实践	福州大学　重庆交通大学
轨道交通桥梁结构理论	同济大学　重庆交通大学
桥梁健康状态监测	同济大学